大数据与人工智能技术丛书

Python
视觉分析应用案例实战

◎ 丁伟雄　编著

清华大学出版社

北京

内 容 简 介

本书以 Python 3.10.7 为平台,以实际应用为背景,通过概念、公式、经典应用相结合的形式,深入浅出地介绍了 Python 图形图像处理经典实现。全书共 10 章,主要包括绪论、迈进 Python、Python 图形用户界面、数据可视化分析、图像视觉增强分析、图像视觉复原分析、图像视觉几何变换与校正分析、图像视觉分割技术分析、图像视觉描述与特征提取分析、车牌识别分析等内容。通过本书的学习,读者可领略到 Python 的简单、易学、易读、易维护等特点,同时感受到利用 Python 实现图像视觉处理应用的简捷、功能强大。

本书可作为高等学校相关专业本科生和研究生的教学用书,也可作为相关领域科研人员、学者、工程技术人员的参考用书。

图书在版编目(CIP)数据

Python 视觉分析应用案例实战/丁伟雄编著.—北京:清华大学出版社,2024.1
(大数据与人工智能技术丛书)
ISBN 978-7-302-64334-0

Ⅰ.①P… Ⅱ.①丁… Ⅲ.①图像处理软件 Ⅳ.①TP391.413

中国国家版本馆 CIP 数据核字(2023)第 144613 号

责任编辑:黄 芝 薛 阳
封面设计:刘 键
责任校对:韩天竹
责任印制:宋 林

出版发行:清华大学出版社
   网 址:https://www.tup.com.cn,https://www.wqxuetang.com
   地 址:北京清华大学学研大厦 A 座 邮 编:100084
   社 总 机:010-83470000 邮 购:010-62786544
   投稿与读者服务:010-62776969,c-service@tup.tsinghua.edu.cn
   质量反馈:010-62772015,zhiliang@tup.tsinghua.edu.cn
   课件下载:https://www.tup.com.cn,010-83470236
印 装 者:保定市中画美凯印刷有限公司
经 销:全国新华书店
开 本:185mm×260mm 印 张:19.25   字 数:509 千字
版 次:2024 年 1 月第 1 版   印 次:2024 年 1 月第 1 次印刷
印 数:1~2500
定 价:99.80 元

产品编号:101952-01

前　言

随着计算机技术的发展,图像视觉已成为人类获取和交换信息的主要来源。数字图像视觉具有信息量大、占用的频带较宽且像素间的相关性强等特点。数字图像视觉处理需要综合应用信息处理、计算机、机器学习、统计分析等各方面的知识和技术,对已有的图像视觉进行变换、处理、重构,从而改进图像视觉质量或从图像中提取有用的信息。

目前的图像视觉技术,早已不再是静止不动的画面,随着高清技术的不断普及,图像视觉给人们带来的享受将更为震撼。可以通过网络传输等通信手段,让实况画面出现在对方的计算机、手机等设备当中,图像缩短了人与人之间的距离。同时,计算机图像技术也很早便应用到军事方面,用于识别敌方目标、精确制导、侦察对方动向、战场形式模拟等。图像技术可以对案件侦破起到很大的作用,如指纹识别、人脸鉴别、场景复原、毁坏图像复原,以及在交通监控和事故分析等方面得到应用。计算机图像处理将向实时图像处理以及高清晰度的理论和技术研究、高分辨率、高速传输、三维成像或多维成像、多媒体化、智能化等方向不断发展。

目前,图形和图像的概念区别越来越模糊,普遍认为两者是共同存在的,但实际上它们还是有区别的。图像指的是计算机内以位图形式所存在的灰度信息,而图形含有几何表现,是由场景的几何模型和景物的物理属性所共同组成的。计算机的图形技术比图像技术相对复杂,表现手法也更为细腻真实,它侧重于绘图与图像的生成,可以通过三维的形式把图像表现得更加逼真。

本书为什么会在众多语言当中选择 Python 实现图形图像处理呢? 其主要原因是:Python 是一种效率极高的语言;相比众多其他语言,使用 Python 编写时简单、易学、易读、易维护。

另一个原因是,对程序员来说,社区是非常重要的,大多数程序员都需要向解决过类似问题的人寻求建议,在需要有人帮助解决问题时,有一个联系紧密、互帮互助的社区至关重要,Python 社区就是这样的一个社区。

【本书内容】

数字图像处理分为三个层次:低级图像处理、中级图像处理和高级图像处理。本书主要介绍低级图像处理和中级图像处理(高级图像处理在第 10 章介绍),也就是对图像进行各种加工以改善图像的视觉或突出有用信息,进一步对图像中感兴趣的目标进行检测(或分割)和测量,以获得它们的客观信息,从而建立对图像的描述。

第 1 层　低级图像处理部分

第 1 章绪论,主要介绍什么是编程语言、Python 简介、Python 的下载和安装、数字图像处理概述等内容。

第 2 章迈进 Python,主要介绍 NumPy 库、SciPy 库、Pandas 库等内容。

第 3 章介绍 Python 图形用户界面,主要包括布局管理、Tkinter 常用组件、对话框、菜单、在 Canvas 中绘图等内容。

第 4 章介绍数据可视化分析,主要包括 Matplotlib 生成数据图、各类型数据图、三维绘图、

Pygal 数据可视化等内容。

第2层　中级图像处理部分

第5章介绍图像视觉增强分析,主要包括图像增强方法、灰度变换、空域增强、空域锐化算子、图像频域平滑处理、频域图像锐化等内容。

第6章介绍图像视觉复原分析,主要包括退化与复原、图像去噪、暗通道去雾处理等内容。

第7章介绍图像视觉几何变换与校正分析,主要包括图像几何变换概述、几何变换的数学描述、图像的坐标变换、图像的几何变换类型等内容。

第8章介绍图像视觉分割技术分析,主要包括图像视觉分割的意义、边缘分割法、Hough变换、阈值分割法等内容。

第9章介绍图像视觉描述与特征提取分析,主要包括图像特征、角点特征、SIFT/SURF算法、FAST 和 ORB 算法、LBP 和 HOG 特征算子、颜色特征、图像纹理特征提取等内容。

第3层　高级图像处理部分

第10章介绍车牌识别分析,主要包括车牌识别流程、车牌图像处理与定位、字符识别等内容。

【本书特色】

1. 内容浅显易懂

本书不会纠缠于晦涩难懂的概念,而是力求用浅显易懂的语言引出概念,用常用的方式介绍编程,用清晰的逻辑解释思路。

2. 知识点全面

书中从介绍 Python 软件、数字图像处理概述出发,接着介绍 Python 的用法,然后介绍图形用户界面、数据可视化等,再由实例总结巩固相关知识点。

3. 学以致用

书中每章节都做到理论与实例相结合,内容丰富、实用,帮助读者快速领会知识要点。书中的实例与经典应用具有超强的实用性,并且书中源码、数据集、图片等资源读者都可通过扫描目录处的二维码免费、轻松获得。

【读者对象】

本书适合 Python 初学者、Python 软件的科研者。

由于时间仓促,加之编者水平有限,书中不足和疏漏之处在所难免。在此,诚恳地期望得到各领域的专家和广大读者的批评指正。

由于本书为黑白印刷,部分图片显示效果欠佳,读者可扫描目录处的二维码下载彩图。

编　者

2023 年 9 月

目　录

下载源码

下载图片

第 1 章

绪 论

世界上存在许多种语言,包括汉语、英语、日语、俄语等,每种语言都有固定的格式,如汉语(中文),每个汉字代表着不同的意思,我们必须正确地表达,才能让对方理解。学编程的读者,经常听到一个词:编程语言,那编程语言到底是什么?

1.1 什么是编程语言

编程语言(Programming Language)可以简单地理解为一种计算机和人都能识别的语言。一种计算机语言让程序员能够准确地定义计算机所需要使用的数据,并精确地定义在不同情况下所应当采取的行动。

1.1.1 编程语言的内容

编程语言处在不断的发展和变化中,从最初的机器语言发展到如今的 2500 种以上的高级语言。计算机编程语言能够实现人与机器之间的交流和沟通,而计算机编程语言主要包括汇编语言、机器语言以及高级语言,具体内容如下。

(1) 汇编语言。主要是以缩写英文作为标识符进行编写的,运用汇编语言进行编写的一般都是较为简练的小程序,其在执行方面较为便利,但汇编语言在程序方面较为冗长,所以具有较高的出错率。

(2) 机器语言。主要是利用二进制编码进行指令的发送,能够被计算机快速地识别,其灵活性相对较高,且执行速度较为可观,机器语言与汇编语言之间的相似性较高,但由于具有局限性,所以在使用上存在一定的约束性。

(3) 高级语言。其实是由多种编程语言结合之后的总称,其可以对多条指令进行整合,将其变为单条指令完成输送,其在操作细节指令以及中间过程等方面都得到了适当的简化,所以,整个程序更为简便,具有较强的操作性,而这种编码方式的简化,使得计算机编程对于相关工作人员的专业水平要求不断放宽。

1.1.2 编程语言发展史

编程语言一般分为:低级语言、高级语言和面向对象程序设计。

1. 低级语言

低级语言时代(1946—1953)主要包括被称为“天书”的机器语言以及汇编语言。从根本上说,计算机只能识别和接受由 0 和 1 组成的指令。机器语言的缺点有：难学、难写、难记、难检查、难修改,难以推广使用。

由于机器语言难以理解,莫奇莱等开始想到用助记符来代替 0、1 代码,于是汇编语言出现了。

2. 高级语言

高级语言时代(1954 至今)——随着世界上第一个高级语言 FORTRAN 的出现,新的编程语言开始不断涌现出来(如 ALGOL、BASIC、Pascal、C 语言等)。数十年来,全世界涌现了 2500 种以上高级语言,一些流行至今,一些则逐渐消失。

3. 面向对象程序设计

面向对象程序设计(20 世纪 90 年代初至今)——面向对象程序设计(Object-Oriented Programming,OOP)如今在整个程序设计中十分重要,其最突出的特点为封装性、继承性和多态性。它的语言类型主要包括 Java、Python 等。

近几年来,Python 语言上升势头比较迅猛,其主要原因在于大数据和人工智能领域的发展,随着产业互联网的推进,Python 语言未来的发展空间将进一步得到扩大。Python 是一种高层次的脚本语言,目前应用于 Web 和 Internet 开发、科学计算和统计、教育、软件开发和后端开发等领域,且有着简单易学、可移植、可扩展、可嵌入等优点。

1.2　Python 简介

Python 是一个高层次的结合了解释性、编译性、互动性和面向对象的脚本语言。Python 的设计具有很强的可读性,它具有比其他语言更有特色的语法结构。

(1) Python 是一种解释型语言：这意味着开发过程中没有了编译这个环节。类似于 PHP 和 Perl 语言。

(2) Python 是交互式语言：这意味着可以在一个 Python 提示符>>>后直接执行代码。

(3) Python 是面向对象语言：这意味着 Python 支持面向对象的风格或代码封装在对象中的编程技术。

(4) Python 是初学者的语言：Python 对初级程序员而言,是一种伟大的语言,它支持广泛的应用程序开发,从简单的文字处理到 Web 浏览器再到游戏。

1.3　Python 的下载和安装

首先,需要通过 Python 官方网站 https://www.python.org/下载 Python 安装包。在官网首页的导航条上找到 Downloads 按钮,鼠标悬停在上面时会出现一个下拉菜单,如图 1-1 所示。

在下拉菜单中,根据自己的操作系统选择对应的 Python 版本,本书以 Windows 为例进行讲解。

单击图 1-1 中的 Windows 按钮后,将进入下载页面,在这里选择和自己系统匹配的安装文件。为了方便起见,选择 executable installer(可执行的安装程序)。

注意：如果操作系统是 64 位的,请选择 Windows x86-64 executable installer,如图 1-2 所示。

下载完成后,双击安装文件,在打开的软件安装界面中单击 Install Now 即可进行默认安装,而单击 Customize installation 可以对安装目录和功能进行自定义。勾选 All Python 3.10.7 to PATH 选项,以便把安装路径添加到 PATH 环境变量中,这样就可以在系统各种环境中直接运行 Python 了。

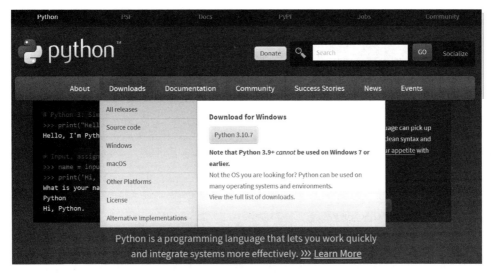

图 1-1　Python 下载入口

Note that Python 3.10.7 *cannot* be used on Windows 7 or earlier.

- Download Windows embeddable package (32-bit)
- Download Windows embeddable package (64-bit)
- Download Windows help file
- Download Windows installer (32-bit)
- Download Windows installer (64-bit)

图 1-2　Python 3.10.7 不同版本下载链接

1.4　Jupyter Notebook 的安装与使用

安装好 Python 后,使用其自带的 IDLE 编辑器就可以完成代码编写的功能。但是自带的编辑器功能比较简单,所以可以考虑安装一款更强大的编辑器。在此推荐使用 Jupyter Notebook 作为开发工具。

Jupyter Notebook 是一款开源的 Web 应用,用户可以使用它编写代码、公式、解释性文本和绘图,并且可以把创建好的文档进行分享。目前,Jupyter Notebook 已经广泛应用于数据处理、数学模拟、统计建模、机器学习等重要领域。它支持四十余种编程语言,包括在数据科学领域非常流行的 Python、R、Julia 以及 Scala。用户还可以通过 E-mail、Dropbox、Github 等方式分享自己的作品。Jupyter Notebook 还有一个强悍之处在于,它可以实时运行代码并将结果显示在代码下方,给开发者提供了极大的便捷。

下面介绍 Jupyter Notebook 的安装和基本操作。

1.4.1　Jupyter Notebook 的下载与安装

以管理员身份运行 Windows 系统自带的命令提示符,或者是 macOS 的终端,输入下方的命令提示符,如图 1-3 所示。

```
pip3 install jupyter
```

花费一定的时间,Jupyter Notebook 就会自动安装完成。在安装完成后,命令提示符会提示"Successfully installed jupyter-21.2.4."。

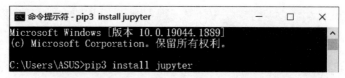

图 1-3 安装 Jupyter Notebook

1.4.2 运行 Jupyter Notebook

在 Windows 的命令提示符或者是 macOS 的终端中输入"jupyter notebook",就可以启动 Jupyter Notebook,如图 1-4 所示。

```
命令提示符 - jupyter notebook                                    —   □   ×
Microsoft Windows [版本 10.0.19044.1889]
(c) Microsoft Corporation。保留所有权利。

C:\Users\ASUS>jupyter notebook
[I 16:54:40.463 NotebookApp] Serving notebooks from local directory: C:\Users\ASUS
[I 16:54:40.463 NotebookApp] 0 active kernels
[I 16:54:40.463 NotebookApp] The Jupyter Notebook is running at:
[I 16:54:40.464 NotebookApp] http://localhost:8888/?token=1d54186480ffa9ef26c9608262393a23de
aec2b753aaa685
[I 16:54:40.464 NotebookApp] Use Control-C to stop this server and shut down all kernels (tw
ice to skip confirmation).
[C 16:54:40.473 NotebookApp]

    Copy/paste this URL into your browser when you connect for the first time,
    to login with a token:
        http://localhost:8888/?token=1d54186480ffa9ef26c9608262393a23deaec2b753aaa685
[I 16:54:41.123 NotebookApp] Accepting one-time-token-authenticated connection from ::1
```

图 1-4 启动 Jupyter Notebook

这时计算机会自动打开默认的浏览器,并进入 Jupyter Notebook 的初始界面,如图 1-5 所示。

Jupyter		Logout

| Files | Running | Clusters |

Select items to perform actions on them.　　　　　　　　　　　Upload　New ▾　⟳

☐ 0 ▾ 📁 /	Name ↓	Last Modified
☐ 📁 3D Objects		3个月前
☐ 📁 Anaconda3		3个月前
☐ 📁 Contacts		6个月前
☐ 📁 Desktop		5天前
☐ 📁 Documents		6个月前
☐ 📁 Downloads		3小时前
☐ 📁 Favorites		6个月前
☐ 📁 jesolem-PCV-376d597		2年前

图 1-5 Jupyter Notebook 初始界面

1.4.3 Jupyter Notebook 的使用

启动 Jupyter Notebook 之后,就可以使用它工作了。首先要建立一个 Notebook 文件,单击右上角的 New 按钮,在出现的选项中选择 Python 3,如图 1-6 所示。

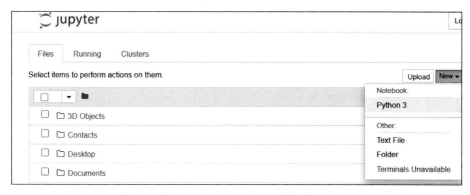

图 1-6　在 Jupyter Notebook 中可新建一个文档

之后 Jupyter Notebook 会自动打开新建的文档，并出现一个空白的单元格（Cell）。下面试着在空白单元格中输入如下代码。

```
print('Hello Python!')
```

按 Shift＋Enter 组合键，会发现 Jupyter Notebook 已经把代码的运行结果直接显示在单元格下方，并且在下面又新建了一个单元格，如图 1-7 所示。

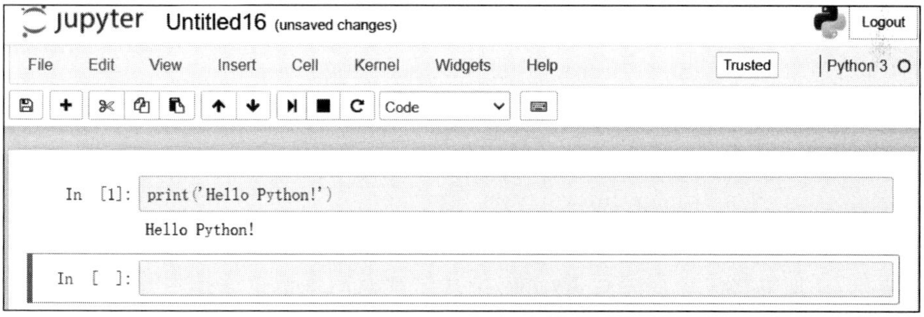

图 1-7　使用 Jupyter Notebook 打印"Hello Python！"

提示：在 Jupyter Notebook 中，Shift＋Enter 表示运行代码并进入下一个单元格，而 Ctrl＋Enter 表示运行代码且不进入下一个单元格。

现在给这个文档重新命名为"Hello Python"，单击 Jupyter Notebook 的 File 菜单中Rename 选项，如图 1-8 所示。

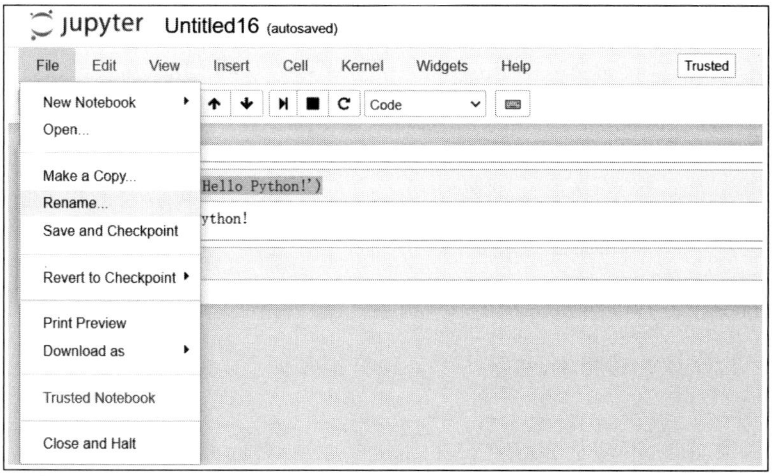

图 1-8　对文档进行重命名操作

之后弹出的对话框中输入新名称"Hello Python",单击 Rename 按钮确认,就完成了重命名操作。由于 Jupyter Notebook 会自动保存文档,此时已经可以在初始界面看新建的"Hello Python. ipynb"文件了,如图 1-9 所示。

🍩 jupyter		Logou
☐ 📄 Ch5.ipynb		2 months ago
☐ 📄 generate_attires.ipynb		2 months ago
☐ 📄 Hello Python.ipynb	Running	22 minutes ago

图 1-9　新建的 Hello Python. ipynb 文档

Jupyter Notebook 还有很多奇妙的功能,读者可以慢慢去挖掘。相信读者在熟悉这个工具后,会对这个工具爱不释手。

1.5　数字图像处理概述

数字图像处理是指经过空间采样和幅值量化后的图像,它可以利用计算机或其他实时的硬件处理,因而又称为计算机图像处理。

完整的数字图像处理工程大体上可分为图像信息的获取,图像信息的存储,图像信息的传送,数字图像处理,图像信息的输出和显示。

(1) 图像信息的获取(Image Information Acquisition)。

就数字图像处理而言,主要是把一幅图像转换成适合输入计算机或数字设备的数字信号,这一过程主要包括摄取图像、光电转换及数字化等几个步骤。

(2) 图像信息的存储(Image Information Storage)。

图像信息的特点是数据量巨大。一般进行档案存储,主要采用磁带、磁盘或光盘。为解决海量存储问题,图像处理主要研究数据压缩、图像格式及图像数据库技术等。

(3) 图像信息的传送(Image Information Transmission)。

图像信息的传送可分为系统内部传送与远距离传送。内部传送多采用直接存储器访问(Direct Memory Access,DMA)技术以解决速度问题;外部远距离传送主要解决占用带宽问题。目前,已有多种国际压缩标准来解决这一问题,图像通信网正在逐步建立。

(4) 数字图像处理(Digital Image Processing)。

概括地说,数字图像处理主要包括如下几项内容:几何处理(Geometrical Processing),算术处理(Arithmetic Processing),图像增强(Image Enhancement),图像复原(Image Restoration),图像重建(Image Reconstruction),图像编码(Image Encoding),图像识别(Image Recognition),图像理解(Image Understanding)。

(5) 图像信息的输出和显示。

经过图像信息的获取、图像信息的存储、传送、处理等工作,最后通过相关指令输出处理效果,并通过设备显示出来。

1.5.1　数字图像处理的特点

同传统的模拟图像处理相比,数字图像处理有很多优点,主要表现在以下几点。

1. 精度高

对于一幅图像而言,不管是 2b 还是 8b 图像的处理,对计算机程序来说几乎是一样的。增加图像像素数使处理图像变大,只须改变数组的参数,而处理方法不变。所以从原理上讲,不管处理多高精度的图像都是可能的。而在模拟图像处理中,要想使精度提高一个数量级,就必须对处理装置进行大幅度改进。

2. 再现性好

不管是什么图像,它们均用数组或数组集合表示,这样计算机容易处理。因此,在传送和复制图像时,只在计算机内部进行处理,这样数据就不会丢失或遭破坏,因此数字图像处理不会因图像的存储、传输或复制等一系列变换操作导致图像质量的退化,从而保持了完好的再现性。而在模拟图像处理过程中,就会因为各种因素干扰而保持图像的再现性。

3. 通用性、灵活性高

不管是可视图像还是红外线成像、X 射线照片、超声波图像等不可见光成像,尽管这些图像成像体系中的设备规模和精度各不相同,但把图像信号直接进行 A/D 变换或记录成照片,对于计算机来说都能用二维数组表示,即不管什么样的图像都可用同样的方法进行处理,这就是数字图像处理的通用性。另外,对处理程序加以改变后可进行各种处理,如上下滚动、漫游、拼图、合成、变换、放大、缩小和各种逻辑运算等,所以灵活性很高。

1.5.2　数字图像处理的基本技术

数字图像处理大致包含四个方面的技术内容,分别为图像质量改善、图像分析、图像重建和图像数据压缩。

1. 图像质量改善

图像质量改善是力图把图像上的畸变及噪声信息去掉,使图像更清晰,以便准确目视判读和解释图像信息。具体技术措施大致包括以下四类。

(1) 锐化技术:是突出图像上的各类边缘处的灰度处理,增大对比度使图像轮廓纹理更清晰。

(2) 平滑技术:是一种抑制噪声而达到改善图像质量的措施。

(3) 复原技术:是根据引起图像质量下降的原因而采取的一种恢复图像本来面目的处理措施。

(4) 校正技术:采取几何校正措施,去掉图像上的几何失真。

2. 图像分析

图像分析的目的是提取图像中的有用信息,常用技术有:边缘与线条的检测、图像区域分割、形状特征提取与测量、图像纹理分析、图像匹配与融合等。

3. 图像重建

图像重建是成熟的实用图像处理技术,广泛应用于医学领域中,主要包括 CT 中投影图像的三维重建,以及应用于测量左、右视图图像,生成立体图像的技术。

4. 图像数据压缩

图像数据压缩是针对图像经数字化后所产生的图像数据信息量非常大的特点,尤其是彩色动态图像的数据量更是大得惊人,为了对这些图像进行传输和预览,需要减少图像的存储容量。常用的有静态图像的有损压缩和无损压缩技术,如 WinZip、WinRar、各种图像格式转换等;也有动态图像的压缩处理技术,如 MPEG、网络流媒体技术等。

1.5.3　数字图像处理方法

数字图像处理方法大致可分为两大类,即空域法和变换域法。

1) 空域法

这种方法是把图像看作是平面中各个像素组成的集合,然后直接对这个二维函数进行处理。空域法主要有下面两大类。

(1) 邻域处理法：其中包括梯度运算、拉普拉斯算子运算、平滑算子运算和卷积运算。

(2) 点处理法：灰度处理、面积、周长、体积、重心的运算等。

2) 变换域法

数字图像处理的变换域处理方法是首先对图像进行正交变换，得到变换域系数阵列，然后再施行各种处理，处理后再反变换到空间域，得到处理结果。这类处理包括滤波、数据压缩、特征提取等处理。

1.5.4　彩色空间

彩色空间可以理解为彩色的集合，为了有效地表达彩色信息，需要建立和选择合适的彩色表达模型。通常一种彩色可以用 3 个或 4 个基本量表示，所以彩色模型是彩色的一种数学抽象。在非正式的情况下彩色空间可以指彩色模型。

1. RGB

RGB 代表红、绿、蓝三个通道的颜色，这个标准几乎包括人类视力所能感知的所有颜色，是目前运用最广的颜色系统之一。红(R)、绿(G)、蓝(B)三种颜色的强度值均是 0～255，则三种光混合在每个像素可以组成 16 777 216($256\times256\times256$)种不同的颜色。256 级的 RGB 色彩也被简称为 1600 万色或千万色，或称为 24 位色(2 的 24 次方)。

对一种颜色进行编码的方法统称为"颜色空间"或"色域"。简单来说，世界上任何一种颜色的"颜色空间"都可定义成一个固定的数字或变量。RGB(红、绿、蓝)只是众多颜色空间的一种。采用这种编码方法，每种颜色都可用三个变量来表示——红色、绿色以及蓝色的强度。记录及显示彩色图像时，RGB 是最常见的一种方案。但是，它缺乏与早期黑白显示系统的良好兼容性。因此，许多电子电器厂商普遍采用的做法是，将 RGB 转换成 YUV 颜色空间，以维持兼容，再根据需要换回 RGB 格式，以便在计算机显示器上显示彩色图形。

2. CMY 和 CMYK

CMY 是青(Cyan)、洋红或品红(Magenta)和黄(Yellow)三种颜色的简写，是相减混色模式，用这种方法产生的颜色之所以称为相减色，是因为它减少了为视觉系统识别颜色所需要的反射光。

和 RGB 的区别在于：RGB 是红(Red)、绿(Green)和蓝(Blue)三种颜色的简写，是相加混色模式，每种颜色分量越多，得到的颜色越亮，每种颜色的取值范围为 0～255；RGB 常用于计算机显示方面。

由于彩色墨水和颜料的化学特性，用三种基本色得到的黑色不是纯黑色，因此在印刷术中，常常加一种真正的黑色(Black Ink)，这种模型称为 CMYK 模型，广泛应用于印刷术。每种颜色分量的取值范围为 0～100；CMY 常用于纸张彩色打印方面。

和 RGB 的转换公式为：

$$C = 255 - R$$
$$M = 255 - G$$
$$Y = 255 - B$$

该公式证明了从一个涂满纯净青色颜料的表面反射回的光不包含红色(纯净的青色 255，则 R=0)。同样，纯净的品红色不反射绿色，纯净的黄色不反射蓝色。前述方程同样表明，从 255 中减去单个 CMY 值，可以得到 RGB 值。

3. HSI

HSI 是指一个数字图像的模型,它反映了人的视觉系统感知彩色的方式,以色调、饱和度和亮度三种基本特征量来感知颜色。

HSI 模型的建立基于两个重要的事实:第一,分量与图像的彩色信息无关;第二,H 和 S 分量与人感受颜色的方式是紧密关联的。这些特点使得 HSI 模型非常适合彩色特性检测与分析。

(1) 颜色模型。RGB 图像和与之对应的 HSI 图像分量关系如图 1-10 所示。

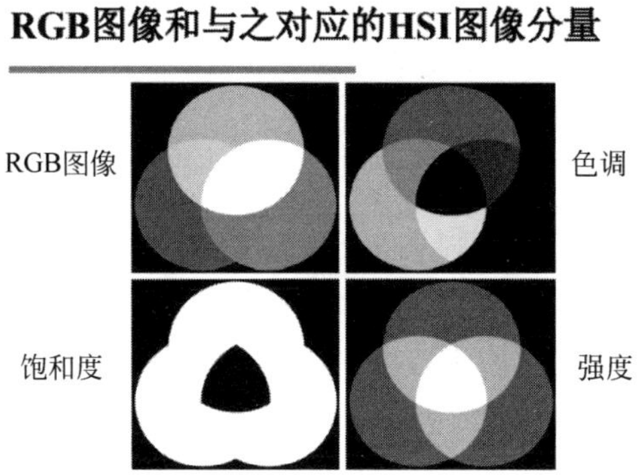

RGB图像和与之对应的HSI图像分量

图 1-10　RGB 图像和与之对应的 HSI 图像分量关系

(2) 色调 H(Hue):与光波的波长有关,它表示人的感官对不同颜色的感受,如红色、绿色、蓝色等,它也可表示一定范围的颜色,如暖色、冷色等。

(3) 饱和度 S(Saturation):表示颜色的纯度,纯光谱色是完全饱和的,加入白光会稀释饱和度。饱和度越大,颜色看起来就会越鲜艳,反之亦然。

(4) 亮度 I(Intensity):对应成像亮度和图像灰度,是指颜色的明亮程度。

如果将 RGB 单位立方体沿主对角线进行投影,可得到六边形,这样,原来沿主对角线的灰色都投影到中心白色点,而红色点 $(1,0,0)$ 则位于右边的角上,绿色点 $(0,1,0)$ 位于左上角,蓝色点 $(0,0,1)$ 则位于左下角。

HSI 颜色模型用双六棱锥表示,I 是强度轴,色调 H 的角度范围为 $[0,2\pi]$,其中,纯红色的角度为 0,纯绿色的角度为 $2\pi/3$,纯蓝色的角度为 $4\pi/3$。饱和度 S 是颜色空间任一点距 I 轴的距离。当然,如果用圆表示 RGB 模型的投影,则 HSI 色度空间为双圆锥 3D 表示。

注意:当强度 I=0 时,色调 H、饱和度 S 无定义;当 S=0 时,色调 H 无定义。

4. YIQ

Y 是亮度信号(Luminance),即亮度(Brightness);I 代表 In-phase,色彩从橙色到青色;Q 代表 Quadrature-phase,色彩从紫色到黄绿色。

相较于其他颜色空间,YIQ 颜色空间具有能将图像中的亮度分量分离提取出来的优点,并且 YIQ 颜色空间与 RGB 颜色空间之间是线性变换的关系,计算量小,聚类特性也比较好,可以适应光照强度不断变化的场合,因此能够有效地用于彩色图像处理。可用于在自然条件下采集到的复杂背景下的运动目标的识别。

5. YUV

YUV 是一种颜色编码方法,常使用在各个视频处理组件中。YUV 在对照片或视频编码时,考虑到人类的感知能力,允许降低色度的带宽。

YUV 是编译真彩色颜色空间的种类,Y'UV、YUV、YCbCr、YPbPr 等专有名词都可以称为 YUV,彼此有重叠。"Y"表示明亮度(Luminance、Luma),"U"和"V"则是色度、饱和度

（Chrominance、Chroma）。

6. YCbCr

YCbCr 中的 Y 是指亮度分量，Cb 指蓝色色度分量，而 Cr 指红色色度分量。人的肉眼对视频的 Y 分量更敏感，因此在通过对色度分量进行子采样来减少色度分量后，肉眼将察觉不到图像质量的变化。主要的子采样格式有 YCbCr 4∶2∶0、YCbCr 4∶2∶2 和 YCbCr 4∶4∶4。

4∶2∶0 表示每 4 个像素有 4 个亮度分量，2 个色度分量（YYYYCbCr），仅采样奇数扫描线，是便携式视频设备（MPEG-4）以及电视会议（H.263）最常用格式；4∶2∶2 表示每 4 个像素有 4 个亮度分量，4 个色度分量（YYYYCbCrCbCr），是 DVD、数字电视、HDTV 以及其他消费类视频设备的最常用格式；4∶4∶4 表示全像素点阵（YYYYCbCrCbCrCbCrCbCr），用于高质量视频应用、演播室以及专业视频产品。

1.5.5　数字图像处理的应用

图像是人类获取和交换信息的主要来源，因此，图像处理的应用领域必然涉及人类生活和工作方面。随着计算机技术和半导体工业的发展，数字图像处理技术的应用也越来越广泛，总结其他应用大致有以下几个方面。

1. 在航天、航空中的应用

卫星遥感和航空测量中有大量的图像需要处理，处理有两部分内容：一是图像校正，由于卫星、飞机是空中运动物体，装载的成像传感器受卫星飞机的姿态、运动、时间和气候条件等影响，摄取的图像存在畸变，需要自动校正；二是通过分析、处理遥感图像，有效地进行资源、矿藏勘探，国土规划，灾害调查，农作物估产，气象预报以及军事目标监视等。自从最早美国的喷气推进实验室（JPL）对月球、火星照片进行处理以来，数字图像处理技术在航天、航空中的应用还涉及航天器遥感技术，如很多国家都在利用陆地卫星所获取的图像进行气象监测、资源调查（如森林调查、水资源调查等）、土地测绘、灾害监测（如城市建筑物拆迁、地质结构、水源及环境分析等）、军事侦察等。另外，在航空交通管制以及机场安检视频监控中，图像处理也得到了广泛的应用。

2. 在军事、公安中的应用

数字图像处理是一种高新技术，一般来说，高新技术总是首先应用于军事国防领域。已经有许多制导武器的核心控制部件都是由数字图像信息处理技术作为核心，这种武器采用被动方式工作，隐蔽性好，抗干扰能力强，智能化程度高，无须人工干预，实现"打了不管"，能在复杂背景中精确地控制导弹命中目标。数字图像处理在军事方面主要用于导弹的精确制导、各种侦察照片的判读，具有图像传输、存储和显示的军事自动化指挥系统，飞机、坦克和军舰模拟训练系统等；在公安业务方面主要用于实时监控、安全侦破、指纹识别、人脸识别、虹膜识别以及交通流量监控、事故分析、银行防盗等。

3. 在生物医学中的应用

数字图像处理在生物医学领域的应用十分广泛，无论是临床诊断还是病理研究都采用了图像处理技术，而且很有成效。除了最成功的 X 射线、CT 技术之外，还有一类是对医用显微图像的处理分析，即自动细胞分析仪，如红细胞、白细胞分类，染色体分析，癌细胞识别以及超声波图像的分析等。这些技术和设备大大提高了疾病的诊断水平，减轻了病人的痛苦。

4. 在工业和工程中的应用

数字图像处理技术已经有效地应用于工业生产中的加工、装配、拆卸与质量检查等环节，例如，机械手的手眼系统、车型识别、信函分拣、印制电路板、集成电路芯片掩模版、药片外形、汽车零部件等质量自动检查(逐个检查);又如,在生产线中对生产的产品及部件进行无损检测并对其进行分类,在一些有毒、放射性环境内利用计算机自动识别工件及物体的形状和排列状态等。现已发展到具备视觉、听觉和触觉反馈的智能机器人。高速公路不停车自动收费系统中的车辆和车牌的自动识别就是图像处理技术成功应用的例子。

5．在通信和电子商务中的应用

当前通信的主要发展方向是声音、文字、图像和数据相结合的多媒体通信,也就是将电话、电视和计算机以三网合一的方式在数字通信网上传输。其中,以图像通信最为复杂和困难,因图像的数据量巨大,如传送彩色电视信号的速率达 100Mb/s 以上,要将这样高速率的数据实时传送出去,必须采用图像处理中的压缩编码技术来达到目的。

在电子商务中,数字图像处理广泛应用于产品防伪、水印技术、利用生物识别实现身份认证和办公自动化等领域。

6．在文化艺术中的应用

数字图像处理在文化艺术中的应用包括电影、电视画面的数字编辑,动画的制作,纺织工艺品设计和制作,服装和发型设计,珍贵文物资料的复制和修复,运动员动作分析和评分,数字博物馆,虚拟城市和计算机图形生成技术以及图形变形技术等。

第 2 章

迈进Python

至此我们已经安装好了 Python 和 Jupyter Notebook，但这还不够，还需要安装一些库，才能完成本书内容的学习。这些库包括 NumPy、Matplotlib、Pandas、IPython，以及核心的 scikit-learn。

这些库的安装方法是在命令窗口中输入：

`pip install 安装库名`

一定要先安装 NumPy+MKL 安装包，再安装 SciPy 才能成功。安装完成后，在 Jupyter Notebook 命令窗口中输入"import＋库名称"来验证是否安装成功，例如，想知道 SciPy 是否安装成功，就在 Jupyter Notebook 命令窗口中输入：

`import scipy`

如果没有报错，则说明安装已经成功，可以使用了。下面一起来了解这些库的主要功能。

2.1 NumPy 库

NumPy(Numerical Python)是 Python 语言的一个扩展程序库，支持大量的维度数组与矩阵运算，此外，也针对数组运算提供大量的数学函数库。NumPy 对于 scikit-learn 来说是至关重要的，因为 scikit-learn 使用 NumPy 数组形式的数据来进行处理，所以需要把数据都转换成 NumPy 数组的形式，而多维数组也是 NumPy 的核心功能之一。

NumPy 是一个运行速度非常快的数学库，主要用于数组计算，包含：

(1) 一个强大的 N 维数组对象 ndarray。

(2) 广播功能函数。

(3) 整合 C/C++/FORTRAN 代码的工具。

(4) 线性代数、傅里叶变换、随机数生成等功能。

2.1.1 NumPy 创建数组

NumPy 数组是一个多维数组，称为 ndarray。NumPy 的创建方法有以下三种，分别为：用特殊函数创建、从已有的数组创建数组以及从数值范围创建数组。

1. 特殊函数创建数组

注意：在 ndarray 结构中，里面的元素必须是同一类型的，如果不是，会自动地向下进行。

【**例 2-1**】 创建数组和数列。

```
import numpy as np
#numpy 和列表的形式区别(有无逗号)
ar = np.array([1,2,3,4,5])
list1 = [1,2,3,4,5]
print(ar,type(ar))                    #输出结果中没有逗号分隔
print(list1,type(list1))              #输出结果中有逗号分隔
```

运行程序,输出如下。

```
[1 2 3 4 5] <class 'numpy.ndarray'>
[1, 2, 3, 4, 5] <class 'list'>
```

ndarray 数组除了可以使用底层 ndarray 构造器来创建外,也可以通过以下几种方式来创建。

1) numpy.zeros()方法

numpy.zeros()方法用于创建指定大小的数组,数组元素以 0 来填充,方法的格式为:

```
numpy.zeros(shape, dtype = float, order = 'C')
```

其中,shape 为数组形状;dtype 为数据类型,可选;order 取'C'时用于 C 的行数组,取'F'时用于 FORTRAN 的列数组。

【**例 2-2**】 利用 numpy.zeros()方法创建指定大小的 0 数组。

```
import numpy as np
#默认为浮点数
x = np.zeros(6)
print(x)
#设置类型为整数
y = np.zeros((6,), dtype = int)
print(y)
#自定义类型
z = np.zeros((2,2), dtype = [('x', 'i4'), ('y', 'i4')])
print(z)
```

运行程序,输出如下。

```
[0. 0. 0. 0. 0. 0.]
[0 0 0 0 0 0]
[[(0, 0) (0, 0)]
 [(0, 0) (0, 0)]]
```

2) numpy.empty()方法

numpy.empty()方法用来创建一个指定形状(shape)、数据类型(dtype)且未初始化的数组。方法的格式为:

```
numpy.empty(shape, dtype = float, order = 'C')
```

其中,shape 为数组形状;dtype 为数据类型,可选;order 有'C'和'F'两个选项,分别代表行优先和列优先。

【**例 2-3**】 利用 numpy.empty()方法创建一个空数组。

```
import numpy as np
x = np.empty([3,2], dtype = int)
print(x)
```

运行程序,输出如下。

```
[[ 857761391 543236140]
 [1701868915 1952804466]
 [1953068832 174137448]]
```

3）numpy.ones()方法

numpy.ones()方法用于创建指定形状的数组,数组元素以 1 来填充,方法的格式为:

```
numpy.ones(shape, dtype = None, order = 'C')
```

其中,shape 为数组形状;dtype 为数据类型,可选;order 取'C'时用于 C 的行数组,取'F'时用于 FORTRAN 的列数组。

【例 2-4】　利用 numpy.ones()方法创建一个全 1 数组。

```
import numpy as np
# 默认为浮点数
x = np.ones(5)
print(x)
# 自定义类型
x = np.ones([2,2], dtype = int)
print(x)
```

运行程序,输出如下。

```
[ 1. 1. 1. 1. 1.]
[[1 1]
 [1 1]]
```

4）numpy.full()方法

numpy.full()方法用于创建指定形状的数组,数组元素以 fill_value 来填充,方法的格式为:

```
numpy.full(shape, fill_value, dtype = None, order = 'C')
```

其中,shape 为新数组的形状大小;fill_value 将被赋值给新数组的元素值;dtype 为指定数组元素的数据类型;order 有'C'和'F'两个选项,分别代表行优先和列优先。

【例 2-5】　创建一个填充给定值的数组。

```
import numpy as np
np.full([2,3], 3, dtype = int)
```

运行程序,输出如下。

```
array([[3, 3, 3],
       [3, 3, 3]])
```

2. 从已有的数组创建数组

除了可以利用函数创建特殊数组外,NumPy 还提供了相关函数用于实现从已有的数组创建数组,下面对各函数进行介绍。

1）numpy.asarray()函数

numpy.asarray()类似 numpy.array(),但 numpy.asarray()的参数只有三个,比 numpy.array()少两个。numpy.asarray()函数的格式为:

```
numpy.asarray(a, dtype = None, order = None)
```

其中,a 为任意形式的输入参数,可以是列表、列表的元组、元组、元组的元组、元组的列表、多维数组;dtype 为数据类型,可选;order 可选,有 'C'和'F'两个选项,分别代表行优先和列优先。

【例2-6】 利用numpy.asarray()函数实现从已有数组创建数组。

```
♯将列表转换为 ndarray
import numpy as np
x = [1,2,3]
a = np.asarray(x)
print('将列表转换为 ndarray:',a)
♯将元组转换为 ndarray
x = (1,2,3)
a = np.asarray(x)
print('将元组转换为 ndarray:',a)
♯将元组列表转换为 ndarray
x = [(1,2,3),(4,5)]
a = np.asarray(x)
print('将元组列表转换为 ndarray:',a)
♯设置了 dtype 参数
x = [1,2,3]
a = np.asarray(x, dtype = float)
print('设置了 dtype 参数:',a)
```

运行程序,输出如下。

```
将列表转换为 ndarray: [1 2 3]
将元组转换为 ndarray: [1 2 3]
将元组列表转换为 ndarray: [(1, 2, 3) (4, 5)]
设置了 dtype 参数: [ 1. 2. 3.]
```

2) numpy.frombuffer()函数

numpy.frombuffer()接受 buffer 输入参数,以流的形式读入转换的 ndarray 对象。函数的格式为:

```
numpy.frombuffer(buffer, dtype = float, count = −1, offset = 0)
```

其中,buffer 可以是任意对象,以流的形式读入;dtype 为返回数组的数据类型,可选;count 为读取的数据数量,默认为−1,读取所有数据;offset 为读取的起始位置,默认为 0。

【例2-7】 利用 numpy.frombuffer()函数接受 buffer 输入转换数组。

```
import numpy as np
♯buffer 是字符串的时候,Python 3 默认 str 是 Unicode 类型,所以要转成 bytestring 需要在原 str
♯前加上 b
s = b'Hello World'
a = np.frombuffer(s,dtype = 'S1')
print(a)
```

运行程序,输出如下。

```
[b'H' b'e' b'l' b'l' b'o' b' ' b'W' b'o' b'r' b'l' b'd']
```

3) numpy.fromiter()函数

numpy.fromiter()从可迭代对象中建立 ndarray 对象,返回一维数组。函数的格式为:

```
numpy.fromiter(iterable, dtype, count = −1)
```

其中,iterable 为可迭代对象;dtype 为返回数组的数据类型;count 为读取的数据数量,默认为−1,读取所有数据。

【例2-8】 利用 numpy.fromiter()函数从对象中建立数组。

```
import numpy as np
♯使用 range 函数创建列表对象
```

```
list = range(5)
it = iter(list)
＃使用迭代器创建 ndarray
x = np.fromiter(it, dtype = float)
print(x)
```

运行程序，输出如下。

```
[ 0. 1. 2. 3. 4.]
```

3. 从数值范围创建数组

NumPy 从数值范围创建数组主要有：创建指定范围的数组（numpy.arange()）、创建指定范围的等差数列（numpy.linspace()）、创建指定范围的等比数列（numpy.logspace()）。

1）创建指定范围的数组

numpy 包中使用 arange() 函数创建数值范围并返回 ndarray 对象，函数格式为：

```
numpy.arange(start, stop, step, dtype)
```

其中，start 为起始值，默认为 0；stop 为结束值，必需，传一个值的时候虽然是赋值给了 start，但却是一个结束值；step 为步长，默认为 1；dtype 为数据类型，如果没有提供，则会使用输入数据的类型。

【例 2-9】 利用 numpy.arange() 函数创建指定的数组。

```
import numpy as np
a = np.arange(5)
b = np.arange(5, dtype = float)
c = np.arange(10,20,2)
print('a:', a, '\n'
        'b:', b, '\n'
        'c:', c, '\n')
```

运行程序，输出如下。

```
a: [0 1 2 3 4]
b: [ 0. 1. 2. 3. 4.]
c: [10 12 14 16 18]
```

2）创建指定范围的等差数列

numpy.linspace() 函数用于创建一个一维数组，数组是由一个等差数列构成的，函数格式为：

```
np.linspace(start, stop, num = 50, endpoint = True, retstep = False, dtype = None)
```

其中，start 为序列的起始值；stop 为序列的终止值，如果 endpoint 为 True，则该值包含于数列中；num 为要生成的等步长的样本数量，默认为 50；endpoint 值为 True 时，数列中包含 stop 值，反之不包含，默认是 True；retstep 如果为 True 时，生成的数组中会显示间距，反之不显示；dtype 为 ndarray 的数据类型。

【例 2-10】 利用 numpy.linspace() 创建指定范围的等差数列。

```
＃用到三个参数,设置起始点为1,终止点为10,数列个数为10
import numpy as np
a = np.linspace(1,10,10)
print('指定范围为10的10个数列:',a)
＃设置元素全部是1的等差数列
a = np.linspace(1,1,10)
print('元素全部是1的等差数列:',a)
```

```
#endpoint 设为 False,不包含终止值
a = np.linspace(10, 20, 5, endpoint = False)
print('endpoint 设为 False,不包含终止值:',a)
#将 endpoint 设为 True,则会包含 20
a = np.linspace(1,10,10,retstep = True)
print('endpoint 设为 True 的数列:',a)
#拓展例子
b = np.linspace(1,10,10).reshape([10,1])
print('拓展例子:',b)
```

运行程序,输出如下。

```
指定范围为 10 的 10 个数列: [ 1.  2.  3.  4.  5.  6.  7.  8.  9.  10.]
元素全部是1的等差数列: [ 1.  1.  1.  1.  1.  1.  1.  1.  1.  1.]
endpoint 设为 False,不包含终止值: [ 10.  12.  14.  16.  18.]
endpoint 设为 True 的数列: (array([ 1.,  2.,  3.,  4.,  5.,  6.,  7.,  8.,  9.,  10.]), 1.0)
拓展例子: [[  1.]
 [  2.]
 [  3.]
 [  4.]
 [  5.]
 [  6.]
 [  7.]
 [  8.]
 [  9.]
 [ 10.]]
```

3）创建指定范围的等比数列

numpy.logspace()函数用于创建一个等比数列。函数格式为:

```
numpy.logspace(start, stop, num = 50, endpoint = True, base = 10.0, dtype = None)
```

其中,start 为序列的起始值,为 base ** start;stop 为序列的终止值,为 base ** stop;如果 endpoint 为 True,该值包含于数列中;num 为要生成的等步长的样本数量,默认为 50; endpoint 值为 Ture 时,数列中包含 stop 值,反之不包含,默认是 True;base 为对数 log 的底数;dtype 为 ndarray 的数据类型。

值得注意的是,start 和 stop 是数列的下标值,它们的底数是 base。

【例 2-11】 利用 numpy.logspace()函数创建指定范围的等比数列。

```
import numpy as np
#默认底数是 10
a = np.logspace(1.0, 2.0, num = 10)
print('默认底数是 10 的数列:',a)
#将对数的底数设置为 2
a = np.logspace(0,9,10,base = 2)
print('对数的底数设置为 2 的数列:',a)
```

运行程序,输出如下。

```
默认底数是 10 的数列: [ 10.  12.91549665  16.68100537  21.5443469  27.82559402
  35.93813664  46.41588834  59.94842503  77.42636827  100.    ]
对数的底数设置为 2 的数列: [1.  2.  4.  8.  16.  32.  64.  128.  256.  512.]
```

2.1.2 数组操作

NumPy 中包含一些函数用于处理数组,大概可分为以下几类:修改数组形状、翻转数组、修改数组维度、连接数组、分割数组、数组元素的添加与删除等。

1. 修改数组形状

在 NumPy 中提供了相关函数实现数组形状的修改,如表 2-1 所示。

表 2-1　修改数组形状

函　　数	描　　　　述
reshape()	不改变数据的条件下修改形状
flat()	数组元素迭代器
flatten()	返回一份数组副本,对副本所做的修改不会影响原始数组
ravel()	返回展开数组

1) numpy.reshape()函数

numpy.reshape()函数可以在不改变数据的条件下修改形状,函数的格式为:

```
numpy.reshape(arr, newshape, order = 'C')
```

其中,arr 为要修改形状的数组;newshape 为整数或者整数数组,新的形状应当兼容原有形状;order 取'C'时按行,取'F'时按列,取'A'时按原顺序,取'K'时按元素在内存中的出现顺序。

【例 2-12】　利用 reshape()函数改变给定数组的形状。

```
import numpy as np
a = np.arange(8)
print('原始数组:',a)
b = a.reshape(4,2)
print('修改后的数组:',b)
```

运行程序,输出如下。

```
原始数组: [0 1 2 3 4 5 6 7]
修改后的数组: [[0 1]
             [2 3]
             [4 5]
             [6 7]]
```

2) numpy.ndarray.flat()函数

numpy.ndarray.flat()是一个数组元素迭代器,下面直接通过实例来演示它的用法。

【例 2-13】　利用 numpy.ndarray.flat()更改数组的形状。

```
import numpy as np
a = np.arange(8).reshape(4,2)
print('原始数组:')
for row in a:
    print(row)
# 对数组中每个元素都进行处理,可以使用 flat 属性,该属性是一个数组元素迭代器
print('迭代后的数组:')
for element in a.flat:
    print(element)
```

运行程序,输出如下。

```
原始数组:
[0 1]
[2 3]
[4 5]
[6 7]
迭代后的数组:
0
1
```

```
2
3
4
5
6
7
```

3）numpy. ndarray. flatten()

numpy. ndarray. flatten()返回一份数组副本,对副本所做的修改不会影响原始数组,函数的格式为:

```
ndarray.flatten(order = 'C')
```

其中,order 取'C'时按行,取'F'时按列,取'A'时按原顺序,取'K'时按元素在内存中的出现顺序。

【例 2-14】　利用 numpy. ndarray. flatten()改变数组的形状。

```
import numpy as np
a = np.arange(8).reshape(2,4)
print('原数组:',a)
#默认按行
print('展开的数组:',a.flatten())
print('以 F 风格顺序展开的数组:',a.flatten(order = 'F'))
```

运行程序,输出如下。

```
原数组:[[0 1 2 3]
 [4 5 6 7]]
展开的数组:[0 1 2 3 4 5 6 7]
以 F 风格顺序展开的数组:[0 4 1 5 2 6 3 7]
```

4）numpy. ravel()

numpy. ravel()展平的数组元素,顺序通常是"C 风格",返回的是数组视图,修改会影响原始数组。函数的格式为:

```
numpy.ravel(a, order = 'C')
```

其中,a 为原始数据;order 取'C'时按行,取'F'时按列,取'A'时按原顺序,取'K'时按元素在内存中的出现顺序。

【例 2-15】　利用 numpy. ravel()对所创建的数据进行展平。

```
import numpy as np
a = np.arange(8).reshape(2,4)
print('原数组:',a)
print('调用 ravel 函数之后:',a.ravel())
print('以 F 风格顺序调用 ravel 函数之后:',a.ravel(order = 'F'))
```

运行程序,输出如下。

```
原数组:[[0 1 2 3]
 [4 5 6 7]]
调用 ravel 函数之后:[0 1 2 3 4 5 6 7]
以 F 风格顺序调用 ravel 函数之后:[0 4 1 5 2 6 3 7]
```

2. 翻转数组

数组的翻转也是数组比较重要的操作之一,属于形状变化或维度变化的操作。可以通过以下方法实现,这些方法有属于 ndarray 的方法,也有属于 NumPy 的方法。除此以外,属性转置(ndarray.T())也可以实现数组行列翻转的功能,如表2-2所示。

表 2-2　翻转数组函数

函　　数	说　　明
ndarray.transpose()	返回转置轴的数组视图
ndarray.T()	数组转置
numpy.swapaxes()	返回交换了 axis1 和 axis2 的数组视图
numpy.moveaxis()	将数组的轴移动到新位置
numpy.rollaxis()	向后滚动指定的轴,直到它位于给定位置

1) ndarray.transpose()函数

ndarray.transpose()函数用于返回转置轴的数组视图。函数的格式为:

ndarray.transpose(* axis)

其中,axis 可选 None,整数元组或者 n 个整数;返回值为数组的视图。

(1) axis= None 或无参数时,反转轴的顺序。

(2) axis=整数数组,元组中第 j 个位置的 i 表示 a 的第 i 个轴变为 a.transpose()的第 j 个轴。

(3) axis=n 个整数,这种形式与元组形式功能相同。

【例 2-16】　利用 ndarray.transpose()函数返回数组视图。

```python
import numpy as np
a = np.arange(12).reshape(3,4)
print('原数组:',a)
print('对换数组:',np.transpose(a))
```

运行程序,输出如下。

```
原数组: [[ 0  1  2  3]
 [ 4  5  6  7]
 [ 8  9 10 11]]
对换数组: [[ 0  4  8]
 [ 1  5  9]
 [ 2  6 10]
 [ 3  7 11]]
```

2) ndarray.T()函数

数组中的属性(ndarray.T)是转置的意思,可以将数组进行行列交换。

【例 2-17】　利用 ndarray.T()对数组进行转置。

```python
import numpy as np
a = np.arange(12).reshape(3,4)
print('原数组:',a)
print('转置数组:',a.T)
```

运行程序,输出如下。

```
原数组: [[ 0  1  2  3]
 [ 4  5  6  7]
 [ 8  9 10 11]]
转置数组: [[ 0  4  8]
 [ 1  5  9]
 [ 2  6 10]
 [ 3  7 11]]
```

3）ndarray.moveaxis()函数

ndarray.moveaxis()实现将数组的轴移动到新位置。函数的格式为：

numpy.moveaxis(a, source, destination)

其中，a为接收ndarray，需要转动轴的数组；source为接收整数或者整数序列，要移动的轴的原始位置，必须是唯一的；destination为接收整数或者整数序列，每个原始轴的目标位置，也必须是唯一的。

【例2-18】 利用 ndarray.moveaxis()函数将数组的轴移动到新位置。

```
import numpy as np
#创建了三维的 ndarray
a = np.arange(8).reshape(2,2,2)
print('原数组:',a)
print('获取数组中一个值:',np.where(a == 6))
print(a[1,1,0])
#将轴 2 滚动到轴 0(宽度到深度)
print('调用 rollaxis()函数:')
b = np.rollaxis(a,2,0)
print(b)
#查看元素 a[1,1,0],即 6 的坐标,变成 [0, 1, 1]
#最后一个 0 移动到最前面
print(np.where(b == 6))
#将轴 2 滚动到轴 1(宽度到高度)
print('调用 rollaxis() 函数:')
c = np.rollaxis(a,2,1)
print(c)
#查看元素 a[1,1,0],即 6 的坐标,变成 [1, 0, 1]
#最后的 0 和它前面的 1 对换位置
print(np.where(c == 6))
```

运行程序，输出如下。

```
原数组: [[[0 1]
  [2 3]]

[[4 5]
  [6 7]]]
获取数组中一个值: (array([1], dtype = int64), array([1], dtype = int64), array([0], dtype =
int64))
6
调用 rollaxis() 函数:
[[[0 2]
  [4 6]]

[[1 3]
  [5 7]]]
(array([0], dtype = int64), array([1], dtype = int64), array([1], dtype = int64))
调用 rollaxis() 函数:
[[[0 2]
  [1 3]]

[[4 6]
  [5 7]]]
(array([1], dtype = int64), array([0], dtype = int64), array([1], dtype = int64))
```

4）numpy.swapaxis()函数

numpy.swapaxis()函数用于交换数组的两个轴，函数格式为：

```
numpy.swapaxis(arr, axis1, axis2)
```

其中,arr 为输入的数组；axis1 为对应第一个轴的整数；axis2 为对应第二个轴的整数。

【例 2-19】 利用 numpy. swapaxis()函数交换数组的两个轴。

```
import numpy as np
#创建了三维的 ndarray
a = np.arange(8).reshape(2,2,2)
print('原数组:',a)
#现在交换轴 0(深度方向)到轴 2(宽度方向)
print('调用 swapaxis() 函数后的数组:')
print(np.swapaxis(a, 2, 0))
```

运行程序,输出如下。

```
原数组: [[[0 1]
  [2 3]]

[[4 5]
  [6 7]]]
调用 swapaxis() 函数后的数组:
[[[0 4]
  [2 6]]
[[1 5]
  [3 7]]]
```

5) numpy. rollaxis()函数

numpy. rollaxis()函数向后滚动特定的轴到一个特定位置,函数格式为:

```
numpy.rollaxis(arr, axis, start)
```

其中,arr 为数组；axis 为要向后滚动的轴,其他轴的相对位置不会改变；start 默认为零,表示完整的滚动。

【例 2-20】 利用 numpy. rollaxis()函数向后滚动特定的轴到特定位置。

```
import numpy as np
#创建了三维的 ndarray
a = np.arange(8).reshape(2,2,2)
print('原数组:',a)
print('获取数组中一个值:')
print(np.where(a == 6))
print(a[1,1,0])
#将轴 2 滚动到轴 0(宽度到深度)
print('调用 rollaxis() 函数:')
b = np.rollaxis(a,2,0)
print(b)
#查看元素 a[1,1,0],即 6 的坐标,变成 [0, 1, 1]
#最后一个 0 移动到最前面
print(np.where(b == 6))
#将轴 2 滚动到轴 1(宽度到高度)
print('调用 rollaxis() 函数:')
c = np.rollaxis(a,2,1)
print(c)
#查看元素 a[1,1,0],即 6 的坐标,变成 [1, 0, 1]
#最后的 0 和它前面的 1 对换位置
print(np.where(c == 6))
```

运行程序,输出如下。

原数组：[[[0 1]
　[2 3]]

[[4 5]
　[6 7]]]
获取数组中一个值：
(array([1], dtype = int64), array([1], dtype = int64), array([0], dtype = int64))
6
调用 rollaxis() 函数：
[[[0 2]
　[4 6]]

[[1 3]
　[5 7]]]
(array([0], dtype = int64), array([1], dtype = int64), array([1], dtype = int64))
调用 rollaxis() 函数：
[[[0 2]
　[1 3]]

[[4 6]
　[5 7]]]
(array([1], dtype = int64), array([0], dtype = int64), array([1], dtype = int64))

3. 修改数组维度

在 NumPy 中，除了可以改变数组的形状外，还可以修改数组的维度，表 2-3 列出了相关函数。

表 2-3　修改数组维度函数

维　　度	描　　述
broadcast()	产生模仿广播的对象
broadcast_to()	将数组广播到新形状
expand_dims()	扩展数组的形状
squeeze()	从数组的形状中删除一维条目

1) numpy. broadcast() 函数

numpy. broadcast() 函数用于模仿广播机制。它返回一个对象，该对象封装了将一个数组广播到另一个数组的结果。该函数将两个数组作为输入参数。

【例 2-21】　演示 numpy. broadcast() 函数的使用。

```
import numpy as np
x = np.array([[ - 1], [3], [2]])
y = np.array([4, 5, 6])
# 对 y 广播 x
b = np.broadcast(x,y)
# 拥有 iterator 属性，基于自身组件的迭代器元组
print('对 y 广播 x:')
r,c = b.iters
# Python 3.x 为 next(context),Python 2.x 为 context.next()
print(next(r), next(c))
print(next(r), next(c))
# shape 属性返回广播对象的形状
print('广播对象的形状:')
print(b.shape)
# 手动使用 broadcast 将 x 与 y 相加
b = np.broadcast(x,y)
```

```
c = np.empty(b.shape)
print('手动使用broadcast将x与y相加:')
print(c.shape)
c.flat = [u + v for (u,v) in b]
print('调用flat()函数:')
print(c)
#获得了和NumPy内建的广播支持相同的结果
print('x与y的和:')
print(x + y)
```

运行程序,输出如下。

```
对y广播x:
- 1 4
- 1 5
广播对象的形状:
(3, 3)
手动使用broadcast将x与y相加:
(3, 3)
调用flat()函数:
[[ 3. 4. 5.]
 [ 7. 8. 9.]
 [ 6. 7. 8.]]
x与y的和:
[[3 4 5]
 [7 8 9]
 [6 7 8]]
```

2) numpy.broadcast_to()函数

numpy.broadcast_to()函数将数组广播到新形状。它在原始数组上返回只读视图,通常不连续。如果新形状不符合NumPy的广播规则,该函数可能会抛出ValueError。

【例2-22】 演示numpy.broadcast_to()函数的用法。

```
import numpy as np
#将一行三列的数组广播到四行三列
a = np.arange(3).reshape(1,3)
print(a)
print(np.broadcast_to(a,(4,3)))
[[0 1 2]]
[[0 1 2]
 [0 1 2]
 [0 1 2]
 [0 1 2]]
[[0]
 [1]
 [2]]
#将三行一列的数组广播到四行三列,报错
a = np.arange(3).reshape(3,1)
print(a)
print(np.broadcast_to(a,(4,3)))
ValueError: operands could not be broadcast together with remapped shapes [original->remapped]:
(3,1) and requested shape (4,3)
```

3) numpy.expand_dims()函数

numpy.expand_dims()函数通过在指定位置插入新的轴来扩展数组形状,函数格式为:

```
numpy.expand_dims(arr, axis)
```

其中,arr 为输入数组；axis 为新轴插入的位置。

【例 2-23】 利用 numpy. expand_dims()函数扩展数组形状。

```
import numpy as np
x = np.array(([1,2],[3,4]))
print('数组 x:')
print(x)
y = np.expand_dims(x, axis = 0)
print('数组 y:')
print(y)
print('数组 x 和 y 的形状:')
print(x.shape, y.shape)
# 在位置 1 插入轴
y = np.expand_dims(x, axis = 1)
print('在位置 1 插入轴之后的数组 y:')
print(y)
print('x.ndim 和 y.ndim:')
print(x.ndim,y.ndim)
print('x.shape 和 y.shape:')
print(x.shape, y.shape)
```

运行程序,输出如下。

```
数组 x:
[[1 2]
 [3 4]]
数组 y:
[[[1 2]
  [3 4]]]
数组 x 和 y 的形状:
(2, 2) (1, 2, 2)
在位置 1 插入轴之后的数组 y:
[[[1 2]]

 [[3 4]]]
x.ndim 和 y.ndim:
2 3
x.shape 和 y.shape:
(2, 2) (2, 1, 2)
```

4) numpy. squeeze()函数

numpy. squeeze()函数从给定数组的形状中删除一维的条目,函数格式为：

```
numpy.squeeze(arr, axis)
```

其中,arr 为输入数组；axis 为整数或整数元组,用于选择形状中一维条目的子集。

【例 2-24】 利用 numpy. squeeze()函数在给定数组中删除一维的条目。

```
import numpy as np
x = np.arange(8).reshape(1,2,4)
print('数组 x:')
print(x)
y = np.squeeze(x)
print('数组 y:')
print(y)
print('数组 x 和 y 的形状:')
print(x.shape, y.shape)
```

运行程序,输出如下。

数组 x:
[[[0 1 2 3]
  [4 5 6 7]]]
数组 y:
[[0 1 2 3]
 [4 5 6 7]]
数组 x 和 y 的形状:
(1, 2, 4) (2, 4)

4. 连接数组

连接意味着将两个或多个数组的内容放在单个数组中。在 SQL 中,基于键来连接表,而在 NumPy 中,按轴连接数组。NumPy 提供了相关函数实现数组连接,如表 2-4 所示。

表 2-4   连接数组

维　　度	描　　述
concatenate()	连接沿现有轴的数组序列
stack()	沿着新的轴加入一系列数组
hstack()	水平堆叠序列中的数组(列方向)
vstack()	竖直堆叠序列中的数组(行方向)

【例 2-25】 综合演示数组的各种连接效果。

```python
import numpy as np
arr1 = np.array([[[-1, 2], [-3, 4]],[[-5, 6], [-7, 8]]])
arr2 = np.array([[[9, 10], [11, 12]],[[13, 14], [15, 16]]])
"""级联拼接"""
arr = np.concatenate((arr1, arr2)) #默认在第0维上进行数组的连接
arr_1 = np.concatenate((arr1, arr2), axis = 1) #axis指定拼接的维度,axis = 1表示在第1维上对
#数组进行拼接
arr_2 = np.concatenate((arr1, arr2), axis = 2) #axis指定拼接的维度,axis = 2表示在第2维上对
#数组进行拼接

"""堆栈拼接"""
arr_3 = np.stack((arr1, arr2))                #默认在第0维上进行数组的连接
arr_4 = np.stack((arr1, arr2),axis = 1)       #在第1维上进行数组的连接
arr_5 = np.stack((arr1, arr2),axis = 2)       #在第2维上进行数组的连接
arr_6 = np.stack((arr1, arr2),axis = 3)       #在第3维上进行数组的连接

"""其他方法"""
arr_7 = np.hstack((arr1, arr2))               #按行堆叠,相当于级联 axis = 1 的方法
arr_8 = np.vstack((arr1, arr2))               #按列堆叠,相当于级联 axis = 0 的方法
arr_9 = np.dstack((arr1, arr2))               #按深度堆叠,相当于级联 axis = 2 的方法

print("原始数组:")
print(arr1)
print("数组类型:",arr1.shape)
print()
print(arr2)
print("数组类型:",arr2.shape)
print()

print("使用 concatenate()函数连接")
print()
print("默认在第0维上进行数组的连接")
print(arr)
print("数组类型:",arr.shape)
```

```
print()

print()
print("在第 1 维上进行数组的连接")
print(arr_1)
print("数组类型:",arr_1.shape)
print()

print("在第 2 维上进行数组的连接")
print(arr_2)
print("数组类型:",arr_2.shape)
print()

print("使用 stack()函数连接")
print()

print("默认在第 0 维上进行数组的连接")
print(arr_3)
print("数组类型:",arr_3.shape)
print()

print("在第 1 维上进行数组的连接")
print(arr_4)
print("数组类型:",arr_4.shape)
print()

print("在第 2 维上进行数组的连接")
print(arr_5)
print("数组类型:",arr_5.shape)
print()

print("在第 3 维上进行数组的连接")
print(arr_6)
print("数组类型:",arr_6.shape)
print()

print("按行堆叠")
print(arr_7)
print("数组类型:",arr_7.shape)
print()

print("按列堆叠")
print(arr_8)
print("数组类型:",arr_8.shape)
print()

print("按高(深)堆叠")
print(arr_9)
print("数组类型:",arr_9.shape)
print()
```

运行程序,输出如下。

原始数组:
[[[-1 2]
　[-3 4]]

　[[-5 6]

```
    [-7 8]]]
数组类型：(2, 2, 2)


[[[ 9 10]
  [11 12]]

 [[13 14]
  [15 16]]]
数组类型：(2, 2, 2)

使用 concatenate()函数连接
默认在第 0 维上进行数组的连接
[[[-1 2]
  [-3 4]]

 [[-5 6]
  [-7 8]]

 [[ 9 10]
  [11 12]]

 [[13 14]
  [15 16]]]
数组类型：(4, 2, 2)

在第 1 维上进行数组的连接
[[[-1 2]
  [-3 4]
  [ 9 10]
  [11 12]]

 [[-5 6]
  [-7 8]
  [13 14]
  [15 16]]]
数组类型：(2, 4, 2)

在第 2 维上进行数组的连接
[[[-1 2 9 10]
  [-3 4 11 12]]

 [[-5 6 13 14]
  [-7 8 15 16]]]
数组类型：(2, 2, 4)
使用 stack()函数连接
默认在第 0 维上进行数组的连接
[[[[-1 2]
   [-3 4]]

  [[-5 6]
   [-7 8]]]

 [[[ 9 10]
   [11 12]]

  [[13 14]
   [15 16]]]]
```

数组类型: (2, 2, 2, 2)

在第1维上进行数组的连接
[[[[-1 2]
   [-3 4]]

  [[9 10]
   [11 12]]]

 [[[-5 6]
   [-7 8]]

  [[13 14]
   [15 16]]]]
数组类型: (2, 2, 2, 2)

在第2维上进行数组的连接
[[[[-1 2]
   [9 10]]

  [[-3 4]
   [11 12]]]

 [[[-5 6]
   [13 14]]

  [[-7 8]
   [15 16]]]]
数组类型: (2, 2, 2, 2)

在第3维上进行数组的连接
[[[[-1 9]
   [2 10]]

  [[-3 11]
   [4 12]]]

 [[[-5 13]
   [6 14]]

  [[-7 15]
   [8 16]]]]
数组类型: (2, 2, 2, 2)

按行堆叠
[[[-1 2]
  [-3 4]
  [9 10]
  [11 12]]

 [[-5 6]
  [-7 8]
  [13 14]
  [15 16]]]
数组类型: (2, 4, 2)

按列堆叠

```
[[[-1 2]
  [-3 4]]

 [[-5 6]
  [-7 8]]

 [[ 9 10]
  [11 12]]

 [[13 14]
  [15 16]]]
数组类型: (4, 2, 2)

按高(深)堆叠
[[[-1 2 9 10]
  [-3 4 11 12]]

 [[-5 6 13 14]
  [-7 8 15 16]]]
数组类型: (2, 2, 4)
```

5. 分割数组

在 NumPy 中,数组可以进行水平、垂直或深度分割,相关的函数如表 2-5 所示。可以将数组分割成相同大小的子数组,也可以指定原数组中需要分割的位置。

表 2-5　数组分割函数

函　　数	数组及操作
split()	将一个数组分割为多个子数组
hsplit()	将一个数组水平分割为多个子数组(按列)
vsplit()	将一个数组垂直分割为多个子数组(按行)
array_split()	强制切割,指定切割后的数目实现近似均匀切割

1) numpy.split()函数

numpy.split()函数沿特定的轴将数组分割为子数组,函数格式为:

```
numpy.split(ary, indices_or_sections, axis)
```

其中,ary 为被分割的数组;indices_or_sections 如果是一个整数,就用该数平均切分,如果是一个数组,则沿轴的位置切分;axis 为沿着哪个维度进行切分,默认为 0,纵向切分(垂直方向),为 1 时,横向切分(水平方向)。

axis 的值看作是 x 轴的值,为 0 时在 y 轴上即垂直方向,为 1 时在 x 轴上即水平方向。axis=0 纵向切分,即对着 y 轴切开;axis=1 横向切分,即对着 x 轴切开。

注意:indices_or_sections 为整数平均切分时,原数组一定要能平均切分,如果不能则抛出异常。

【例 2-26】　利用 numpy.split()函数实现数组的分割。

```
x = np.arange(1,9)
print(x)
[1 2 3 4 5 6 7 8]
a = np.split(x,4)  #传递整数 4 表示平均切分为 4 等份
print(a)
[array([1, 2]), array([3, 4]), array([5, 6]), array([7, 8])]
print(a[0])
```

```
[1 2]
print(a[1])
[3 4]
print(a[2])
[5 6]
print(a[3])
[7 8]

＃传递数组进行分割
＃[3,5]表示将原数组按索引 0～2 为一组,3～4 为一组,5～末尾为一组切分
b = np.split(x,[3,5])
print(b)
[array([1, 2, 3]), array([4, 5]), array([6, 7, 8])]

＃split 分割二维数组
a = np.array([[1,2,3],[4,5,6],[7,8,9],[10,11,12]])＃创建二维数组
print(a)
[[ 1  2  3]
 [ 4  5  6]
 [ 7  8  9]
 [10 11 12]]

r = np.split(a,2,axis = 0)＃整数 2 表示平均切分为 2 等份,axis = 0 表示纵向切分
print(r)
[array([[1, 2, 3],
        [4, 5, 6]]), array([[ 7, 8, 9],
        [10, 11, 12]])]
print(r[0])
[[1 2 3]
 [4 5 6]]
print(r[1])
[[ 7  8  9]
 [10 11 12]]

x,y = np.split(a,2,axis = 0)
print(x)
[[1 2 3]
 [4 5 6]]
print(y)
[[ 7  8  9]
 [10 11 12]]
```

2) numpy.hsplit()函数

numpy.hsplit()函数可以水平分割数组,该函数有两个参数,第 1 个参数表示待分割的数组,第 2 个参数表示要将数组水平分割成几个小数组。

注意:第 2 个参数值必须可以整除待分割数组的列数,即原数组必须可以平均等分,如果不能则抛出异常。

【例 2-27】 利用 numpy.hsplit()函数对数组进行水平分割。

```
import numpy as np
harr = np.floor(10 * np.random.random((2, 6)))
print('原数组:')
print(harr)
print('拆分后数组:')
print(np.hsplit(harr, 3))
```

运行程序,输出如下。

```
原数组:
[[ 5.  1.  2.  7.  6.  7.]
 [ 4.  3.  8.  3.  7.  7.]]
拆分后数组:
[array([[ 5.,  1.],
        [ 4.,  3.]]), array([[ 2.,  7.],
        [ 8.,  3.]]), array([[ 6.,  7.],
        [ 7.,  7.]])]
```

3) numpy.vsplit()函数

numpy.vsplit()函数可以垂直分割数组,该函数有两个参数,第 1 个参数表示待分割的数组,第 2 个参数表示将数组垂直分割成几个小数组。

【例 2-28】　利用 numpy.vsplit()函数分割数组。

```
import numpy as np
a = np.arange(16).reshape(4,4)
print('第一个数组:')
print(a)
print('竖直分割:')
b = np.vsplit(a,2)
print(b)
```

运行程序,输出如下。

```
第一个数组:
[[ 0  1  2  3]
 [ 4  5  6  7]
 [ 8  9 10 11]
 [12 13 14 15]]
竖直分割:
[array([[0, 1, 2, 3],
        [4, 5, 6, 7]]), array([[ 8,  9, 10, 11],
        [12, 13, 14, 15]])]
```

4) array_split()函数

对于一个长度为 L 的数组,该函数是这么拆的:前 $L \% n$ 个组的大小是 $L//n+1$,剩下组的大小是 $L//n$。其中,"//"表示下取整(即 np.floor()),n 代表划分后数组的个数。

【例 2-29】　利用 array_split()函数分割数组。

```
# 生成要组合的两个数组
array1 = np.arange(14).reshape(2,7)
ar = np.array_split(array1,2,axis = 1) # 按列分割成两份.此处若用 np.split()则会报错.
print(ar)
```

运行程序,输出如下。

```
[array([[ 0,  1,  2,  3],
        [ 7,  8,  9, 10]]), array([[ 4,  5,  6],
        [11, 12, 13]])]
```

6. 数组元素的添加与删除

在 NumPy 中对数组元素进行添加和删除操作,可以使用 append()函数和 insert()函数为数组添加元素,或者使用 delete()函数返回删除了某个轴的子数组的新数组,以及使用 unique()函数寻找数组内的唯一元素。

1）numpy.append()函数

numpy.append()函数是在数组的末尾添加元素,该函数会返回一个新数组,而原数组不变。函数的调用格式为:

```
numpy.append(arr,values,axis)
```

其中,参数 arr 表示输入的数组;values 表示向 arr 数组添加的元素,values 为数组,values 数组列维度与 arr 数组列维度相同;axis 表示沿着水平或竖直方向完成添加操作的轴,axis 取 0 表示沿竖直方向操作,axis 取 1 表示沿水平方向操作。

如果未提供 axis 值,在添加操作之前输入数组会被展开,values 可以是单元素,也可以是任意数组,将 values 添加到 arr 数组后,该函数会返回一个新数组,而原数组不变。

【例 2-30】 利用 numpy.append()函数实现在数组末尾添加元素。

```
import numpy as np
a = np.array([[1,0,3],[4,5,7]])
print('第一个数组:')
print(a)
print('向数组添加元素:')
print(np.append(a, [7,8,9]))
print('沿轴 0 添加元素:')
print(np.append(a, [[7,8,9]],axis = 0))
print('沿轴 1 添加元素:')
print(np.append(a, [[5,5,5],[7,8,9]],axis = 1))
```

运行程序,输出如下。

```
第一个数组:
[[1 0 3]
 [4 5 7]]
向数组添加元素:
[1 0 3 4 5 7 7 8 9]
沿轴 0 添加元素:
[[1 0 3]
 [4 5 7]
 [7 8 9]]
沿轴 1 添加元素:
[[1 0 3 5 5 5]
 [4 5 7 7 8 9]]
```

2）numpy.insert()函数

numpy.insert()函数在给定索引之前,沿给定轴在输入数组中插入值。该函数会返回一个新数组,原数组不变。函数的调用格式为:

```
numpy.insert(arr,obj,values,axis)
```

其中,参数 arr 表示输入的数组;obj 表示在其之前插入值的索引;values 表示向 arr 数组插入的值,values 值可为单元素或 values 数组,并且 values 数组行维度与 arr 数组列维度相同;axis 表示沿着水平或竖直方向完成插入操作的轴,axis 取 0 表示沿竖直方向操作,即在 arr 数组行索引位于 obj 的位置处插入 values 值,axis 取 1 表示沿水平方向操作,即在 arr 数组列索引位于 obj 的位置处插入 values 值。

如果未提供 axis 值,则在插入之前输入数组会被展开,values 可以是单个元素,也可以是一维数组,将 values 插入 obj 的位置处,该函数会返回一个新数组,原数组不变。

另外,insert()函数如果传递了 axis 参数,则插入 values 值时,会以广播值数组作输入数组,即 np. insert(arr,2,[9],axis=0),其中,values 为[9],arr 是 2 行 4 列数组,由于 axis=0,则插入值的数组列维度与 arr 数组列维度相同,因此,插入值数组为 1 行 4 列的数组,也就是广播值数组[9,9,9,9]。

【例 2-31】　利用 numpy. insert()函数实现在数组中插入值。

```
import numpy as np
a = np.array([[1,4],[3,5],[5,8]])
print('第一个数组:')
print(a)
print('未传递 axis 参数。在删除之前输入数组会被展开.')
print(np.insert(a,3,[11,12]))
print('传递了 axis 参数。会广播值数组来配输入数组.')
print('沿轴 0 广播:')
print(np.insert(a,1,[11],axis = 0))
print('沿轴 1 广播:')
print(np.insert(a,1,11,axis = 1))
```

运行程序,输出如下。

```
第一个数组:
[[1 4]
 [3 5]
 [5 8]]
未传递 axis 参数。在删除之前输入数组会被展开.
[ 1  4  3 11 12  5  5  8]
传递了 axis 参数。会广播值数组来配输入数组.
沿轴 0 广播:
[[ 1  4]
 [11 11]
 [ 3  5]
 [ 5  8]]
沿轴 1 广播:
[[ 1 11  4]
 [ 3 11  5]
 [ 5 11  8]]
```

3) numpy. delete()函数

numpy. delete()函数返回从输入数组中删除指定子数组的新数组,原数组不变。与 insert()函数的情况一样,如果未提供轴参数,则输入数组将展开。函数的格式为:

```
numpy.delete(arr,obj,axis)
```

其中,参数 arr 表示输入的数组;obj 是用整数或者整数数组表示的从输入数组中删除的子数组,obj 可以用切片 numpy. s_[start:end:step]表示要删除的子数组范围;axis 表示沿着它删除给定子数组的轴,如果未提供 axis 值,则输入数组会被展开。

【例 2-32】　利用 numpy. delete()函数删除数组指定的子数组。

```
import numpy as np
a = np.arange(10).reshape(2,5)
print('第一个数组:')
print(a)
print('未传递 axis 参数。在插入之前输入数组会被展开.')
print(np.delete(a,5))
print('删除第二列:')
print(np.delete(a,1,axis = 1))
print('包含从数组中删除的替代值的切片:')
```

```
a = np.array([1,2,3,4,5,6,7,8,9,10])
print(np.delete(a, np.s_[::2]))
```

运行程序,输出如下。

第一个数组:
```
[[0 1 2 3 4]
 [5 6 7 8 9]]
```
未传递 axis 参数。在插入之前输入数组会被展开。
```
[0 1 2 3 4 6 7 8 9]
```
删除第二列:
```
[[0 2 3 4]
 [5 7 8 9]]
```
包含从数组中删除的替代值的切片:
```
[ 2  4  6  8 10]
```

4) numpy.unique()函数

numpy.unique()函数用于去除数组中的重复元素。函数的调用格式为:

```
numpy.unique(arr, return_index, return_inverse, return_counts)
```

其中,arr 为输入数组,如果不是一维数组则会展开;return_index 如果为 True,返回新列表元素在旧列表中的位置(下标),并以列表形式存储;return_inverse 如果为 True,返回旧列表元素在新列表中的位置(下标),并以列表形式存储;return_counts 如果为 True,返回去重数组中的元素在原数组中的出现次数。

【例 2-33】 利用 numpy.unique()函数去除数组中的重复元素。

```
import numpy as np
a = np.array([6,2,6,2,7,5,6,8,2,9])
print('第一个数组:')
print(a)
print('第一个数组的去重值:')
u = np.unique(a)
print(u)
print('去重数组的索引数组:')
u,indices = np.unique(a, return_index = True)
print(indices)
print('我们可以看到每个和原数组下标对应的数值:')
print(a)
print('去重数组的下标:')
u,indices = np.unique(a,return_inverse = True)
print(u)
print('下标为:')
print(indices)
print('使用下标重构原数组:')
print(u[indices])
print('返回去重元素的重复数量:')
u,indices = np.unique(a,return_counts = True)
print(u)
print(indices)
```

运行程序,输出如下。

第一个数组:
```
[6 2 6 2 7 5 6 8 2 9]
```
第一个数组的去重值:
```
[2 5 6 7 8 9]
```
去重数组的索引数组:

```
[1 5 0 4 7 9]
```
我们可以看到每个和原数组下标对应的数值:
```
[6 2 6 2 7 5 6 8 2 9]
```
去重数组的下标:
```
[2 5 6 7 8 9]
```
下标为:
```
[2 0 2 0 3 1 2 4 0 5]
```
使用下标重构原数组:
```
[6 2 6 2 7 5 6 8 2 9]
```
返回去重元素的重复数量:
```
[2 5 6 7 8 9]
[3 1 3 1 1 1]
```

2.2　SciPy 库

SciPy 是一个 Python 中用于进行科学计算的工具集,它有很多功能,如计算统计学分布、信号处理、计算线性代数方程等。scikit-learn 需要使用 SciPy 来对算法进行执行,其中用得最多的就是 SciPy 中的 sparse()函数。sparse()函数用来生成稀疏矩阵,而稀疏矩阵用来存储那些大部分数值为 0 的 np 数组,这种类型的数组在 scikit-learn 的实际应用中也非常常见。

2.2.1　创建稀疏矩阵

由于稀疏矩阵中非零元素较少,零元素较多,因此可以采用只存储非零元素的方法来进行压缩存储。对于一个用二维数组 $m \times n$ 存储的稀疏矩阵,如果存储每个数组元素需要 L 字节,那么存储整个矩阵需要 $m \times n \times L$ 字节。但是,这些存储空间的大部分存放的是 0 元素,从而造成大量的空间浪费。为了节省存储空间,可以只存储其中的非 0 元素。

另外,对于很多元素为零的稀疏矩阵,仅存储非零元素可使矩阵操作效率更高。也就是稀疏矩阵的计算速度更快,因为只对非零元素进行操作,这是稀疏矩阵的一个突出的优点。

Python 不能自动创建稀疏矩阵,所以要用 SciPy 中特殊的命令来得到稀疏矩阵。下面直接通过代码来展示 sparse()函数的用法。

【例 2-34】　利用 sparse()函数创建稀疏矩阵。

```
import numpy as np
from scipy import sparse
matrix = np.eye(6)  #生成一个6行6列的对角矩阵
#矩阵中对角线上的元素数值为1,其余都是0
sparse_matrix = sparse.csr_matrix(matrix)
#把np数组转换为CSR格式的SciPy稀疏矩阵(Sparse Matrix)
#sparse()函数只会存储非0元素
print('对角矩阵:\n{}'.format(matrix))
print("\n sparse 存储的矩阵:\n{}".format(sparse_matrix))
```

运行程序,输出如下。

```
对角矩阵:
[[ 1.  0.  0.  0.  0.  0.]
 [ 0.  1.  0.  0.  0.  0.]
 [ 0.  0.  1.  0.  0.  0.]
 [ 0.  0.  0.  1.  0.  0.]
 [ 0.  0.  0.  0.  1.  0.]
 [ 0.  0.  0.  0.  0.  1.]]

sparse 存储的矩阵:
```

```
(0, 0)    1.0
(1, 1)    1.0
(2, 2)    1.0
(3, 3)    1.0
(4, 4)    1.0
(5, 5)    1.0
```

在以上结果中,(0,0)表示矩阵的左上角,这个点对应的值是1.0,而(1,1)代表矩阵的第2行第2列,这个点对应的数值也是1.0,以此类推,直到右下角的点(5,5)。

2.2.2　插值

SciPy有很多模块,在对数据进行插值时,使用的核心模块是scipy.interpolate。

1. 分段线性插值

分段线性插值的基本原理就是把相邻的两个节点连起来,从而实现节点两两之间的线性插值,将这条分段的折线记作 $I_n(x_i)=y_i$,且 $I_n(x_i)$ 在每个小区间 $[x_i,x_{i+1}]$ 上都是线性函数。

【例2-35】 分段线性插值。

```
♯引入库函数
import numpy as np
from scipy import interpolate as inter
import matplotlib.pyplot as plt
from scipy import constants as Const
plt.rcParams['font.sans - serif'] = ['SimHei']      ♯用来正常显示中文标签
import matplotlib.pyplot as plt
plt.rcParams['axes.unicode_minus'] = False          ♯显示负号
x = np.linspace(0,4,5)          ♯使用NumPy中的linspace方法生成[0,4]中等间距的5个数
y = np.sin(x)
f = inter.interp1d(x,y,kind = "linear")             ♯进行线性插值
xli = np.linspace(0,4,50)
yli = f(xli)
yreal = np.sin(xli)
plt.plot(x,y,'o',xli,yli,'-',xli,yreal,'--')        ♯配置图像
plt.legend(['数据','线性','真实值'], loc = 'best')      ♯配置图标
plt.show()                                          ♯展示图像
```

运行程序,效果如图2-1所示。

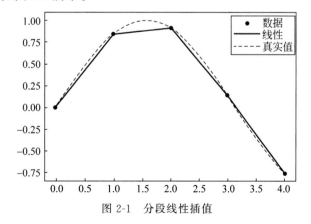

图2-1　分段线性插值

2. 拉格朗日插值

对某个多项式函数有已知的 $k+1$ 个点,假设任意两个不同的点都互不相同,那么应用拉格朗日插值公式所得到的拉格朗日插值多项式为:

$$L(x) = \sum_{j=0}^{k} y_j \varphi_j(x)$$

其中，每个 $\varphi_j(x)$ 为拉格朗日基本多项式（或称插值基函数），其表达式为：

$$\varphi_j(x) = \prod_{i=0, i \neq j}^{k} \frac{x-x_i}{x_j-x_i} = \frac{(x-x_0)}{(x_j-x_0)} \cdots \frac{(x-x_{j-1})}{(x_j-x_{j-1})} \frac{(x-x_{j+1})}{(x_j-x_{j+1})} \cdots \frac{(x-x_k)}{(x_j-x_k)}$$

在 SciPy 中，直接调用 lagrange(x,y) 这个函数即可实现拉格朗日插值。

【例 2-36】 实现拉格朗日插值。

```python
# - * - coding:utf - 8 - * -
from scipy.interpolate import lagrange
import numpy as np
import matplotlib.pyplot as plt
def interp_lagrange(x, y, xx):
    #调用拉格朗日插值，得到插值函数 p
    p = lagrange(x, y)
    yy = p(xx)
    plt.plot(x, y, "b*")
    plt.plot(xx, yy, "ro")
    plt.show()
if __name__ == '__main__':
    NUMBER = 20
    eps = np.random.rand(NUMBER) * 2
    #构造样本数据
    x = np.linspace(0, 20, NUMBER)
    y = np.linspace(2, 14, NUMBER) + eps
    #兴趣点数据
    xx = np.linspace(12, 15, 10)
    interp_lagrange(x, y, xx)
```

运行程序，效果如图 2-2 所示。

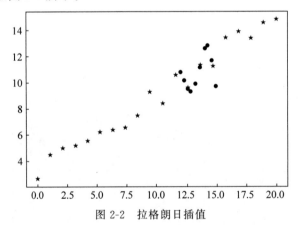

图 2-2　拉格朗日插值

3. 样条插值

样条插值法是一种以可变样条来作出一条经过一系列点的光滑曲线的数学方法。插值样条是由一些多项式组成的，每个多项式都是由相邻的两个数据点决定的，这样，任意两个相邻的多项式以及它们的导数在连接点处都是连续的。连接点的光滑与连续是样条插值和前边分段多项式插值的主要区别。

【例 2-37】 实现样条插值。

```python
import numpy as np
import pylab as pl
```

```
from scipy import interpolate
plt.rcParams['font.sans-serif'] = ['SimHei'] #用来正常显示中文标签
import matplotlib.pyplot as plt
plt.rcParams['axes.unicode_minus'] = False #显示负号
def generate_data(begin, end, num):
    """ 产生 x 点集 """
    x = np.linspace(begin, end, num)
    return x
def generate_sin(x):
    """ 得到 sin 函数的 x 对应的 y 点 """
    y = np.sin(x)
    return y
def interpolate_linear(x, y):
    """ 线性插值"""
    f_linear = interpolate.interp1d(x, y)
    return f_linear
def interpolate_b_spline(x, y, x_new, der = 0):
    """ B 样条曲线插值或者导数,默认 der = 0"""
    tck = interpolate.splrep(x, y)
    y_bspline = interpolate.splev(x_new, tck, der = der)
    return y_bspline
def test_interpolate():
    begin = 0
    end = 2 * np.pi + np.pi / 4
    pt_x = generate_data(begin = begin, end = end, num = 10)
    pt_y = generate_sin(pt_x)
    interpolate_x = generate_data(begin = begin, end = end, num = 100)
    f_linear = interpolate_linear(pt_x, pt_y)
    y_bspline = interpolate_b_spline(pt_x, pt_y, interpolate_x, der = 0)
    #一阶导数
    y_bspine_derivative = interpolate_b_spline(pt_x, pt_y, interpolate_x, der = 1)
    pl.plot(pt_x, pt_y, "o", label = u"原始数据")
    pl.plot(interpolate_x, f_linear(interpolate_x), label = u"线性")
    pl.plot(interpolate_x, y_bspline, label = u"B 样条")
    pl.plot(interpolate_x, y_bspine_derivative, label = u"B 样条函数阶")
    pl.legend()
    pl.show()
if __name__ == '__main__':
    test_interpolate()
```

运行程序,效果如图 2-3 所示。

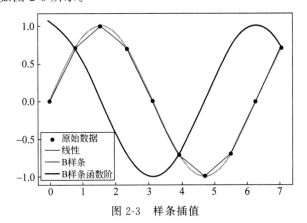

图 2-3 样条插值

4. 多维插值

多维插值使用的是 griddata() 这个方法来进行二维空间插值。函数的语法格式为：

scipy. interpolate. griddata(points, values, xi, method = 'linear', fill_value = nan, rescale = False)

其中,各参数含义如下。

- points：为散点自变量值(矩阵)。
- values：散点图对应函数值(可以有多个函数值)。
- xi：插值点自变量取值。
- method：插值实现方法,和一维、二维类似,一般有 linear 和 nearest 等插值方法。
- fill_value：设置为 True,当 xi 不在给定插值空间时,根据一定的算法计算出某个值,如果 xi 距离给定插值空间比较远,通常这个值误差很大。
- rescale：在执行插值之前是否将点重新缩放到单位立方体。

【例 2-38】 利用 griddata() 函数实现二维空间插值。

```python
import numpy as np
from scipy. interpolate import griddata
import matplotlib. pyplot as plt
from scipy import interpolate
plt. rcParams['font. sans - serif'] = ['SimHei']          #用来正常显示中文标签
import matplotlib. pyplot as plt
plt. rcParams['axes. unicode_minus'] = False             #显示负号
def func(x, y):
    return x * (1 - x) * np. cos(4 * np. pi * x ** 2)  * np. sin(4 * np. pi * y ** 2)
grid_x , grid_y = np. mgrid[0:1:100j,0:1:100j]          #形成 1×1 的等间隔格网
points = np. random. rand(1000,2)                        #生成 1000×2 的随机数,值介于[0,1]
value = func(points[:,0],points[:,1])                   #代入第一列和第二列
grid_zli = griddata(points,value,(grid_x, grid_y), method = 'linear') #将点和值插到网格中,
#方法为线性
grid_zCu = griddata(points,value,(grid_x, grid_y), method = 'cubic')
grid_znea = griddata(points,value,(grid_x, grid_y), method = 'nearest')
plt. figure()                                           #开始产生图形
plt. subplot(221)                                       #设置副图的位置
fig1 = plt. imshow(func(grid_x, grid_y), extent = (0,1,0,1), origin = 'lower',cmap = 'spring') #展示图
#片,cmap 配色为 spring,origin 为配置原点,默认为 upper 不符合习惯
plt. plot(points[:,0], points[:,1], 'k.', ms = 1)       #将点显示到图上
plt. colorbar(fig1)                                     #对 fig1 配置 colorbar
plt. title('原始数据')                                   #图像题目设置成 Original
plt. subplot(222)
fig2 = plt. imshow(grid_zli. T, extent = (0,1,0,1), origin = 'lower',cmap = 'summer')
plt. colorbar(fig2)
plt. title('线性插值')
plt. subplot(223)
fig3 = plt. imshow(grid_zCu. T, extent = (0,1,0,1), origin = 'lower',cmap = 'autumn')
plt. colorbar(fig3)
plt. title('立方插值')
plt. subplot(224)
fig4 = plt. imshow(grid_znea. T,extent = (0,1,0,1), origin = 'lower',cmap = 'winter')
plt. colorbar(fig4)
plt. title('近邻插值')
plt. gcf(). set_size_inches(6, 6)
plt. show()
```

运行程序,效果如图 2-4 所示。

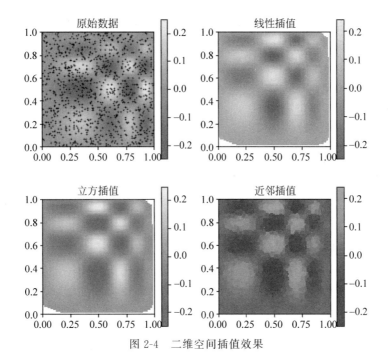

图 2-4　二维空间插值效果

2.2.3　概率统计

　　scipy. stats 模块包含大量概率分布函数,主要有连续分布、离散分布以及多变量分布。除此之外,还有摘要统计、频率统计、转换和测试等多个小分类。基本涵盖了统计应用的方方面面。

　　下面以比较有代表性的 scipy. stats. norm 正态分布连续随机变量函数进行介绍。尝试使用 rvs 方法随机抽取 1000 个正态分布样本,并绘制出条形图。

```
from scipy. stats import norm
plt. hist(norm. rvs(size = 1000))
```

运行程序,输出如下,效果如图 2-5 所示。

```
(array([  3.,   13.,   57.,  165.,  247.,  278.,  171.,   49.,   13.,    4.]),
array([ -3.61411861, -2.89933072, -2.18454282, -1.46975493, -0.75496703,
        -0.04017913,  0.67460876,  1.38939666,  2.10418455,  2.81897245,
         3.53376035]),
<a list of 10 Patch objects >)
```

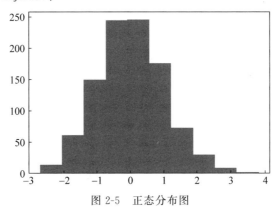

图 2-5　正态分布图

当已知连续型随机变量分布函数时,对其求导就可得到密度函数。分布函数是概率统计中重要的函数,通过它可用数学分析的方法来研究随机变量。分布函数是随机变量最重要的概率特征,分布函数可以完整地描述随机变量的统计规律,并且决定随机变量的一切其他概率特征。

1. 柯西分布

柯西分布的分布函数为:

$$F(x) = \frac{1}{\pi}\left(\arctan x + \frac{\pi}{2}\right), \quad -\infty < x < \infty$$

即柯西分布的密度函数为:

$$F'(x) = p(x) = \frac{1}{\pi}\frac{1}{1+x^2}, \quad -\infty < x < \infty$$

【例 2-39】 根据柯西分布的分布函数求密度函数。

```python
from sympy import *
x = symbols('x')
p_x = 1/pi * (1/(1 + x ** 2))   #柯西分布的分布函数
integrate(p_x, (x, - oo, x))

#已知柯西分布的分布函数求密度函数
f_x = 1/pi * (atan(x) + pi/2)
print(diff(f_x,x,1))
```

运行程序,输出如下。

```
1/(pi * (x ** 2 + 1))
```

2. 指数分布

如果随机变量 X 的密度函数为:

$$p(x) = \begin{cases} \lambda e^{-\lambda x}, & x \geqslant 0 \\ 0, & x < 0 \end{cases}$$

则称 X 服从指数分布,记作 $X \sim \exp(\lambda)$,其中,参数 $\lambda > 0$(λ 是根据实际背景而定的正参数)。假如某连续随机变量 $X \sim \exp(\lambda)$,则表示 X 仅可能取非负实数。

指数分布的分布函数为:

$$F(x) = \begin{cases} 1 - e^{-\lambda x}, & x \geqslant 0 \\ 0, & x < 0 \end{cases}$$

实际中不少产品首次发生故障(需要维修)的时间服从指数分布。例如,某种热水器首次发生故障的时间 T(单位:h)服从指数分布 $\exp(0.002)$,即 T 的密度函数为:

$$p(x) = \begin{cases} 0.002e^{-0.002t}, & t \geqslant 0 \\ 0, & t < 0 \end{cases}$$

【例 2-40】 指数分布实现。

```python
import numpy as np
import matplotlib.pyplot as plt
plt.rcParams['font.sans - serif'] = ['SimHei']      #用来正常显示中文标签
plt.rcParams['axes.unicode_minus'] = False          #显示负号
#指数分布
lam = float(1.5)
x = np.linspace(0,15,100)
y = lam * np.e ** ( - lam * x)
```

```
plt.plot(x,y,"b",linewidth = 2)
plt.xlim( - 5,10)
plt.xlabel('X')
plt.ylabel('p (x)')
plt.title('指数分布')
plt.show()
```

运行程序,效果如图 2-6 及图 2-7 所示。

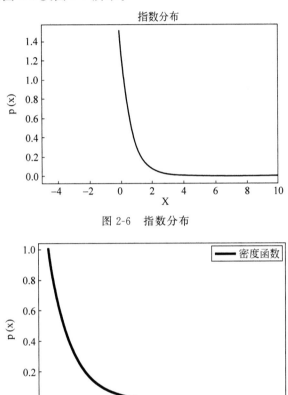

图 2-6 指数分布

图 2-7 密度函数

```
#使用 SciPy 计算 PDF 画图(非自定义函数)
from scipy.stats import expon                          #指数分布
x = np.linspace(0.01,10,1000)
plt.plot(x, expon.pdf(x),'r - ', lw = 5, alpha = 0.6, label = '密度函数')  # PDF 表示求密度函数值
plt.xlabel("X")
plt.ylabel("p (x)")
plt.legend()
plt.show()
```

3. 二项分布

二项分布有数个结果,因此是离散的。二项分布必须满足以下三个条件。

(1)观察或实验的次数是固定的。换句话说,如果做了一定次数,只能计算出某件事发生的概率。

(2)每次观察或实验都是独立的。换句话说,任何实验对下一次实验的概率都没有影响。

(3)每次实验成功的概率都是一样的。

二项分布的一个直观解释是投掷 10 次硬币。如果是一枚均匀硬币,得到正面的概率是 0.5。

现在扔硬币10次,数一数出现正面的次数。大多数情况下,得到正面5次,但也有可能得到正面9次。如果说 $N=10$,$p=0.5$,那么二项分布的PMF将给出这些概率。设正面的 x 是1,反面的 x 是0。

伯努利分布是二项分布的一种特例。伯努利分布中的所有值不是0就是1。

二项分布的概率函数为:

$$P(X=x)=\binom{n}{x}p^x(1-p)^{n-x}, \quad x=0,1,\cdots,n$$

【例2-41】 某特效药的临床有效率为0.95,今有10人服用,问至少有8人治愈的概率是多少?

解析:设 X 为10人中被治愈的人数,则 $X \sim b(10,095)$,而所求概率为:

$$P(\geqslant 8)=P(X=8)+P(X=9)+P(X=10)$$

$$=\binom{10}{8}0.95^8 0.05^2 + \binom{10}{9}0.95^9 0.05 + \binom{10}{10}0.95^{10}$$

$$=0.0746+0.3151+0.5987$$

$$=0.9884$$

所以,10人中至少有8人被治愈的概率为0.9884。

以上例子,也可以抛硬币10次,用 scipy. stats. binom 进行画图。

```
# 使用 SciPy 的 PMF 和 CDF 画图
from scipy.stats import binom
n = 10
p = 0.5
x = np.arange(1, n + 1, 1)
pList = binom.pmf(x, n, p)
plt.plot(x, pList, marker = 'o', alpha = 0.7, linestyle = 'None')
'''
vlines 用于绘制竖直线(vertical lines),
vline(x 坐标值, y 坐标最小值, y 坐标最大值)
'''
plt.vlines(x, 0, pList)
plt.xlabel('随机变量:抛硬币 10 次')
plt.ylabel('概率')
plt.title('二项分布:n = % d, p = % 0.2f' % (n,p))
plt.show()
```

运行程序,效果如图2-8所示。

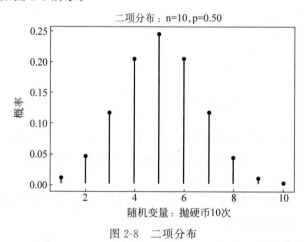

图2-8　二项分布

至于其他的泊松分布、正态分布以及均值分布等,因为篇幅原因在此不再展开介绍,下面通过一个例子来综合演示各概率分布。

【例2-42】 演示各种密度分布函数以及相应的期望与方差。

```python
# 使用 SciPy 计算常见分布的均值与方差
from scipy.stats import bernoulli              # 0-1分布
from scipy.stats import binom                  # 二项分布
from scipy.stats import poisson                # 泊松分布
from scipy.stats import rv_discrete            # 自定义离散随机变量
from scipy.stats import uniform                # 均匀分布
from scipy.stats import expon                  # 指数分布
from scipy.stats import norm                   # 正态分布
from scipy.stats import rv_continuous          # 自定义连续随机变量
print("0-1分布的数字特征:均值:{};方差:{};标准差:{}".format(bernoulli(p = 0.5).mean(),
                                    bernoulli(p = 0.5).var(),
                                    bernoulli(p = 0.5).std()))
print("二项分布 b(100,0.5)的数字特征:均值:{};方差:{};标准差:{}".format(binom(n = 100, p = 0.5).
mean(),
                                    binom(n = 100, p = 0.5).var(),
                                    binom(n = 100, p = 0.5).std()))
# 模拟抛骰子的特定分布
xk = np.arange(6) + 1
pk = np.array([1.0/6] * 6)
print("泊松分布 P(0.6)的数字特征:均值:{};方差:{};标准差:{}".format(poisson(0.6).mean(),
                                    poisson(0.6).var(),
                                    poisson(0.6).std()))
print("特定离散随机变量的数字特征:均值:{};方差:{};标准差:{}".format(rv_discrete(name =
'dice', values = (xk, pk)).mean(),
                                    rv_discrete(name = 'dice', values = (xk, pk)).var(),
                                    rv_discrete(name = 'dice', values = (xk, pk)).std()))
print("均匀分布 U(1,1+5)的数字特征:均值:{};方差:{};标准差:{}".format(uniform(loc = 1, scale =
5).mean(),
                                    uniform(loc = 1, scale = 5).var(),
                                    uniform(loc = 1, scale = 5).std()))
print("正态分布 N(0,0.0001)的数字特征:均值:{};方差:{};标准差:{}".format(norm(loc = 0, scale =
0.01).mean(),
                                    norm(loc = 0, scale = 0.01).var(),
                                    norm(loc = 0, scale = 0.01).std()))
lmd = 5.0                                      # 指数分布的 lambda = 5.0
print("指数分布 Exp(5)的数字特征:均值:{};方差:{};标准差:{}".format(expon(scale = 1.0/lmd).
mean(),
                                    expon(scale = 1.0/lmd).var(),
                                    expon(scale = 1.0/lmd).std()))
# 自定义标准正态分布
class gaussian_gen(rv_continuous):
    def _pdf(self, x):  # tongguo
        return np.exp( - x ** 2 / 2.) / np.sqrt(2.0 * np.pi)
gaussian = gaussian_gen(name = 'gaussian')
print("标准正态分布的数字特征:均值:{};方差:{};标准差:{}".format(gaussian().mean(),
                                    gaussian().var(),
                                    gaussian().std()))
# 自定义指数分布
import math
class Exp_gen(rv_continuous):
    def _pdf(self, x, lmd):
        y = 0
```

```
            if x > 0:
                y = lmd * math.e ** ( - lmd * x)
            return y
Exp = Exp_gen(name = 'Exp(5.0)')
print("Exp(5.0)分布的数字特征:均值:{};方差:{};标准差:{}".format(Exp(5.0).mean(),
                                                    Exp(5.0).var(),
                                                    Exp(5.0).std()))
## 通过分布函数自定义分布
class Distance_circle(rv_continuous):                # 自定义分布 xdist
    """
    向半径为 r 的圆内投掷一点,点到圆心距离的随机变量 x 的分布函数为:
    if x < 0: F(x) = 0;
    if 0 <= x <= r: F(x) = x^2 / r^2
    if x > r: F(x) = 1
    """
    def _cdf(self, x, r):                            # 累积分布函数定义随机变量
        f = np.zeros(x.size)                         # 函数值初始化为 0
        index = np.where((x >= 0)&(x <= r))          # 0 <= x <= r
        f[index] = ((x[index])/r[index]) ** 2        # 0 <= x <= r
        index = np.where(x > r)                      # x > r
        f[index] = 1                                 # x > r
        return f
dist = Distance_circle(name = "distance_circle")
print("dist 分布的数字特征:均值:{};方差:{};标准差:{}".format(dist(5.0).mean(),
                                                  dist(5.0).var(),
                                                  dist(5.0).std()))
```

运行程序,输出如下。

```
0 - 1 分布的数字特征:均值:0.5;方差:0.25;标准差:0.5
二项分布 b(100,0.5)的数字特征:均值:50.0;方差:25.0;标准差:5.0
泊松分布 P(0.6)的数字特征:均值:0.6;方差:0.6;标准差:0.7745966692414834
特定离散随机变量的数字特征:均值:3.5;方差:2.916666666666666;标准差:1.707825127659933
均匀分布 U(1,1 + 5)的数字特征:均值:3.5;方差:2.083333333333333;标准差:1.4433756729740643
正态分布 N(0,0.0001)的数字特征:均值:0.0;方差:0.0001;标准差:0.01
指数分布 Exp(5)的数字特征:均值:0.2;方差:0.04000000000000001;标准差:0.2
标准正态分布的数字特征:均值: - 5.955875168377274e - 16;方差:0.9999999993069072;标准差:
0.9999999996534535
Exp(5.0)分布的数字特征:均值:0.2082620293848526;方差:0.03678416218397953;标准差:0.19179197632846773
dist 分布的数字特征:均值:3.333333333333333;方差:1.388888888888891;标准差:1.1785113019775801
```

2.2.4 大数定律

大数定律主要有两种表达方式,分别如下。

1. 伯努利大数定律

设 S_n 为 n 重伯努利实验(结果只有 0 和 1)中事件 A 发生的次数, $\dfrac{S_n}{n}$ 就是事件 A 发生的频率, p 为每次实验中 A 出现的概率,则对任意的 $\varepsilon > 0$,有

$$\lim_{n \to \infty} P\left(\left| \frac{S_n}{n} - p \right| < \varepsilon \right) = 1$$

2. 辛钦大数定律

设 $\{X_n\}$ 为一独立同分布的随机变量序列,如果 X_i 的数学期望存在,则 $\{X_n\}$ 服从大数定律,即对任意的 $\varepsilon > 0$, $\lim\limits_{n \to \infty} P\left(\left| \dfrac{1}{n}\sum\limits_{i=1}^{n} X_i - \dfrac{1}{n}\sum\limits_{i=1}^{n} E(X_i) \right| < \varepsilon \right) = 1$ 成立。

对于独立同分布且具有相同均值 μ 的随机变量 $X_1,X_2,\cdots,X_n$，当 n 很大时，它们的算术平均数 $\frac{1}{n}\sum_{i=1}^{n}X_i$ 很接近于 μ。也就是说，可以使用样本的均值去估计总体均值。

对于简单问题来说，蒙特卡洛方法是个"笨"办法。但对许多问题来说，它往往是个有效，有时甚至是唯一可行的方法。但对于涉及不可解析函数或概率分布的模拟及计算，蒙特卡洛方法是个有效的方法。

我们都玩过套圈圈的游戏，但是你想过为什么总是套不上吗？下面用蒙特卡洛方法来算一算。

（1）设物品中心点坐标为（0,0），物品半径为 5cm。

```
import matplotlib.pyplot as plt
import matplotlib.patches as mpatches
import numpy as np
circle_target = mpatches.Circle([0, 0], radius = 5, edgecolor = 'r', fill = False)
plt.xlim( - 80, 80)
plt.ylim( - 80, 80)
plt.axes().add_patch(circle_target)
plt.show()    # 效果如图 2 - 9(a)所示
```

（2）设投圈半径为 8cm，投圈中心点围绕物品中心点呈二维正态分布，均值 $\mu=0$cm，标准差 $\sigma=20$cm，模拟 1000 次投圈过程。

```
# matplotlib inline
N = 1000
u, sigma = 0, 20
points = sigma * np.random.randn(N, 2) + u
# 效果如图 2 - 9(b)所示
plt.scatter([x[0] for x in points], [x[1] for x in points], c = np.random.rand(N), alpha = 0.5)
```

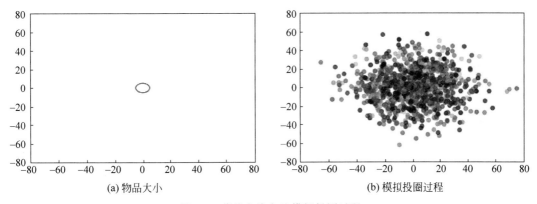

(a) 物品大小   (b) 模拟投圈过程

图 2-9　蒙特卡洛方法模拟投圈过程

图 2-9 中红圈为物品，散点图为模拟 1000 次投圈过程中，投圈中心点的位置散布。

（3）计算 1000 次投圈过程中，投圈套住物品的占比情况。

```
print(len([xy for xy in points if xy[0] ** 2 + xy[1] ** 2 < (8 - 5) ** 2]) / N)
```

输出结果：0.013。即投 1000 次，有 13 次能够套住物品，就是个小概率事件，现在知道投圈为什么那么难套住了吧？

2.2.5　中心极限定理

中心极限定理是概率论中讨论随机变量序列部分和的分布渐近于正态分布的一类定理。

这组定理是数理统计学和误差分析的理论基础,研究由许多独立随机变量组成和的极限分布律,指出了大量随机变量近似服从正态分布的条件。

大数定律讨论的是在什么条件下(独立同分布且数学期望存在),随机变量序列的算术平均概率收敛到其均值的算术平均。下面来讨论在什么情况下,独立随机变量的和 $Y_n = \sum\limits_{i=1}^{n} X_i$ 的分布函数会分布收敛于正态分布。下面使用一个小例子来说明什么是中心极限定理。

研究一个复杂工艺产生的产品误差的分布情况,诞生该产品的工艺中,有许多方面都能产生误差,例如,每个流程中所需的生产设备的精度误差、材料实际成分与理论成分的差异带来的误差、工人当天的专注程度、测量误差等。由于这些因素非常多,每个影响产品误差的因素对误差的影响都十分微小,而且这些因素的出现也十分随机,数值有正有负。现在将每一种因素都假设为一个随机变量 X_i,先按照直觉假设 X_i 服从 $N(0, \sigma_i^2)$,零均值假设是十分合理的,因为这些因素的数值有正有负,假设每一个因素的随机变量的方差 σ_i^2 是随机的。接下来,希望研究的是产品的误差 $Y_n = X_1 + X_2 + \cdots + X_n$,当 n 很大时是什么分布?

```python
#模拟 n 个正态分布的和的分布
from scipy.stats import norm
def Random_Sum_F(n):
    sample_nums = 10000
    random_arr = np.zeros(sample_nums)
    for i in range(n):
        mu = 0
        sigma2 = np.random.rand()
        err_arr = norm.rvs(size = sample_nums)
        random_arr += err_arr
    plt.hist(random_arr)
    plt.title("n = " + str(n))
    plt.xlabel("x")
    plt.ylabel("p(x)")
    plt.show()
Random_Sum_F(2)
Random_Sum_F(10)
Random_Sum_F(100)
Random_Sum_F(1000)
```

运行程序,效果如图 2-10 所示。

如果正态分布实验没发现规律,还可以去尝试泊松分布、指数分布等,最终实验说明:假设 $\{X_n\}$ 独立同分布、方差存在,不管原来的分布是什么,只要 n 充分大,就可以用正态分布去逼近随机变量和的分布,所以这个定理有着广泛的应用。接下来一起来研究如何使用中心极限定理产生一组正态分布的随机数。

计算机往往只能产生一组随机均匀分布的随机数,那么如果想要产生一组服从正态分布 $N(\mu, \sigma^2)$ 的随机数,应该如何操作呢?设随机变量 X 服从 $(0,1)$ 上的均匀分布,则其数学期望与方差分别为 $1/2$ 和 $1/12$。由此得 12 个相互独立的 $(0,1)$ 上均匀分布随机变量的数学期望与方差分别为 6 和 1。因此:

(1)产生 12 个 $(0,1)$ 上均匀分布的随机数,记为 $x_1, x_2, \cdots, x_{12}$。

(2)计算 $y = x_1 + x_2 + \cdots + x_{12} - 6$,则由中心极限定理知,可将 y 近似看成来自标准正态分布 $N(0,1)$ 的一个随机数。

(3)计算 $z = \mu + \sigma y$,则可将 z 看成来自正态分布 $N(\mu, \sigma^2)$ 的一个随机数。

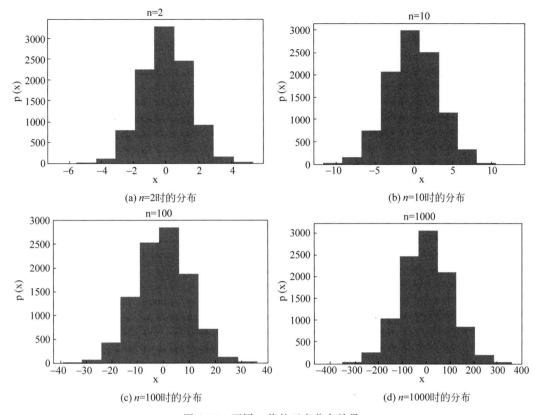

图 2-10　不同 n 值的正态分布效果

（4）重复 N 次就能获得 N 个服从正态分布 $N(\mu,\sigma^2)$ 的随机数。

2.3　Pandas 库

Pandas 是一个 Python 中用于进行数据分析的库，它可以生成类似 Excel 表格式的数据表，而且可以对数据进行修改操作。Pandas 还有个强大的功能，它可以从很多不同种类的数据库中提取数据，如 SQL 数据库、Excel 表格甚至 CSV 文件。Pandas 还支持在不同的列中使用不同类型的数据，如整型数、浮点数，或是字符串。

2.3.1　Pandas 系列

系列（Series）是能够保存任何类型的数据（整数、字符串、浮点数、Python 对象等）的一维标记数组。轴标签统称为索引。

Series 由索引（index）和列组成，函数如下。

```
pandas.Series(data, index, dtype, name, copy)
```

其中，data 为一组数据（ndarray 类型）；index 为数据索引标签，如果不指定，默认从 0 开始；dtype 为数据类型，默认会自己判断；name 为设置名称；copy 表示是否复制数据，默认为 False。

【例 2-43】　利用各种方法创建系列。

```
#创建一个基本系列是一个空系列
import pandas as pd
s = pd.Series()
print(s)
```

```
Series([], dtype: float64)
# 从 ndarray 创建一个系列
import numpy as np
data = np.array(['a','b','c','d'])
s = pd.Series(data)
print(s)
0    a
1    b
2    c
3    d
dtype: object
# 从字典创建一个系列
data = {'a' : 0., 'b' : 1., 'c' : 2.}
s = pd.Series(data)
print(s)
a    0.0
b    1.0
c    2.0
dtype: float64
# 从标量创建一个系列
s = pd.Series(5, index = [0, 1, 2, 3])
print(s)
0    5
1    5
2    5
3    5
dtype: int64
```

如果只需要字典中的一部分数据,则指定需要数据的索引即可。

```
import pandas as pd
sites = {1: "Google", 2: "Python", 3: "Hello"}
myvar = pd.Series(sites, index = [1, 2])
print(myvar)
1    Google
2    Python
dtype: object


# 设置 Series 名称参数
sites = {1: "Google", 2: "Python", 3: "Hello"}
myvar = pd.Series(sites, index = [1, 2], name = "PYTHON - Series - TEST" )
print(myvar)
1    Google
2    Python
Name: PYTHON - Series - TEST, dtype: object
```

2.3.2　Pandas 数据结构

数据帧(DataFrame)是一个表格型的数据结构,它含有一组有序的列,每列可以是不同的值类型(如数值、字符串、布尔型值)。DataFrame 既有行索引也有列索引,它可以被看作由 Series 组成的字典(共同用一个索引),如图 2-11 所示。

Pandas 中的 DataFrame 可以使用以下构造函数创建:

```
pandas.DataFrame(data, index, columns, dtype, copy)
```

data 为一组数据(如 ndarray、series、map、lists、dict 等类型);index 为索引值,或者可以

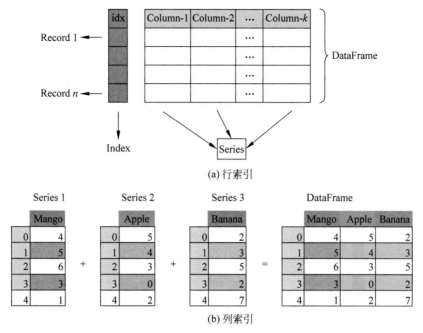

(a) 行索引

(b) 列索引

图 2-11　DataFrame 数据结构

称为行标签；columns 为列标签，默认为 RangeIndex(0,1,2,…,n)；dtype 为数据类型；copy 表示是否复制数据，默认为 False。

【例 2-44】 利用各种方法创建 DataFrame。

```python
# 创建一个空的 DataFrame
import pandas as pd
df = pd.DataFrame()
print(df)
Empty DataFrame
Columns: []
Index: []


# 从列表创建 DataFrame
data = [['Alex',10],['Bob',12],['Clarke',13]]
df = pd.DataFrame(data,columns = ['Name','Age'])
print(df)
      Name  Age
0     Alex   10
1      Bob   12
2   Clarke   13


# 从 ndarrays/Lists 的字典来创建 DataFrame
data = {'Name':['Tom', 'Jack', 'Steve', 'Ricky'],'Age':[28,34,29,42]}
df = pd.DataFrame(data)
print(df)
   Age   Name
0   28    Tom
1   34   Jack
2   29  Steve
3   42  Ricky


# 如何使用字典、行索引和列索引列表创建数据帧(DataFrame)
data = [{'a': 1, 'b': 2},{'a': 5, 'b': 10, 'c': 20}]
```

```
#具有两个列索引,值与字典键相同
df1 = pd.DataFrame(data, index = ['first', 'second'], columns = ['a', 'b'])
#具有两个列索引,其中一个索引具有其他名称
df2 = pd.DataFrame(data, index = ['first', 'second'], columns = ['a', 'b1'])
print(df1)
print(df2)
        a   b
first   1   2
second  5   10
        a   b1
first   1   NaN
second  5   NaN
```

在 Pandas 中可以对列进行选择、添加、删除操作等。

【例 2-45】 对列进行操作。

```
#从数据帧(DataFrame)中选择一列
import pandas as pd
d = {'one' : pd.Series([1, 2, 3], index = ['a', 'b', 'c']),
      'two' : pd.Series([1, 2, 3, 4], index = ['a', 'b', 'c', 'd'])}
df = pd.DataFrame(d)
print(df ['one'])
        a   b
first   1   2
second  5   10
        a   b1
first   1   NaN
second  5   NaN

#向现有数据框添加一个新列
d = {'one' : pd.Series([1, 2, 3], index = ['a', 'b', 'c']),
      'two' : pd.Series([1, 2, 3, 4], index = ['a', 'b', 'c', 'd'])}
df = pd.DataFrame(d)
#通过传递新序列将新列添加到具有列标签的现有 DataFrame 对象
print("通过作为系列传递添加新列:")
df['three'] = pd.Series([10,20,30], index = ['a','b','c'])
print(df)
print("使用 DataFrame 中的现有列添加新列:")
df['four'] = df['one'] + df['three']
print(df)
```

通过作为系列传递添加新列:

```
    one   two   three
a   1.0   1     10.0
b   2.0   2     20.0
c   3.0   3     30.0
d   NaN   4     NaN
```

使用 DataFrame 中的现有列添加新列:

```
    one   two   three   four
a   1.0   1     10.0    11.0
b   2.0   2     20.0    22.0
c   3.0   3     30.0    33.0
d   NaN   4     NaN     NaN
```

同样地,对行也可以做相同的操作。

2.3.3 Pandas 面板

面板(Panel)是 3D 容器的数据,3 轴(axis)这个名称旨在给出描述涉及面板数据的操作的一些语义,分别如下。

items-axis 0：每个项目对应于内部包含的数据帧(DataFrame)。

major_axis-axis 1：它是每个数据帧(DataFrame)的索引(行)。

minor_axis-axis 2：它是每个数据帧(DataFrame)的列。

可以使用以下构造函数创建面板。

```
pandas.Panel(data, items, major_axis, minor_axis, dtype, copy)
```

其中,data 为数据采取各种形式和另一个数据帧；items 为 axis=0；major_axis 为 axis=1；minor_axis 为 axis=2；dtype 为每列的数据类型；copy 表示是否复制数据,默认为 False。

在 SciPy 中,可以使用多种方式创建面板。

(1) 从 ndarrays 创建。

(2) 从 DataFrames 的 dict 创建。

【例 2-46】 用不同方式创建面板。

```
# 从 3D ndarray 创建
# 创建一个空面板
import pandas as pd
import numpy as np
data = np.random.rand(2,4,5)
p = pd.Panel(data)
print(p)
< class 'pandas.core.panel.Panel'>
Dimensions: 2 (items) x 4 (major_axis) x 5 (minor_axis)
Items axis: 0 to 1
Major_axis axis: 0 to 3
Minor_axis axis: 0 to 4
```

注意：观察空面板和上面板的尺寸大小,所有对象都不同。

```
# 从 DataFrame 对象的 dict 创建面板
data = {'Item1': pd.DataFrame(np.random.randn(4, 3)),
        'Item2': pd.DataFrame(np.random.randn(4, 2))}
p = pd.Panel(data)
print(p)
< class 'pandas.core.panel.Panel'>
Dimensions: 2 (items) x 4 (major_axis) x 3 (minor_axis)
Items axis: Item1 to Item2
Major_axis axis: 0 to 3
Minor_axis axis: 0 to 2
```

如果要从面板中选择数据,可以使用 Items、Major_axis、Minor_axis 这 3 种方式。

【例 2-47】 从面板中选择数据。

```
# 使用 Items
import pandas as pd
import numpy as np
data = {'Item1': pd.DataFrame(np.random.randn(4, 3)),
        'Item2': pd.DataFrame(np.random.randn(4, 2))}
p = pd.Panel(data)
print(p['Item1'])
           0          1          2
0 - 0.076656 - 0.522665 - 0.990586
```

```
1 - 1.181011 - 0.994811   0.370761
2 - 1.755909   0.981063 - 1.126204
3   2.276633   0.015866   0.273384
```

上面代码中有两个数据项，这里只检索 Item1。结果是具有 4 行和 3 列的数据帧（DataFrame），它们是 Major_axis 维和 Minor_axis 维。

```
# 使用 panel.major_axis(index)方法访问数据
data = {'Item1': pd.DataFrame(np.random.randn(4, 3)),
         'Item2': pd.DataFrame(np.random.randn(4, 2))}
p = pd.Panel(data)
print(p.major_xs(1))
       Item1       Item2
0   0.490435   0.252816
1 - 0.597479 - 0.298973
2 - 0.986364      NaN

# 使用 panel.minor_axis(index)方法访问数据
data = {'Item1': pd.DataFrame(np.random.randn(4, 3)),
         'Item2': pd.DataFrame(np.random.randn(4, 2))}
p = pd.Panel(data)
print(p.minor_xs(1))
       Item1    Item2
0   2.255890   1.016959
1   2.025031   0.828525
2 - 0.125227   0.692466
3   0.630588   0.385959
```

2.3.4　Pandas 稀疏数据

当任何匹配特定值的数据（NaN/缺失值，尽管可以选择任何值）被省略时，稀疏对象被"压缩"。即 SparseIndex 对象跟踪数据被"稀疏"。在 Pandas 中，所有的标准数据结构都应用了 to_sparse()方法。

【例 2-48】　利用 to_sparse()方法创建稀疏对象。

```
import pandas as pd
import numpy as np
ts = pd.Series(np.random.randn(8))
ts[2:-2] = np.nan
sts = ts.to_sparse()
print(sts)
0    1.706639
1    1.036985
2       NaN
3       NaN
4       NaN
5       NaN
6 - 1.091275
7    1.027179
dtype: float64
BlockIndex
Block locations: array([0, 6])
Block lengths: array([2, 2])
```

由于内存效率的原因，所以需要稀疏对象的存在。例如，假设有一个很大的 NA DataFrame，执行下面的代码：

```
df = pd.DataFrame(np.random.randn(10000, 4))
df.ix[:9998] = np.nan
sdf = df.to_sparse()
print(sdf.density)
0.0001
```

通过调用 to_dense() 可以将任何稀疏对象转换回标准密集形式。

```
ts = pd.Series(np.random.randn(10))
ts[2:-2] = np.nan
sts = ts.to_sparse()
print(sts.to_dense())
0    1.386588
1    1.171640
2    NaN
3    NaN
4    NaN
5    NaN
6    NaN
7    NaN
8   -2.712764
9    1.473722
dtype: float64
```

稀疏数据应该具有与其密集表示相同的 dtype。目前,支持 float64、int64 和 booldtypes。

```
s = pd.Series([1, np.nan, np.nan])
print(s)
print("\n")
s.to_sparse()
print(s)
0    1.0
1    NaN
2    NaN
dtype: float64


0    1.0
1    NaN
2    NaN
dtype: float64
```

2.3.5 Pandas CSV 文件

CSV(Comma-Separated Values,逗号分隔值,有时也称为字符分隔值,因为分隔字符也可以不是逗号),其文件以纯文本形式存储表格数据(数字和文本)。CSV 是一种通用的、相对简单的文件格式。Pandas 可以很方便地处理 CSV 文件。例如:

```
import pandas as pd
df = pd.read_csv('nba.csv')
print(df.to_string())
```

to_string()用于返回 DataFrame 类型的数据,如果不使用该函数,则输出结果为数据的前面 30 行和末尾 30 行,中间部分以···代替。

```
import pandas as pd
df = pd.read_csv('nba.csv')
print(df)
```

运行程序,效果如图 2-12 所示。

18	Rondae Hollis-Jefferson	Brooklyn Nets	24.0	SG	21.0
19	Jarrett Jack	Brooklyn Nets	2.0	PG	32.0
20	Sergey Karasev	Brooklyn Nets	10.0	SG	22.0
21	Sean Kilpatrick	Brooklyn Nets	6.0	SG	26.0
22	Shane Larkin	Brooklyn Nets	0.0	PG	23.0
23	Brook Lopez	Brooklyn Nets	11.0	C	28.0
24	Chris McCullough	Brooklyn Nets	1.0	PF	21.0
25	Willie Reed	Brooklyn Nets	33.0	PF	26.0
26	Thomas Robinson	Brooklyn Nets	41.0	PF	25.0
27	Henry Sims	Brooklyn Nets	14.0	C	26.0
28	Donald Sloan	Brooklyn Nets	15.0	PG	28.0
29	Thaddeus Young	Brooklyn Nets	30.0	PF	27.0
..	...	...	...	...	...
428	Al-Farouq Aminu	Portland Trail Blazers	8.0	SF	25.0
429	Pat Connaughton	Portland Trail Blazers	5.0	SG	23.0
430	Allen Crabbe	Portland Trail Blazers	23.0	SG	24.0
431	Ed Davis	Portland Trail Blazers	17.0	C	27.0
432	Maurice Harkless	Portland Trail Blazers	4.0	SF	23.0
433	Gerald Henderson	Portland Trail Blazers	9.0	SG	28.0
434	Chris Kaman	Portland Trail Blazers	35.0	C	34.0

图 2-12　显示部分结果

也可以使用 to_csv()方法将 DataFrame 类型的数据存储为 CSV 文件。

```
import pandas as pd
#三个字段 name, site, age
nme = ["Taobao", "Python", "Meituan", "SO"]
st = ["www.taobao", "www.python.org", "www.meituan.com", "www.so.com"]
ag = [92, 44, 83, 98]
#字典
dict = {'name': nme, 'site': st, 'age': ag}
df = pd.DataFrame(dict)
#保存 dataframe
df.to_csv('site.csv')
```

运行程序,打开根目录下的 site.csv,效果如图 2-13 所示。

	A	B	C	D	E	F
1		age	name	site		
2	0	92	Taobao	www.taobao		
3	1	44	Python	www.python.org		
4	2	83	Meituan	www.meituan.com		
5	3	98	SO	www.so.com		
6						

图 2-13　site.csv 文件

在 Python 中,提供了相关函数用于实现 CSV 文件的处理。

1. head 函数

head(n)方法用于读取前面的 n 行,如果不填参数 n,默认返回 5 行。

【例 2-49】　利用 head()函数读取前几行数据。

```
#读取前面 5 行
import pandas as pd
df = pd.read_csv('nba.csv')
print(df.head())
```

```
         Name                Team       Number Position  Age Height  Weight  \
0  Avery Bradley     Boston Celtics     0.0       PG    25.0    6 - 2   180.0
1    Jae Crowder     Boston Celtics    99.0       SF    25.0    6 - 6   235.0
2   John Holland     Boston Celtics    30.0       SG    27.0    6 - 5   205.0
3   R.J. Hunter      Boston Celtics    28.0       SG    22.0    6 - 5   185.0
4  Jonas Jerebko     Boston Celtics     8.0       PF    29.0    6 - 10  231.0

              College          Salary
0  Texas                  7730337.0
1  Marquette              6796117.0
2  Boston University      NaN
3  Georgia State          1148640.0
4  NaN                    5000000.0
```

读取前面 8 行
```
df = pd.read_csv('nba.csv')
print(df.head(8))
         Name                Team      Number  Position  Age Height  Weight  \
0  Avery Bradley     Boston Celtics     0.0       PG    25.0    6 - 2   180.0
1    Jae Crowder     Boston Celtics    99.0       S     25.0    6 - 6   235.0
2   John Holland     Boston Celtics    30.0       SG    27.0    6 - 5   205.0
3   R.J. Hunter      Boston Celtics    28.0       SG    22.0    6 - 5   185.0
4  Jonas Jerebko     Boston Celtics     8.0       PF    29.0    6 - 10  231.0
5   Amir Johnson     Boston Celtics    90.0       PF    29.0    6 - 9   240.0
6  Jordan Mickey     Boston Celtics    55.0       PF    21.0    6 - 8   235.0
7   Kelly Olynyk     Boston Celtics    41.0       C     25.0    7 - 0   238.0

              College          Salary
0  Texas                  7730337.0
1  Marquette              6796117.0
2  Boston University      NaN
3  Georgia State          1148640.0
4  NaN                    5000000.0
5  NaN                   12000000.0
6  LSU                    1170960.0
7  Gonzaga                2165160.0
```

2. tail()函数

tail(n)方法用于读取尾部的 n 行,如果不填参数 n,默认返回 5 行,空行各个字段的值返回 NaN。

【例 2-50】 利用 tail()函数显示数据的末尾几行。

读取末尾 5 行
```
import pandas as pd
df = pd.read_csv('nba.csv')
print(df.tail())
          Name         Team     Number Position  Age Height  Weight   College   \
453  Shelvin Mack    Utah Jazz    8.0      PG    26.0    6 - 3   203.0   Butler
454    Raul Neto     Utah Jazz   25.0      PG    24.0    6 - 1   179.0   NaN
455   Tibor Pleiss   Utah Jazz   21.0      C     26.0    7 - 3   256.0   NaN
456   Jeff Withey    Utah Jazz   24.0      C     26.0    7 - 0   231.0   Kansas
457     NaN          NaN         NaN      NaN    NaN     NaN     NaN     NaN

         Salary
453   2433333.0
454    900000.0
```

```
455    2900000.0
456    947276.0
457    NaN
```

```
#读取末尾7行
df = pd.read_csv('nba.csv')
print(df.tail(8))
```

	Name	Team	Number Position	Age	Height	Weight	College	\
450	Joe Ingles	Utah Jazz	2.0	SF	28.0	6 - 8	226.0	NaN
451	Chris Johnson	Utah Jazz	23.0	SF	26.0	6 - 6	206.0	Dayton
452	Trey Lyles	Utah Jazz	41.0	PF	20.0	6 - 10	234.0	Kentucky
453	Shelvin Mack	Utah Jazz	8.0	PG	26.0	6 - 3	203.0	Butler
454	Raul Neto	Utah Jazz	25.0	PG	24.0	6 - 1	179.0	NaN
455	Tibor Pleiss	Utah Jazz	21.0	C	26.0	7 - 3	256.0	NaN
456	Jeff Withey	Utah Jazz	24.0	C	26.0	7 - 0	231.0	Kansas
457	NaN	NaN	NaN	NaN	NaN	NaN	NaN	NaN

```
        Salary
450    2050000.0
451    981348.0
452    2239800.0
453    2433333.0
454    900000.0
455    2900000.0
456    947276.0
457    NaN
```

3. info()函数

info()方法返回表格的一些基本信息。

【例2-51】 利用info()函数返回表格的信息。

```
import pandas as pd
df = pd.read_csv('nba.csv')
print(df.info())
```

运行程序,输出如下。

```
< class 'pandas. core. frame. DataFrame'>
RangeIndex: 458 entries, 0 to 457           #行数,458行,第一行编号为0
Data columns (total 9 columns):             #列数,9列
Name        457 non - null object           #non - null 意为非空的数据
Team        457 non - null object
Number      457 non - null float64
Position    457 non - null object
Age         457 non - null float64
Height      457 non - null object
Weight      457 non - null float64
College     373 non - null object
Salary      446 non - null float64
dtypes: float64(4), object(5)
memory usage: 32.3 + KB
None
```

2.3.6 Pandas JSON

JSON(JavaScript Object Notation,JavaScript 对象表示法)是存储和交换文本信息的语法,类似 XML。JSON 比 XML 更小,更快,更易解析,Pandas 可以很方便地处理 JSON 数据。例如:

```
import pandas as pd
df = pd.read_json('sites.json')
print(df.to_string())
```

to_string()用于返回 DataFrame 类型的数据,也可以直接处理 JSON 字符串。

```
import pandas as pd
data = [
    {
      "id": "A001",
      "name": "Python 教程",
      "url": "www.python.org",
      "likes": 61
    },
    {
      "id": "A002",
      "name": "meituan",
      "url": "www.meituan.com",
      "likes": 124
    },
    {
      "id": "A003",
      "name": "淘宝",
      "url": "www.taobao.com",
      "likes": 45
    }
]
df = pd.DataFrame(data)
print(df)
```

运行程序,输出如下。

```
     id     likes    name         url
0    A001   61       Python 教程    www.python.org
1    A002   124      meituan      www.meituan.com
2    A003   45       淘宝           www.taobao.com
```

JSON 对象与 Python 字典具有相同的格式,所以可以直接将 Python 字典转换为
DataFrame 数据,例如:

```
import pandas as pd
#字典格式的 JSON
s = {
    "col1":{"column1":1,"column2":2,"column3":3},
    "col2":{"column1":"x","column2":"y","column3":"z"}
}
# 读取 JSON 转换为 DataFrame
df = pd.DataFrame(s)
print(df)
```

运行程序,输出如下。

```
          col1     col2
column1    1        x
column2    2        y
column3    3        z
```

此外,还可以从 URL 中读取 JOSN 数据,例如:

```
import pandas as pd
```

```
URL = 'https://static.runoob.com/download/sites.json'
df = pd.read_json(URL)
print(df)
```

运行程序,输出如下。

```
     id    likes      name           url
0   A001   61      菜鸟教程      www.runoob.com
1   A002   124     Google      www.google.com
2   A003   45      淘宝         www.taobao.com
```

假设有一组内嵌的 JSON 数据文件 nested_list.json,使用以下代码格式化完整内容。

```
import pandas as pd
df = pd.read_json('nested_list.json')
print(df)
```

运行程序,输出如下。

```
     class       school_name \
0    Year 1      ABC primary school
1    Year 1      ABC primary school
2    Year 1      ABC primary school

                                          students
0    {'id': 'A001', 'name': 'Tom', 'math': 60, 'phy...
1    {'id': 'A002', 'name': 'James', 'math': 89, 'p...
2    {'id': 'A003', 'name': 'Jenny', 'math': 79, 'p...
```

2.3.7 Pandas 数据清洗

数据清洗是对一些没有用的数据进行处理的过程。很多数据集存在数据缺失、数据格式错误、错误数据或重复数据的情况,如果要使数据分析更加准确,就需要对这些没有用的数据进行处理。在本节中,将利用 Pandas 包来进行数据清洗。实例中使用到的测试数据为 property-data.csv,可在根文件夹下打开该文件。文件中包含 n/a、NA、-、na 四种空数据。

1. Pandas 清洗空值

如果要删除包含空字段的行,可以使用 dropna()方法,语法格式如下。

```
DataFrame.dropna(axis = 0, how = 'any', thresh = None, subset = None, inplace = False)
```

其中,各参数含义如下。

- axis:默认为 0,表示逢空值剔除整行。如果设置参数 axis=1,表示逢空值去掉整列。
- how:默认为'any',表示如果一行(或一列)里任何一个数据出现 NA 就去掉整行(或列)。如果设置 how='all',表示一行(或列)都是 NA 时才去掉这整行(或列)。
- thresh:设置需要多少非空值的数据才可以保留下来。
- subset:设置想要检查的列。如果是多个列,可以使用列名的 list 作为参数。
- inplace:如果设置为 True,将计算得到的值直接覆盖之前的值并返回 None,修改的是源数据。

首先,可以通过 isnull()判断各个单元格是否为空。

```
import pandas as pd
df = pd.read_csv('property - data.csv')
print(df['NUM_BEDROOMS'])
print(df['NUM_BEDROOMS'].isnull())
0        3
```

```
1     3
2     n/a                #不当作空值
3     1
4     3
5     NaN                #当作空值
6     2
7     1
8     na                 #不当作空值
Name: NUM_BEDROOMS, dtype: object
0     False
1     False
2     False
3     False
4     False
5     True               #把第6个数据NaN当作空格
6     False
7     False
8     False
Name: NUM_BEDROOMS, dtype: bool
```

从以上结果看到,Pandas把NaN当作空数据,N/A和NA不是空数据,不符合要求,因此,需要指定空数据类型,例如:

```
missing_values = ["n/a", "na", " -- "]
df = pd.read_csv('property - data.csv', na_values = missing_values)
print(df['NUM_BEDROOMS'])
print(df['NUM_BEDROOMS'].isnull())
0     3.0
1     3.0
2     NaN                #当作空值
3     1.0
4     3.0
5     NaN                #当作空值
6     2.0
7     1.0
8     NaN                #当作空值
Name: NUM_BEDROOMS, dtype: float64
0     False
1     False
2      True              #第3条为空值
3     False
4     False
5      True              #第6条为空值
6     False
7     False
8      True              #第9条为空值
Name: NUM_BEDROOMS, dtype: bool
```

接下来的代码演示了利用dropna()方法删除包含空数据的行。

```
df = pd.read_csv('property - data.csv')
new_df = df.dropna()
print(new_df.to_string())
        PID       ST_NUM    ST_NAME OWN_OCCUPIED NUM_BEDROOMS NUM_BATH  SQ_FT
0  100001000.0    104.0    PUTNAM       Y            3           1      1000
1  100002000.0    197.0    LEXINGTON    N            3           1.5     --
8  100009000.0    215.0    TREMONT      Y            na          2      1800
```

提示：默认情况下，dropna()方法返回一个新的 DataFrame，不会修改源数据。如果要修改源数据 DataFrame，可以使用 inplace＝True 参数，例如：

```
f = pd.read_csv('property-data.csv')
df.dropna(inplace = True)
print(df.to_string())
```

也可以移除指定列有空值的行，例如：

```
# 移除 ST_NUM 列中字段值为空的行
df = pd.read_csv('property-data.csv')
df.dropna(subset = ['ST_NUM'], inplace = True)
print(df.to_string())
```

	PID	ST_NUM	ST_NAME	OWN_OCCUPIED	NUM_BEDROOMS	NUM_BATH	SQ_FT
0	100001000.0	104.0	PUTNAM	Y	3	1	1000
1	100002000.0	197.0	LEXINGTON	N	3	1.5	--
3	100004000.0	201.0	BERKELEY	12	1	NaN	700
4	NaN	203.0	BERKELEY	Y	3	2	1600
5	100006000.0	207.0	BERKELEY	Y	NaN	1	800
7	100008000.0	213.0	TREMONT	Y	1	1	NaN
8	100009000.0	215.0	TREMONT	Y	na	2	1800

也可以使用 fillna()方法来替换一些空字段，例如：

```
# 使用 abcde 替换空字段
df = pd.read_csv('property-data.csv')
df.fillna('abcde', inplace = True)
print(df.to_string())
```

	PID	ST_NUM	ST_NAME	OWN_OCCUPIED	NUM_BEDROOMS	NUM_BATH	SQ_FT
0	100001000.0	104.0	PUTNAM	Y	3	1	1000
1	100002000.0	197.0	LEXINGTON	N	3	1.5	--
2	100003000.0	abcde	LEXINGTON	N	abcde	1	850
3	100004000.0	201.0	BERKELEY	12	1	abcde	700
4	abcde	203.0	BERKELEY	Y	3	2	1600
5	100006000.0	207.0	BERKELEY	Y	abcde	1	800
6	100007000.0	abcde	WASHINGTON	abcde	2	HURLEY	950
7	100008000.0	213.0	TREMONT	Y	1	1	abcde
8	100009000.0	215.0	TREMONT	Y	na	2	1800

还可以指定某一个列来替换数据，例如：

```
# 使用 abcde 替换 PID 为空数据
df = pd.read_csv('property-data.csv')
df['PID'].fillna('abcde', inplace = True)
print(df.to_string())
```

	PID	ST_NUM	ST_NAME	OWN_OCCUPIED	NUM_BEDROOMS	NUM_BATH	SQ_FT
0	1.00001e+08	104.0	PUTNAM	Y	3	1	1000
1	1.00002e+08	197.0	LEXINGTON	N	3	1.5	--
2	1.00003e+08	NaN	LEXINGTON	N	n/a	1	850
3	1.00004e+08	201.0	BERKELEY	12	1	NaN	700
4	abcde	203.0	BERKELEY	Y	3	2	1600
5	1.00006e+08	207.0	BERKELEY	Y	NaN	1	800
6	1.00007e+08	NaN	WASHINGTON	NaN	2	HURLEY	950
7	1.00008e+08	213.0	TREMONT	Y	1	1	NaN
8	1.00009e+08	215.0	TREMONT	Y	na	2	1800

Pandas 使用 mean()、median()和 mode()方法计算列的均值（所有值加起来的平均值）、中位数值（排序后排在中间的数）和众数（出现频率最高的数）。

```
# 使用 mean() 方法计算列的均值并替换空单元格
df = pd.read_csv('property-data.csv')
x = df["ST_NUM"].mean()
df["ST_NUM"].fillna(x, inplace = True)
print(df.to_string())
```

	PID	ST_NUM	ST_NAME	OWN_OCCUPIED	NUM_BEDROOMS	NUM_BATH	SQ_FT
0	100001000.0	104.000000	PUTNAM	Y	3	1	1000
1	100002000.0	197.000000	LEXINGTON	N	3	1.5	--
2	100003000.0	191.428571	LEXINGTON	N	n/a	1	850
3	100004000.0	201.000000	BERKELEY	12	1	NaN	700
4	NaN	203.000000	BERKELEY	Y	3	2	1600
5	100006000.0	207.000000	BERKELEY	Y	NaN	1	800
6	100007000.0	191.428571	WASHINGTON	NaN	2	HURLEY	950
7	100008000.0	213.000000	TREMONT	Y	1	1	NaN
8	100009000.0	215.000000	TREMONT	Y	na	2	1800

其他两个函数的用法与 mean() 函数一致。

2. Pandas 清洗格式错误数据

数据格式错误的单元格会使数据分析变得困难,甚至不可能。可以通过包含空单元格的行,或者将列中的所有单元格转换为相同格式的数据。

【例 2-52】 自动纠正格式日期。

```
import pandas as pd
# 第三个日期格式错误
data = {
  "Date": ['2022/10/01', '2022/10/02', '20221016'],
  "duration": [50, 40, 45]
}
df = pd.DataFrame(data, index = ["day1", "day2", "day3"])
df['Date'] = pd.to_datetime(df['Date'])
print(df.to_string())
```

运行程序,输出如下。

```
         Date         duration
day1 2022-10-01         50
day2 2022-10-02         40
day3 2022-10-16         45
```

3. Pandas 清洗错误数据

数据错误也是很常见的情况,可以对错误的数据进行替换或移除。

【例 2-53】 清洗错误数据演示。

```
# 替换错误年龄的数据
import pandas as pd
person = {
  "name": ['Google', 'Python', 'Taobao'],
  "age": [52, 15, 12345]              # 年龄数据 12345 是错误的
}
df = pd.DataFrame(person)
df.loc[2, 'age'] = 32                 # 修改数据
print(df.to_string())
   age     name
0  52      Google
1  15      Python
2  32      Taobao
```

```
# 也可以设置条件语句
person = {
  "name": ['Google', 'Python', 'Taobao'],
  "age": [52, 160, 12345]
}
df = pd.DataFrame(person)
for x in df.index:
  if df.loc[x, "age"] > 110:
    df.loc[x, "age"] = 110
print(df.to_string())
    age      name
0   52       Google
1   110      Python
2   110      Taobao
```

```
# 也可以将错误数据的行删除
person = {
  "name": ['Google', 'Python', 'Taobao'],
  "age": [50, 30, 12345]                          # 年龄数据 12345 是错误的
}
df = pd.DataFrame(person)
for x in df.index:
  if df.loc[x, "age"] > 100:
    df.drop(x, inplace = True)
print(df.to_string())
    age      name
0   50       Google
1   30       Python
```

4. Pandas 清洗重复数据

如果要清洗重复数据,可以使用 duplicated() 和 drop_duplicates() 方法。如果对应的数据是重复的,duplicated() 会返回 True,否则返回 False。

【例 2-54】 清洗重复数据演示。

```
import pandas as pd
person = {
  "name": ['Google', 'Python', 'Taobao', 'Taobao'],
  "age": [50, 20, 23, 23]
}
df = pd.DataFrame(person)
print(df.duplicated())
0    False
1    False
2    False
3    True
dtype: bool
# 删除重复数据,可以直接使用 drop_duplicates() 方法
df = pd.DataFrame(persons)
df.drop_duplicates(inplace = True)
print(df)
    age      name
0   50       Google
1   20       Python
2   23       Taobao
```

第 **3** 章

Python图形用户界面

本章主要介绍图形界面。在介绍 Python 图形界面编程前,首先简单介绍一下 Python 的图形界面库。Python 提供了多个图形开发界面的库,几个常用 Python GUI 库如下。

(1) Tkinter:Tkinter 模块(Tk 接口)是 Python 的标准 Tk GUI 工具包的接口,Tk 和 Tkinter 可以在大多数的 UNIX 平台下使用,同样可以应用在 Windows 和 macOS 中。

(2) wxPython:wxPython 是一款开源软件,是 Python 语言的一套优秀的 GUI 图形库,允许 Python 程序员很方便地创建完整的、功能健全的 GUI。

(3) Jython:Jython 程序可以和 Java 无缝集成。除了一些标准模块,Jython 还使用 Java 的模块。Jython 几乎拥有标准的 Python 中不依赖于 C 语言的全部模块。例如,Jython 的用户界面将使用 Swing、AWT 或者 SWT。Jython 可以被动态或静态地编译成 Java 字节码。

其中,Tkinter 是 Python 的标准 GUI 库。Python 使用 Tkinter 可以快速地创建 GUI 应用程序。

由于 Tkinter 是内置到 Python 的安装包中,只要安装好 Python 之后就能导入 Tkinter 库,而且 IDLE 也是用 Tkinter 编写而成的,对于简单的图形界面,Tkinter 能应付自如。导入 Tkinter 库的方法为:

```
import tkinter
```

在开始 GUI 编程之前,需要先了解几个概念:窗体控件、事件驱动、布局管理。

(1) 窗体控件:包括窗体、标签、按钮、列表框、滚动条等。

(2) 事件驱动:单击按钮及释放、鼠标移动、按回车键等。

(3) 布局管理:Tk 有 3 种布局管理器,分别为 Placer、Packer、Grid。

3.1 布局管理

GUI 编程就相当于搭积木,每个积木块应该放在哪里,每个积木块显示为多大,也就是对大小和位置都需要进行管理,而布局管理器正是负责管理各组件的大小和位置的。此外,当用户调整了窗口的大小后,布局管理器还会自动调整窗口中各组件的大小和位置。

3.1.1 Pack 布局管理器

如果使用 Pack 布局,那么当程序向容器中添加组件时,这些组件会依次向后排列,排列方向既可以是水平的,也可以是垂直的。

【例 3-1】 利用 Pack 布局管理器制作钢琴的布局。

```python
"""
Pack 布局
"""
from tkinter import *
from tkinter import messagebox
import random
import matplotlib.pyplot as plt                # plt 用于显示图片
# matplotlib inline
class Application(Frame):
    def __init__(self, mester = None):
        super().__init__(mester)
        self.mester = mester
        self.pack()
        self.creatWidget()
    def creatWidget(self):
        f1 = Frame(root)
        f1.pack()
        f2 = Frame(root)
        f2.pack()
        btnText = ('公平', '民主', '开放', '自由', '法治', '正义')
        for txt in btnText:
            Button(f1, text = txt).pack(side = 'left', padx = '10')
        for i in range(1, 15):
            Label(f2, width = 4, height = 10, borderwidth = 1, relief = 'solid',
                bg = 'black' if i % 2 == 0 else 'white').pack(side = 'left', padx = '1')
if __name__ == '__main__':
    root = Tk()
    root.geometry('400x200 + 200 + 200')
    app = Application(mester = root)
    root.mainloop()
```

运行程序,效果如图 3-1 所示。

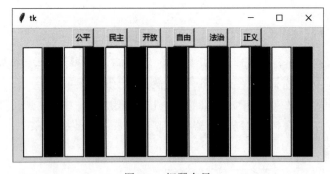

图 3-1　钢琴布局

pack()方法通常可支持如下选项。

- anchor:当可用空间大于组件所需求的大小时,该选项决定组件被放置在容器的何处。该选项支持 N(北,代表上)、E(东,代表右)、S(南,代表下)、W(西,代表左)、NW(西北,代表左上)、NE(东北,代表右上)、SW(西南,代表左下)、SE(东南,代表右下)、CENTER(中,默认值)这些值。

- expand：该 bool 值指定当父容器增大时是否拉伸组件。
- fill：设置组件是否沿水平或垂直方向填充。该选项支持 NONE、X、Y、BOTH 四个值，其中，NONE 表示不填充，BOTH 表示沿着两个方向填充。
- ipadx：指定组件在 x 方向（水平）上的内部留白（padding）。
- ipady：指定组件在 y 方向（垂直）上的内部留白（padding）。
- padx：指定组件在 x 方向（水平）上与其他组件的间距。
- pady：指定组件在 y 方向（垂直）上与其他组件的间距。
- side：设置组件的添加位置，可以设置为 TOP、BOTTOM、LEFT 或 RIGHT 这四个值的其中之一。

3.1.2　Grid 布局管理器

Grid 布局管理器可以说是 Tkinter 这三个布局管理器中最灵活多变的。使用一个 Grid 就可以简单地实现用很多个框架和 Pack 搭建起来的效果。

Grid 把组件空间分解成一个网格进行维护，即按照行、列的方式排列组件，组件位置由其所在的行号和列号决定；行号相同而列号不同的几个组件会被依次上下排列，列号相同而行号不同的几个组件会被依次左右排列。

在 Python 程序中，调用 grid() 方法进行 Grid 布局。在调用 grid() 方法时可传入多个选项，该方法支持的 ipadx、ipady、pady 与 pack() 方法的这些选项相同。而 grid() 方法额外增加了如下选项。

- column：单元格的列号为从 0 开始的正整数。
- columnspan：跨列，跨越的列数，正整数。
- row：单元格的行号为从 0 开始的正整数。
- rowspan：跨行，跨越的行数，正整数。
- sticky：组件紧贴所在单元格的某一角，该选项支持 N（北，代表上）、E（东，代表右）、S（南，代表下）、W（西，代表左）、NW（西北，代表左上）、NE（东北，代表右上）、SW（西南，代表左下）、SE（东南，代表右下）、CENTER（中，默认值）这些值。

【例 3-2】　利用 Grid 布局管理器设计一个计算器界面。

```
"""Grid 布局管理器"""
# coding:utf - 8
from tkinter import *
from tkinter import messagebox
import random

class Application(Frame):
    """一个经典的 GUI 程序类写法"""
    def __init__(self, master = None):
        super().__init__(master) # super 代表的是父类的定义,而不是父类的对象
        self.master = master
        self.pack()
        self.createWidget()

    def createWidget(self):
        btnText = (('MC', 'M+', 'M-', 'MR'), ('C', '±','÷','×'), ('7','8','9','-'), ('4','5',
'6','+'), ('1','2','3', '='),('0','·'))
```

```
        Entry(self).grid(row = 0, column = 0, columnspan = 4)
        for rindex,r in enumerate(btnText):
            for cindex,c in enumerate(r):
                if c == '=':
                    Button(self, text = c, width = 2).grid(row = rindex + 1, column =
cindex, rowspan = 2, sticky = NSEW)
                elif c == '0':
                    Button(self, text = c, width = 2).grid(row = rindex + 1, column =
cindex, columnspan = 2, sticky = NSEW)
                elif c == '·':
                    Button(self, text = c, width = 2).grid(row = rindex + 1, column =
cindex + 1, sticky = NSEW)
                else:
                    Button(self, text = c, width = 2).grid(row = rindex + 1, column =
cindex, sticky = NSEW)
if __name__ == "__main__":
    root = Tk()
    root.geometry("170x220 + 200 + 300")
    root.title('canvas')
    app = Application(master = root)
    root.mainloop()
```

运行程序,效果如图 3-2 所示。

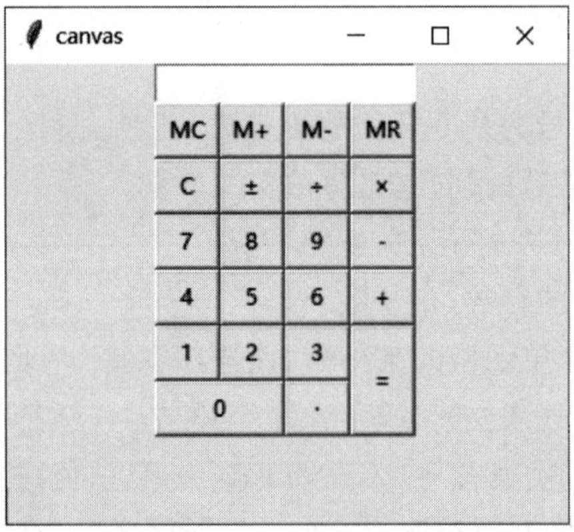

图 3-2 计算器界面

3.1.3 Place 布局管理器

Place 布局就是其他 GUI 编程中的"绝对布局",这种布局方式要求程序显式指定每个组件的绝对位置或相对于其他组件的位置。

如果要使用 Place 布局,调用相应组件的 place()方法即可。在使用该方法时同样支持一些详细的选项,关于这些选项的介绍如下。

- x:指定组件的 X 坐标。x 为 0,代表位于最左边。
- y:指定组件的 Y 坐标。y 为 0,代表位于最右边。
- relx:指定组件的 X 坐标,以父容器总宽度为单位 1,该值应该为 0.0~1.0,其中,0.0 代表位于窗口最左边,1.0 代表位于窗口最右边,0.5 代表位于窗口中间。
- rely:指定组件的 Y 坐标,以父容器总宽度为单位 1,该值应该为 0.0~1.0,其中,0.0 代表位于窗口最上边,1.0 代表位于窗口最下边,0.5 代表位于窗口中间。

- width：指定组件的宽度，以 pixel 为单位。

- height：指定组件的高度，以 pixel 为单位。

- relwidth：指定组件的宽度，以父容器总宽度为单位 1，该值应该为 0.0～1.0，其中，1.0 代表整个窗口宽度，0.5 代表窗口的一半宽度。

- relheight：指定组件的高度，以父容器总高度为单位 1，该值应该为 0.0～1.0，其中，1.0 代表整个窗口高度，0.5 代表窗口的一半高度。

- bordermode：该属性支持"inside"或"outside"属性值，用于指定当设置组件的宽度、高度时是否计算该组件的边框宽度。

【例 3-3】 Place 布局管理实现。

```
"""
 Place 布局管理器
"""
from tkinter import *
from tkinter import messagebox
import random

class Application(Frame):
    def __init__(self, mester = None):
        super().__init__(mester)
        self.mester = mester
        self.pack()
        self.creatWidget()

    def creatWidget(self):
        self.photo1 = PhotoImage(file = '2.gif')
        self.puks01 = Label(root, image = self.photo1)
        self.puks01.place(x = 20, y = 50)
        self.photo2 = PhotoImage(file = '11.gif')
        self.pukse02 = Label(root, image = self.photo2)
        self.pukse02.place(x = 300, y = 50)
        self.puks01.bind_class('Label', '< Button - 1 >', self.chupai)
        self.pukse02.bind_class('Label', '< 1 >', self.chupai)
        # 为所有的 Label 增加事件处理

    def chupai(self, event):
        print(event.widget.winfo_geometry())
        print(event.widget.winfo_y())
        if event.widget.winfo_y() == 50:
            event.widget.place(y = 30)
        else:
            event.widget.place(y = 50)

if __name__ == '__main__':
    root = Tk()
    root.geometry('800x400 + 500 + 500')
    app = Application(mester = root)
    root.mainloop()
```

运行程序，效果如图 3-3 所示。

图 3-3　图片的上下管理

3.2　Tkinter 常用组件

Tkinter 中,每个组件都是一个类,创建某个组件其实就是将这个类实例化。在实例化的过程中,可以通过构造函数给组件设置一些属性,同时还必须给该组件指定一个父容器,意即该组件放置何处。最后,还需要给组件设置一个几何管理器(布局管理器)。解决了放哪里的问题,还需要解决怎么放的问题,而布局管理器就是解决怎么放问题的,即设置子组件在父容器中的放置位置。

3.2.1　Variable 类

Tkinter 支持将很多 GUI 组件与变量进行双向绑定,执行这种双向绑定后编程非常方便。
- 如果程序改变变量的值,GUI 组件的显示内容或值会随之改变。
- 当 GUI 组件的内容发生改变时(如用户输入),变量的值也会随之改变。

为了让 Tkinter 组件与变量进行双向绑定,只要为这些组件指定 variable(通常绑定组件的 value)、textvariable(通常绑定组件显示的文本)等属性即可。但这种双向绑定有一个限制,就是 Tkinter 不允许将组件和普通变量进行绑定,只能和 Tkinter 包下 Variable 类的子类进行绑定。该类包含如下几个子类。
- StringVar():用于包装 str 值的变量。
- IntVar():用于包装整型值的变量。
- DoubleVar():用于包装浮点值的变量。
- BooleanVar():用于包装 bool 值的变量。

对于 variable 变量而言,如果要设置其保存的变量值,则使用它的 set()方法;如果要得到其保存的变量值,则使用它的 get()方法。

【例 3-4】　将 Entry 组件与 StringVar 进行双向绑定。

程序既可以通过该 StringVar 改变 Entry 输入框显示的内容,也可以通过该 StringVar 获取 Entry 输入框中的内容。

```
from tkinter import *
from tkinter import ttk                          # 导入 ttk
class App:
```

```
    def __init__(self, master):
        self.master = master
        self.initWidgets()
    def initWidgets(self):
        self.st = StringVar()
        #创建 Entry 组件,将其 textvariable 绑定到 self.st 变量
        ttk.Entry(self.master, textvariable = self.st,
            width = 24,
            font = ('StSong', 20, 'bold'),
            foreground = 'red').pack(fill = BOTH, expand = YES)
        #创建 Frame 作为容器
        f = Frame(self.master)
        f.pack()
        #创建两个按钮,将其放入 Frame 中
        ttk.Button(f, text = '改变', command = self.change).pack(side = LEFT)
        ttk.Button(f, text = '获取', command = self.get).pack(side = LEFT)
    def change(self):
        books = ('图形用户界面', 'Tkinter 组件', 'Variable 类')
        import random
        #改变 self.st 变量的值,与之绑定的 Entry 的内容随之改变
        self.st.set(books[random.randint(0, 2)])
    def get(self):
        from tkinter import messagebox
        #获取 self.st 变量的值,实际上就是获取与之绑定的 Entry 中的内容
        #并使用消息框显示 self.st 变量的值
        messagebox.showinfo(title = '输入内容', message = self.st.get() )
root = Tk()
root.title("variable 测试")
App(root)
root.mainloop()
```

运行程序,界面如图 3-4 所示。单击界面中的“改变”按钮,将可以看到输入框中的内容会随之改变;如果单击界面上的“获取”按钮,将会看到程序弹出一个消息框,显示了用户在 Entry 输入框中输入的内容。

图 3-4　Entry 组件双向绑定

3.2.2　compound 选项

在 Python 中,可以为按钮或 Label 等组件同时指定文本(text)与图片(image)两个选项,其中,text 用于指定该组件上的文本;image 用于显示该组件上的图片,当同时指定这两个选项时,通常 image 会覆盖 text。但在某些时候,我们希望该组件能同时显示文本和图片,此时就需要通过 compound 选项进行控制。

compound 选项支持如下属性值。

- None:图片覆盖文字。
- LEFT 常量(值为 'left' 字符串):图片在左,文本在右。
- RIGHT 常量(值为 'right' 字符串):图片在右,文本在左。

- TOP 常量（值为'top'字符串）：图片在上，文本在下。
- BOTTOM 常量（值为'bottom'字符串）：图片在下，文本在上。
- CENTER 常量（值为'center'字符串）：文本在图片上方。

【例 3-5】 利用 compound 选项同时使用图片和文字。

```python
from tkinter import *
root = Tk()
root.title("Label 测试")
img = PhotoImage(file = "2.gif")
stext = "Python 简单、易学"
#图片位于文字左侧
label1 = Label(root, image = img, text = stext, compound = "left", bg = "lightyellow")
label1.pack()
#图片位于文字右侧
label2 = Label(root, image = img, text = stext, compound = "right", bg = "lightcyan")
label2.pack()
#图片位于文字上方
label3 = Label(root, image = img, text = stext, compound = "top", bg = "lightgreen")
label3.pack()
#图片位于文字下方
label4 = Label(root, image = img, text = stext, compound = "bottom", bg = "lightgray")
label4.pack()
# 文字覆盖图片中央，可作背景图片
label5 = Label(root, image = img, text = stext, compound = "center", bg = "lightblue", fg = "white", font = ("微软雅黑", 24))
label5.pack()
root.mainloop()
```

运行程序，效果如图 3-5 所示。

图 3-5　compound 选项

3.2.3　Entry 与 Text 组件

Entry 组件仅允许用于输入一行文本,如果用于输入的字符串长度比该组件可显示空间更长,那内容将被滚动。这意味着该字符串将不能被全部看到(可以用鼠标或键盘的方向键调整文本的可见范围)。如果希望接收多行文本的输入,可以使用 Text 组件。

不管是 Entry 还是 Text 组件,程序都提供了 get()方法来获取文本框中的内容;但如果程序要改变文本框中的内容,则需要调用二者的 insert()方法来实现。

如果要删除 Entry 或 Text 组件中的部分内容,则可通过 delete(self,first,last＝None)方法实现,该方法指定删除从 first 到 last 之间的内容。

但两者之间支持的索引是不同的,由于 Entry 是单行文本框组件,因此它的索引很简单,例如,要指定第 4~8 个字符,将索引指定为(3,8)即可。但 Text 是多行文本框组件,因此它的索引需要同时指定行号和列号,例如,1.0 代表第 1 行、第 1 列(行号从 1 开始,列号从 0 开始),如果要指定第 2 行第 3 个字符到第 3 行第 7 个字符,索引应指定为(2.2,3.6)。

提示:Entry 支持双向绑定。

【例 3-6】 将 Entry 中用户输入的字符串在 Text 文本框中显示,其中触发不同按钮,用户输入的内容将插入在与之相应的不同位置。

```
import tkinter as tk
window = tk.Tk()
window.title('Entry 与 Text 测试')
window.geometry('200x200')
e = tk.Entry(window,show = '＊')
# Entry 的第一个参数是父窗口,即这里的 window
# ＊表示输入的文本变为星号,在 Entry 中为不可见内容,如果为 None 则表示输入文本以原形式可见
e.pack()
def insert_point():
    var = e.get()
    t.insert('insert',var)
def insert_end():
    var = e.get()
    t.insert('end',var)
#这里的 end 表示插入到结尾,可以换为 1.2,则插入在第 1 行第 2 位后面
b1 = tk.Button(window,text = '插入点',width = 15,height = 2,command = insert_point)
b1.pack()
b2 = tk.Button(window,text = '插入端',width = 15,height = 2,command = insert_end)
b2.pack()
t = tk.Text(window,height = 2)        #这里设置文本框高,可以容纳两行
t.pack()
window.mainloop()
```

运行程序,效果如图 3-6 所示。

图 3-6　Entry 与 Text 测试效果

3.2.4　Checkbutton 组件

Checkbutton(多选按钮)组件用于实现确定是否选择的按钮。Checkbutton 组件可以包含文本或图像,可以将一个 Python 的函数或方法与之相关联,当按钮被按下时,对应的函数或方法将被自动执行。

Checkbutton 组件仅能显示单一字体的文本,但文本可以跨越多行。另外,还可以为其中的个别字符加上下画线(例如,用于表示键盘快捷键)。默认情况下,Tab 键被用于在按钮间切换。

Checkbutton 组件被用于作为二选一的按钮(通常为选择"开"或"关"的状态),当希望表达"多选多"选项的时候,可以将一系列 Checkbutton 组合起来使用。但是处理"多选一"的问题时,还是交给 Radiobutton 和 Listbox 组件来实现更合理。

【例 3-7】　创建 Checkbutton 复选框。

```
from tkinter import *
tk = Tk()
label = Label(tk, text = "你最喜欢的计算机语言", bg = "yellow", fg = "blue", width = 30)
label.grid(row = 0)
var1 = IntVar()
cbtn1 = Checkbutton(tk, text = "Python", variable = var1)
cbtn1.grid(row = 1, sticky = W)
var2 = IntVar()
cbtn2 = Checkbutton(tk, text = "MATLAB", variable = var2)
cbtn2.grid(row = 2, sticky = W)
var3 = IntVar()
cbtn3 = Checkbutton(tk, text = "TensorFlow", variable = var3)
cbtn3.grid(row = 3, sticky = W)
tk.mainloop()
```

运行程序,效果如图 3-7 所示。

图 3-7　复选按钮

3.2.5　Radiobutton 组件

Radiobutton 组件跟 Checkbutton 组件的用法基本一致,唯一不同的是 Radiobutton 实现的是"单选"的效果。

要实现这种互斥的效果,同组内的所有 Radiobutton 只能共享一个 Variable 选项,并且需要设置不同的 Value 选项值。

【例 3-8】　利用 Radiobutton 组件创建单选按钮组。

```
import tkinter as tk
root = tk.Tk()
v = tk.IntVar()
v.set(1)
# 如果 set 的括号里是 1 的话,一开始的默认选项在 1;如果括号里是 2 的话,默认选项在 2;如果超过了
# 4,则没有默认选项
langs = [("One",1),("Two",2),("Three",3)]
for lang,num in langs:
    tk.Radiobutton(root,text = lang,variable = v,value = num).pack(anchor = tk.W)
tk.mainloop()
```

运行程序,效果如图 3-8 所示。

图 3-8 是一个单选按钮样式,如果将它的 indicatoron 选项设置为 False,Radiobutton 的样式就会变成普通按钮的样式了,如图 3-9 所示。

```
#在 for 循环中进行改动
for text in texts:
    tk.Radiobutton(root,text = text,variable = v,value = i,indicatoron = False).pack(fill = tk.X)
    i += 1
```

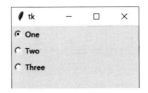 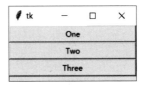

图 3-8 单选按钮　　　　　　　　　　图 3-9 改成普通按钮形式

3.2.6 Listbox 和 Combobox 组件

Listbox 代表一个列表框,用户可通过列表框来选择一个列表项。ttk 模块下的 Combobox 则是 Listbox 的改进版,它既提供了单行文本框让用户直接输入(就像 Entry 一样),也提供了下拉列表框供用户选择(就像 Listbox 一样),因此它被称为复合框。

程序创建 Listbox 需要以下两步。

(1) 创建 Listbox 对象,并为之执行各种选项。Listbox 除支持大部分通用选项之外,还支持 selectmode 选项,用于设置 Listbox 的选择模式。

(2) 调用 Listbox 的 insert(self,index, * elements)方法来添加选项。从最后一个参数可以看出,该方法既可每次添加一个选项,也可传入多个参数,每次添加多个选项。index 参数指定选项的插入位置,它支持 END(结尾处)、ANCHOR(当前位置)和 ACTIVE(选中处)等特殊索引。

Listbox 的 selectmode 支持的选择模式有如下几种。

(1) 'browse':单选模式,支持按住鼠标键拖动来改变选择。

(2) 'multiple':多边模式。

(3) 'single':单边模式,必须通过鼠标键单击来改变选择。

(4) 'extended':扩展的多边模式,必须通过 Ctrl 或 Shift 键辅助实现多选。

【例 3-9】 利用 Listbox 和 Combobox 组件创建界面。

```
#用户界面
import os
from tkinter import *
from tkinter import ttk


root = Tk()
root.title("window")
root.geometry('500x500')
#创建标签
var1 = StringVar()
l = Label(root, bg = 'green', fg = 'pink',font = ('Arial', 12), width = 10, textvariable = var1)
l.pack()
#列表框单击事件
def print_lb1():
    value = lb1.get(lb1.curselection())
    var1.set(value)
#列表框单击按钮
b1 = Button(root,text = '打印选择的事件 lb',width = 18,height = 2,command = print_lb1)
```

```
b1.pack()
# 创建 Listbox
var_lb1 = StringVar()
var_lb1.set(('C30','C35','C40'))
lb1 = Listbox(root,listvariable = var_lb1)
lb1.pack()

# 组合框单击事件
def print_cb1():
    value = cb1.get()
    var1.set(value)
# 组合框单击按钮
b2 = Button(root,text = '打印选择的事件 cb',width = 18,height = 2,command = print_cb1)
b2.pack()
# 创建 Combobox
var_cb1 = StringVar()
var_cb1.set('请选择混凝土标号')
cb1 = ttk.Combobox(root,textvariable = var_cb1)
cb1['values'] = ['C30','C35','C40']
cb1.pack()
# 事件循环
root.mainloop()
```

运行程序,效果如图 3-10 所示。

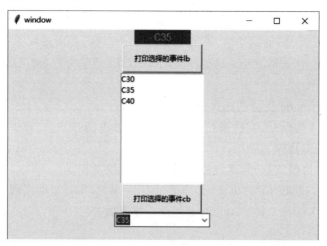

图 3-10　Listbox 和 Combobox 组件界面

3.2.7　Spinbox 组件

Spinbox 组件是一个带有两个小箭头的文本框,用户既可以通过两个小箭头上下调整该组件内的值,也可以直接在文本框内输入内容作为该组件的值。

Spinbox 本质上也相当于持有一个列表框,这一点类似于 Combobox,但 Spinbox 不会展开下拉列表供用户选择。Spinbox 只能通过向上、向下箭头来选择不同的选项。

在使用 Spinbox 组件时,既可通过 from(由于 from 是关键字,实际使用时写成 from_)、to、increment 选项来指定选项列表,也可通过 values 选项来指定多个列表项,该选项的值可以是 list 或 tuple。

Spinbox 同样可通过 textvariable 选项将它与指定变量绑定,这样程序即可通过该变量来获取或修改 Spinbox 组件的值。

Spinbox 还可通过 command 选项指定事件处理函数或方法：当用户单击 Spinbox 的向上、向下箭头时，程序就会触发 command 选项指定的事件处理函数或方法。

【例 3-10】 Spinbox 组件创建界面。

```
'''
打印 Spinbox 的当前内容
get:此方法取得当前显示的内容
'''
from tkinter import *
root = Tk()
def printSpin():
    ♯使用 get()方法得到当前的显示值
    print(sb.get())
sb = Spinbox(root, from_ = 0, to = 10, command = printSpin)
sb.pack()
root.mainloop()
♯每次单击 Spinbox 按钮时就会调用 printSpin()函数,打印出 Spinbox
♯的当前值
```

图 3-11　Spinbox 组件界面

运行程序，效果如图 3-11 所示。

3.2.8　Scale 和 LabeledScale 组件

Scale 组件代表一个滑动条，可以为该滑动条设置最小值和最大值，也可以设置滑动条每次调节的步长。Scale 组件支持如下选项。

- from：设置该 Scale 的最小值。
- to：设置该 Scale 的最大值。
- resolution：设置该 Scale 滑动时的步长。
- label：为 Scale 组件设置标签内容。
- length：设置轨道的长度。
- width：设置轨道的宽度。
- troughcolor：设置轨道的背景色。
- sliderlength：设置轨道的长度。
- sliderrelief：设置滑块的立体样式。
- showvalue：设置是否显示当前值。
- orient：设置方向。该选项支持 vertical 和 horizontal 两个值。
- digits：设置有效数字至少要有几位。
- variable：用于与变量进行绑定。
- command：用于为该 Scale 组件绑定事件处理、函数或方法。

Scale 组件同样支持 variable 进行变量绑定，也支持使用 command 选项绑定事件处理函数或方法，这样每当用户拖动滑动条上的滑块时，都会触发 command 绑定的事件处理方法，不过 Scale 的事件处理方法除外，它可以额外定义一个参数，用于获取 Scale 的当前值。

而对于 LabeledScale 组件，如果使用 ttk.Scale 组件，则更接近操作系统本地的效果，但允许定制的选项少。ttk.LabeledScale 是平台化的滑动条，因此它允许设置的选项很少，只能设置 from、to 和 compound 等有限的几个选项，而且它总是生成一个水平滑动条（不能变成垂直的），其中，compound 选项控制滑动条的数值标签是显示在滑动条的上方，还是滑动条的下方。

【例 3-11】 利用 Scale 和 LabeledScale 组件创建界面。

```python
from tkinter import *
root = Tk()
root.resizable(0,0)

def change(value):
    print(value, scale.get(), doubleVar.get())
'''获取 Scale 值
1.通过事件处理方法的参数来获取.
2.通过 Scale 组件提供的 get()方法来获取.
3.通过 Scale 组件绑定的变量来获取.
'''
doubleVar = DoubleVar()
scale = Scale(root,
              from_ = -100,              #设置最小值
              to = 100,                  #设置最大值
              resolution = 5,            #设置步长
              label = 'Sacle:',          #设置标签内容
              length = 400,              #设置轨道的长度
              width = 30,                #设置轨道的宽度
              troughcolor = 'lightblue', #设置轨道的背景色
              sliderlength = 20,         #设置滑块的长度
              sliderrelief = SUNKEN,     #设置滑块的立体样式
              showvalue = YES,           #设置显示当前值
              orient = HORIZONTAL,       #设置水平方向
              digits = 5,                #设置五位有效数字
              command = change,          #绑定事件处理函数
              variable = doubleVar       #绑定变量
              )
scale.pack()
scale.set(20)
f = Frame(root)
f.pack(fill = X, expand = YES, padx = 10)

def valueshow():
    scale['showvalue'] = showVar.get()
Label(f, text = '是否显示值:').pack(side = LEFT)
showVar = IntVar()
i = 0
for s in ('不显示', '显示'):
    Radiobutton(f, text = s, value = i, variable = showVar, command = valueshow).pack(side = LEFT)
    i += 1
showVar.set(1)
f = Frame(root)
f.pack(fill = X, expand = YES, padx = 10)

def scaleorient():
    scale['orient'] = VERTICAL if orientVar.get() else HORIZONTAL
Label(f, text = '方向:').pack(side = LEFT)
orientVar = IntVar()
i = 0
for direction in ('水平', '垂直'):
    Radiobutton(f, text = direction, value = i, variable = orientVar, command = scaleorient).pack
(side = LEFT)
    i += 1
orientVar.set(0)
```

```
from tkinter import ttk
f = Frame(root)
f.pack(fill = X, expand = YES, padx = 10)
Label(f, text = 'LabeledScale:').pack(anchor = NW)
labeledscale = ttk.LabeledScale(f,
                                from_ = -100,        # 设置最小值
                                to = 100,            # 设置最大值
                                compound = BOTTOM    # 显示数值在滑动条下方
                                )
labeledscale.value = -20
labeledscale.pack(fill = X, expand = YES)
mainloop()
```

运行程序,效果如图 3-12 所示。

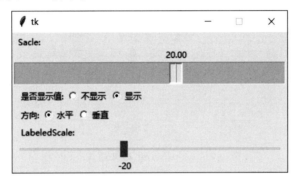

图 3-12　Scale 和 LabeledScale 组件界面图

3.2.9　LabelFrame 组件

LabelFrame 组件是 Frame 组件的变体。默认情况下,LabelFrame 会在其子组件的周围绘制一个边框以及一个标题。当想要将一些相关的组件分为一组的时候,可以使用 LabelFrame 组件,如一系列 Radiobutton(单选按钮)组件。

【例 3-12】　创建两个 LabelFrame 组件,并为其添加内容。

```
import tkinter as tk

win = tk.Tk()
# 定义第一个容器
frame_left = tk.LabelFrame(win, text = "优点", labelanchor = "n")
frame_left.place(relx = 0.2, rely = 0.2, relwidth = 0.3, relheight = 0.6)
label_1 = tk.Label(frame_left, text = "简单")
label_1.place(relx = 0.2, rely = 0.2)
label_2 = tk.Label(frame_left, text = "易学")
label_2.place(relx = 0.6, rely = 0.2)
label_3 = tk.Label(frame_left, text = "易读")
label_3.place(relx = 0.2, rely = 0.6)
label_4 = tk.Label(frame_left, text = "易维护")
label_4.place(relx = 0.6, rely = 0.6)

# 定义第二个容器
frame_right = tk.LabelFrame(win, text = "缺点", labelanchor = "n")
frame_right.place(relx = 0.5, rely = 0.2, relwidth = 0.3, relheight = 0.6)
label_1 = tk.Label(frame_right, text = "速度慢")
label_1.place(relx = 0.2, rely = 0.2)
```

```
label_2 = tk.Label(frame_right, text = "强制缩进")
label_2.place(relx = 0.6, rely = 0.2)
label_3 = tk.Label(frame_right, text = "单行语句")
label_3.place(relx = 0.2, rely = 0.6)
label_4 = tk.Label(frame_right, text = "不加密")
label_4.place(relx = 0.6, rely = 0.6)
win.mainloop()
```

运行程序,效果如图 3-13 所示。

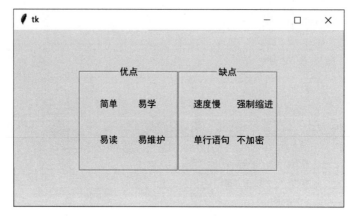

图 3-13　LabelFrame 组件创建界面

3.2.10　PanedWindow 组件

当我们需要提供一个可供用户调整的多空间框架的时候,可以使用 PanedWindow 组件。PanedWindow 组件会为每一个子组件生成一个独立的窗格,用户可以自由调整窗格的大小。

【例 3-13】　使用 PanedWindow 组件创建三个窗格。

```
import tkinter as tk

window = tk.Tk()
window.title('你好 Tkinter')
height = window.winfo_screenheight()
width = window.winfo_screenwidth()
window.geometry('400x300 + % d + % d' % ((width - 400)/2,(height - 300)/2))
# 创建三个窗口,在窗口上可以拖动鼠标调整大小
m1 = tk.PanedWindow(bd = 1,bg = 'blue')
m1.pack(fill = "both", expand = 1)

left = tk.Label(m1, text = "左窗格")
m1.add(left)
m2 = tk.PanedWindow(orient = "vertical",bd = 1,bg = 'red')
m1.add(m2)
top = tk.Label(m2, text = "顶部窗格")
m2.add(top)
bottom = tk.Label(m2, text = "底部窗格")
m2.add(bottom)
window.mainloop()
```

运行程序,效果如图 3-14 所示。

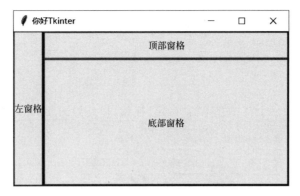

图 3-14   PanedWindow 组件创建界面

3.2.11   OptionMenu 组件

OptionMenu 组件用于构建一个带菜单的按钮，该菜单可以在按钮的四个方向上展开，展开方向可通过 direction 选项控制。

使用 OptionMenu 比较简单，直接调用它的如下构造函数即可。

init(self,master,variable,value, * values, ** kwargs)

其中，master 参数的作用与所有的 Tkinter 组件一样，指定将该组件放入哪个容器中。其他参数的含义如下。

- variable：指定该按钮上的菜单与哪个变量绑定。
- value：指定默认选择菜单中的哪一项。
- values：Tkinter 将收集为此参数传入的多个值，为每个值创建一个菜单项。
- kwargs：用于为 OptionMenu 配置选项。除前面介绍的选项之外，还可通过 direction 选项控制菜单的展开方向。

【例 3-14】   利用 OptionMenu 创建菜单。

```python
from tkinter import *
from tkinter import messagebox

class Application(Frame):
    def __init__(self,master = None):
        super().__init__(master)
        self.master = master
        self.pack()
        self.createwidget()

    def createwidget(self):
        option = ["青菜", "白菜", "菠菜", "黄瓜"]          # 所有的选项列表
        variable = StringVar()
        variable.set(option[0])                        # 默认选项
        op = OptionMenu(self, variable, * option)
        op["width"] = 10                               # 选项框的长度
        op.pack(padx = 10, pady = 10)                  # 选项框的位置
        # 设置按钮，按下后弹出窗口，提示选的蔬菜名称，即获取变量内容
        Button(self, text = "确定",command = lambda : self.print_fruit(variable)).pack(pady = 20)

    def print_fruit(self,variable):
        messagebox.showinfo("蔬菜", "您选的蔬菜是:{}".format(variable.get()))
```

```
if __name__ == '__main__':
    root = Tk()
    root.title("optionmenu测试")
    root.geometry("300x200")
    app = Application(root)
    root.mainloop()
```

运行程序,选择其中一个菜单并单击"确定"按钮,得到如图 3-15 所示的效果。

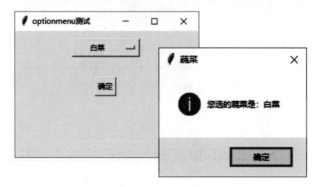

图 3-15　OptionMenu 组件创建菜单按钮

3.3　对话框

对话框也是图形界面编程中很常用的组件,通常用于向用户生成某种提示信息,或者请求用户输入某些简单的信息。

对话框看上去有点类似于顶级窗口,但对于对话框有如下两点需要注意。

（1）对话框通常依赖其他窗口,因此程序在创建对话框时同样需要指定 master 属性（该对话框的属主窗口）。

（2）对话框有非模式（non-modal）和模式（modal）两种,当某个模式对话框被打开后,该模式对话框总是位于它依赖的窗口之上;在模式对话框被关闭前,它依赖的窗口无法获得焦点。

3.3.1　普通对话框

Tkinter 在 simpledialog 和 dialog 模块下分别提供了 SimpleDialog 类和 Dialog 类,它们都可作为普通对话框使用,而且用法也差不多。

在使用 simpledialog. SimpleDialog 创建对话框时,可指定如下选项。

- title：指定该对话框的标题。
- text：指定该对话框的内容。
- button：指定该对话框下方的几个按钮。
- default：指定该对话框中默认第几个按钮得到焦点。
- cancel：指定当用户通过对话框右上角的×按钮关闭对话框时,该对话框的返回值。

如果使用 dialog. Dialog 创建对话框,除可使用 master 指定对话框的属主窗口之外,还可通过 dict 来指定如下选项。

- title：指定该对话框的标题。
- text：指定该对话框的内容。
- strings：指定该对话框下方的几个按钮。
- default：指定该对话框中默认第几个按钮得到焦点。

- bitmap：指定该对话框上的图标。

【例 3-15】　分别使用 SimpleDialog 和 Dialog 来创建对话框。

```
from tkinter import *
from tkinter import simpledialog
from tkinter import dialog


root = Tk()
root.title('普通对话框')
root.geometry("250x250 + 30 + 30")
msg = '先定义简单对话框的显示文本,再定义简单对话框函数,最后创建一个按钮引用此函数'
def open_simpledialog():
    d = simpledialog.SimpleDialog(root,title = 'Simpledialog',text = msg,buttons = ["确定", "取
消", "退出"],default = 0,cancel = 3)
    ♯获取用户单击对话框的哪个按钮或关闭对话框返回 cancel 指定的值
    print(d.go())
Button(root,text = '打开 Simpledialog',command = open_simpledialog).pack(side = 'left',ipadx = 10,
padx = 10)
def open_dialog():
    d = dialog.Dialog(root, {'title': 'Dialog', 'text': msg,'strings': ('确定','取消','退出'),
'default':0,
                                       'bitmap': 'question'})
    ♯打印该对话框 num 属性的值,该返回值会获取用户单击了对话框的哪个按钮
    print(d.num)
Button(root,text = '打开 Dialog',command = open_dialog).pack(side = 'left',ipadx = 10,padx = 10)
root.mainloop()
```

运行程序,单击界面上的按钮,得到如图 3-16 所示的效果。

图 3-16　普通对话框

在如图 3-16 所示的 Dialog 对话框中的左侧还显示了一个问号图标,这是 Python 内置的
10 个位图之一,可以直接使用。共有如下几个常量可用于设置位图:"error""gray75"
"gray50""gray25""gray12""hourglass""info""questhead""question""warning"。

3.3.2　非模式对话框

对话框分为模式对话框和非模式对话框。例如,常用的"登录"和"注册"对话框就是模式
对话框。从主窗口打开非模式对话框后,不关闭对话框,也能操作主窗口。例如,文本编辑器
中的"查找和替换"对话框就是非模式对话框,查找一般从光标处开始,如完成查找后,希望从
开始再查找一次,必须在主窗口中将光标移到开始处。

Python Tkinter 中定义了多个模式对话框类,包括 messagebox 类(通用消息对话框类)、filedialog 类(文件对话框类)、colorchooser 类(颜色选择对话框类)、simpledialog 类(简单对话框类)和 dialog 类(对话框类)。但这些类只能满足比较简单的应用,像"登录"和"注册"对话框这样的对话框,需要输入用户名和密码,并要对输入的数据格式做检查,例如,注册时密码要求多少位、是否要求包括数字和字符、用户名是否唯一等。登录时要确定密码是否正确,若不正确则要求重新输入。对这些比较复杂的对话框,要使用 Toplevel 类生成自定义对话框。Toplevel 类可以在主窗体外创建一个独立的窗口,它和用 Tk()方法创建出来的主窗口一样有标题栏、边框等部件,它们有相似的方法和属性。在 Toplevel 窗口中,能像主窗口一样放入 Button、Label 和 Entry 等组件。Toplevel 窗口和主窗口可以互相使用对方的变量和方法。一般用于创建自定义模式和非模式对话框。

【例 3-16】　用 Toplevel 类创建的对话框默认是非模式对话框。

```
import tkinter as tk
def openDialog():
    global f1,e1              # 在 Toplevel 窗口和主窗口可以互相使用对方的变量和方法
    f1 = tk.Toplevel(root)    # 用 Toplevel 类创建独立主窗口的新窗口
    f1.grab_set()             # 将 f1 设置为模式对话框,f1 不关闭无法操作主窗口
    # f1.transient(root)  # 该函数使 f1 总是在父窗口前边,如父窗口最小化,f1 被隐藏.模式对话
                          # 框不用使用这条语句
    e1 = tk.Entry(f1)         # 可在 e1 中输入数据,单击"确定"按钮将数据显示在主窗口 label1
    e1.pack()
    b1 = tk.Button(f1,text = '确定',command = showInput)
    b1.pack()
def showInput():              # 在此函数中,可检查数据格式是否正确
    label1['text'] = e1.get() # 显示 e1 中输入的数据
    f1.destroy()              # 关闭对话框
root = tk.Tk()
root.geometry('200x200 + 50 + 50')
tk.Button(root, text = "打开模式对话框", command = openDialog).pack()
label1 = tk.Label(root,text = '初始字符')
label1.pack()
root.mainloop()
```

运行程序,效果如图 3-17 所示。

图 3-17　非模式对话框

3.3.3　输入对话框

Python 的 Tkinter 模块中,有一个子模块 simpledialog,这个子模块中包含三个函数:askinteger()、askfloat()、askstring()。它们通过 GUI 窗口的方式,让用户输入一个整数、浮点数或者字符串,并且自带输入合法性检测,使用非常方便。

1. askinteger()函数

通过对话框,让用户输入一个整数:

```
import tkinter as tk
from tkinter.simpledialog import askinteger,askfloat,askstring
root = tk.Tk() #需要一个根窗口来显示下面的示例
print(askinteger('askinteger','请输入一个整数:'))
```

代码中的 askinteger()函数的第 1 个参数是对话框的 Title,第 2 个参数是输入条上面的一行信息,如图 3-18 所示。

在图 3-18 中输入整数,单击 OK 按钮,返回整数;单击 Cancel 按钮,直接关闭此对话框,返回 None。如果输入非法数据,会有如图 3-19 所示的对话框弹出。

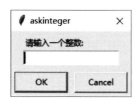

图 3-18 输入整数对话框

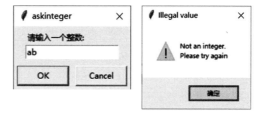

图 3-19 自带输入合法性检查

askinteger()函数还支持设置初始值,设置可以接收的最大值和最小值,这极大地方便了应用的开发。

```
askinteger('askinteger','please give me an integer:',
              initialvalue = 12345, minvalue = 100, maxvalue = 20000)
```

2. askfloat()函数

这是一个接收浮点数的对话框:

```
print(askfloat('askfloat','请输入一个浮点数:'))
```

运行程序,在弹出的如图 3-20 所示的对话框中输入小数(浮点数),单击 OK 按钮,返回小数;单击 Cancel 按钮,直接关闭此对话框,返回 None。同样自带输入合法性检查。但是,askfloat()函数可以接收一个整数,返回的是此整数对应的 float。

跟 askinteger()函数一样,askfloat()函数也支持设置初始值、最大值和最小值。

3. askstring()函数

接收字符串的对话框,这个对话框可以接收的数据就很广了,输入整数或浮点数,都会被当作字符串返回。

```
print(askstring('askstring','请输入一个字符串:'))
```

运行程序,效果如图 3-21 所示。

图 3-20 浮点数对话框

图 3-21 字符串对话框

输入有效浮点数后,单击 OK 按钮即完成输入。

单击 Cancel 按钮和直接关闭对话框,都是返回 None。

askstring()函数也支持设置初始值、最大值和最小值,不过要注意,askstring()函数接收的是字符串,内部比较大小,也是字符串之间比较大小。

3.3.4 生成对话框

在 filedialog 模块下提供了各种用于生成文件对话框的工具函数。这些工具函数有些返回用户所选择文件的路径,有些直接返回用户所选择文件的输入/输出流。

- askopenfilename(** options):返回打开的文件名。
- askopenfilenames(** options):返回打开的多个文件名列表。
- askopenfile(** options):返回打开的文件对象。
- askopenfiles(** options):返回打开的文件对象的列表。
- askdirectory(** options):返回目录名。
- asksaveasfile(** options):返回保存的文件对象。
- asksaveasfilename(** options):返回保存的文件名。

上面用于生成打开文件的对话框的工具函数支持如下选项。

- defaultextension 指定默认扩展名。当用户没有输入扩展名时,系统会默认添加该选项指定的扩展名。
- filetypes:指定在该文件对话框中能查看的文件类型。该选项值是一个序列,可指定多个文件类型。可以通过"∗"指定浏览所有文件。
- initialdir:指定初始打开的目录。
- initialfile:指定所选择的文件。
- parent:指定该对话框的属主窗口。
- title:指定对话框的标题。
- multiple:指定是否允许多选。

对于打开目录的对话框,还额外支持一个 mustexist 选项,该选项指定是否只允许打开已存在的目录。

【例 3-17】 测试文件对话框。

```
from tkinter import *
from tkinter.filedialog import *
root = Tk()
root.geometry('400x300')

def test01():
    f1 = askopenfilename(title = '上传文件',
                        initialdir = 'c:file',
                        filetype = [('文本文件', '.txt')])
    file01['text'] = f1
Button(root, text = '选择文件', command = test01).pack()
file01 = Label(root, width = 40, height = 3, bg = 'pink')
file01.pack()
root.mainloop()
```

运行程序,效果如图 3-22 所示。

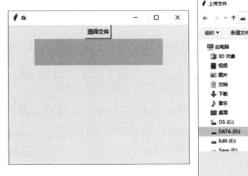
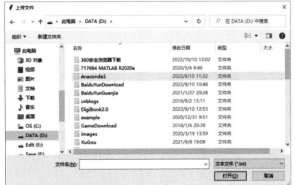

图 3-22 打开文件对话框

3.3.5 颜色选择对话框

在 colorchooser 模块下提供了用于生成颜色选择对话框的 askcolor()函数,可为该函数指定如下选项。

- parent:指定该对话框的属主窗口。
- title:指定该对话框的标题。
- color:指定该对话框初始选择的颜色。

【例 3-18】 演示颜色选择对话框的用法。

```python
from tkinter import *
import tkinter.colorchooser as cc
main = Tk()
def CallColor():
    Color = cc.askcolor()
    print(Color)
Button(main, text = "选择颜色", command = CallColor).grid()
mainloop()
```

运行程序,单击界面上的"选择颜色"按钮,将可以看到如图 3-23 所示的对话框。

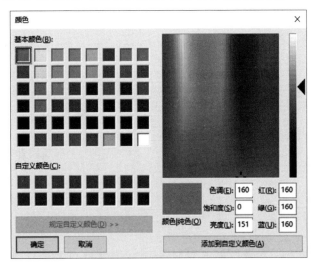

图 3-23 颜色选择对话框

当用户选择指定颜色,并单击颜色选择对话框中的"确定"按钮后,askcolor()函数会返回用户所选择的颜色,因此可以在控制台看到用户所选择的颜色。

3.3.6 消息框

在 messagebox 模块下提示了大量工具函数用来生成各种消息框,在默认情况下,开发者在调用 messagebox 的工具箱函数时只要设置提示区的字符串即可,图标区的图标、按钮区的按钮都有默认设置。如果有必要,则完全可通过如下两个选项来定制图标和按钮。

- icon:定制图标的选项。该选项支持"error""info""question""waring"这几个选项值。
- type:定制按钮的选项。该选项支持"abortretryignore"(取消、重试、忽略)、"ok"(确定)、"okcancel"(确定、取消)、"retrycancel"(重试、取消)、"yesno"(是、否)、"yesnocancel"(是、否、取消)这些选项。

【例 3-19】 演示 messagebox 工具的用法。

```python
import tkinter as tk
import tkinter.messagebox
window = tk.Tk()
window.title('消息框')
window.geometry('200x200')
def hit_me():
    tk.messagebox.showinfo(title = 'Hi', message = '显示消息框信息')
    tk.messagebox.showerror(title = 'Hi', message = '提示消息框错误')
    tk.messagebox.showwarning(title = 'Hi', message = '提示消息框警告')
    print(tk.messagebox.askokcancel(title = 'Hi', message = '是、取消'))
    print(tk.messagebox.askquestion(title = 'Hi', message = '确定'))
    print(tk.messagebox.askyesno(title = 'Hi', message = '是、否'))
    print(tk.messagebox.askretrycancel(title = 'Hi', message = '重试、取消'))
    print(tk.messagebox.askyesnocancel(title = 'Hi', message = '是、否、取消'))
tk.Button(window, text = '请单击', command = hit_me).pack()
window.mainloop()
```

运行程序,得到相应的对话框界面,如图 3-24 所示。

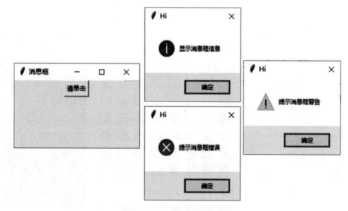

图 3-24　各种消息框

3.4　菜单

Tkinter 为菜单提供了 Menu 类。该类既可代表菜单条,也可代表菜单,还可代表上下文菜单(右键菜单)。简单来说,Menu 类就可以搞定所有菜单相关内容。

- add_command():添加菜单项。
- add_checkbutton():添加复选框菜单项。

- add_radiobutton()：添加单选按钮菜单。
- add_separator()：添加菜单分隔条。

上面的前三个方法都用于添加菜单项，因此都支持如下常用选项。

- label：指定菜单项的文本。
- command：指定为菜单项绑定的事件处理方法。
- image：指定菜单项的图标。
- compound：指定在菜单项中图标位于文字的哪个方位。

菜单有两种用法，分别为在窗口上方通过菜单条管理菜单、通过鼠标右键触发右键菜单（上下文菜单）。

3.4.1　窗口菜单

Menu(菜单)组件通常被用于实现应用程序上的各种菜单，由于该组件是底层代码实现，所以不建议自行通过按钮和其他组件来实现菜单功能。

【例3-20】　创建一个顶级菜单，需要先创建一个菜单实例，然后使用add()方法将命令和其他子菜单添加进去。

```
import tkinter as tk

root = tk.Tk()
def callback():
        print("～被调用～")
#创建一个顶级菜单
menubar = tk.Menu(root)
menubar.add_command(label = "文件", command = callback)
menubar.add_command(label = "退出", command = root.quit)
#显示菜单
root.config(menu = menubar)
root.mainloop()
```

运行程序，效果如图3-25所示。

如果要创建一个下拉菜单（或者其他子菜单），方法与例3-20的大同小异，最主要的区别是它们最后需要添加到主菜单上（而不是窗口上），例如：

图3-25　顶级菜单

```
import tkinter as tk

root = tk.Tk()
def callback():
    print("～被调用～")
#创建一个顶级菜单
menubar = tk.Menu(root)
#创建一个下拉菜单"文件"，然后将它添加到顶级菜单中
filemenu = tk.Menu(menubar, tearoff = False)
filemenu.add_command(label = "打开", command = callback)
filemenu.add_command(label = "保存", command = callback)
filemenu.add_separator()
filemenu.add_command(label = "退出", command = root.quit)
menubar.add_cascade(label = "文件", menu = filemenu)
```

```
#创建另一个下拉菜单"编辑",然后将它添加到顶级菜单中
editmenu = tk.Menu(menubar, tearoff = False)
editmenu.add_command(label = "剪切", command = callback)
editmenu.add_command(label = "复制", command = callback)
editmenu.add_command(label = "粘贴", command = callback)
menubar.add_cascade(label = "编辑", menu = editmenu)
#显示菜单
root.config(menu = menubar)
root.mainloop()
```

运行程序,效果如图 3-26 所示。

图 3-26   下拉菜单

3.4.2   右键菜单

实现右键菜单很简单,程序只要先创建菜单,然后为目标组件的右键单击事件绑定处理函数,当用户单击鼠标右键时,调用菜单的 post()方法即可在指定位置弹出右键菜单。

【例 3-21】   创建弹出式菜单。

```
import tkinter
def makeLabel():
    global baseFrame
    tkinter.Label(baseFrame, text = "Python 简单、易用、易维护").pack()


baseFrame = tkinter.Tk()
menubar = tkinter.Menu(baseFrame)
for x in ['平等', '自由', '民主']:
    menubar.add_separator()
    menubar.add_command(label = x)
menubar.add_command(label = "和谐", command = makeLabel)
#事件处理函数一定要至少有一个参数,且第一个参数表示的是系统事件
def pop(event):
    #注意使用 event.x 和 event.x_root 的区别
    menubar.post(event.x_root, event.y_root)
baseFrame.bind("< Button - 3 >", pop)
baseFrame.mainloop()
```

运行程序,效果如图 3-27 所示。

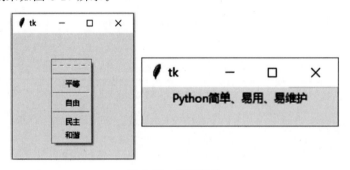

图 3-27   右键菜单

3.5   在 Canvas 中绘图

Canvas 为 Tkinter 提供了绘图功能,其提供的图形组件包括线形、圆形、图片甚至其他控件。Canvas 控件为绘制图形图表、编辑图形、自定义控件提供了可能。

3.5.1　Canvas 的绘图

Canvas 组件的用法与其他 GUI 组件一样简单,程序只要创建并添加 Canvas 组件,然后调用该组件的方法来绘制图形即可。

【例 3-22】 演示最简单的 Canvas 绘图。

```
from tkinter import *
# 创建窗口
root = Tk()
# 创建并添加 Canvas
cv = Canvas(root, background = 'white')
cv.pack(fill = BOTH, expand = YES)
cv.create_rectangle(30, 30, 200, 200,
outline = 'yellow',            # 边框颜色
stipple = 'question',          # 填充的位图
fill = "red",                  # 填充颜色
width = 5                       # 边框宽度
)
cv.create_oval(250, 32, 340, 210,
outline = 'red',               # 边框颜色
fill = 'pink',                 # 填充颜色
width = 4                       # 边框宽度
)
root.mainloop()
```

运行程序,效果如图 3-28 所示。

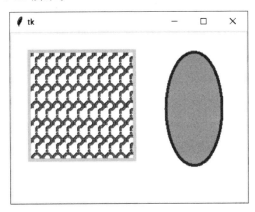

图 3-28　简单的 Canvas 绘图

从上面的程序可看出,Canvas 提供了 create_rectangle()方法绘制矩形和 create_oval()方法绘制椭圆(包括圆,圆是椭圆的特例)。实际上,Canvas 还提供了如下方法来绘制各种图形。

- create_arc:绘制弧。
- create_bitmap:绘制位图。
- create_image:绘制图片。
- create_line():绘制直线。
- create_polygon:绘制多边形。
- create_text:绘制文字。
- create_window:绘制组件。

Canvas 的坐标系统是绘图的基础,其中,点(0,0)位于 Canvas 组件的左上角,X 轴水平向

右延伸,Y 轴垂直向下延伸。

绘制上面这些图形时需要简单的几何基础。

- 在使用 create_line()绘制直线时,需要指定两个点的坐标,分别作为直线的起点和终点。
- 在使用 create_rectangle()绘制矩形时,需要指定两个点的坐标,分别作为矩形左上角点和右下角点的坐标。
- 在使用 create_oval()绘制椭圆时,需要指定两个点的坐标,分别作为左上角点和右下角点的坐标来确定一个矩形,而该方法则负责绘制该矩形的内切椭圆,如图 3-29 所示。

从图 3-29 可以看出,只要矩形确定下来,该矩形的内切椭圆就能确定下来,而 create_oval()方法所需要的两个坐标正是用于指定该矩形的左上角点和右下角点的坐标。

图 3-29　内切椭圆

- 在使用 create_arc()绘制弧时,和 create_oval()的用法相似,因为弧是椭圆的一部分,因此同样也是指定左上角和右下角两个点的坐标,默认总是绘制从 3 点(0)开始,逆时针旋转 90°的那一段弧。程序可通过 start 改变起始角度,也可通过 extent 改变转过的角度。
- 在使用 create_polygon()绘制多边形时,需要指定多个点的坐标来作为多边形的多个定点。
- 在使用 create_bitmap()、create_image()、create_text()、create_window()等方法时,只要指定一个坐标点,用于指定目标元素的绘制位置即可。

在绘制这些图形时可指定如下选项。

- fill:指定填充颜色(不指定,默认不填充)。
- outline:指定边框颜色。
- width:指定边框宽度,边框宽度默认为 1。
- dash:指定边框使用虚线。该属性值既可为单独的整数,用于指定虚线中线段的长度;也可为形如(4,1,3)格式的元素,此时 4 指定虚线中线段的长度,1 指定间隔长度,3 指定虚线长度。
- stipple:使用位图平铺进行填充。该选项可与 fill 选项结合使用。
- style:指定绘制弧的样式(仅对 create_arc()方法起作用)。支持 PIESLICE(扇形)、CHORD(弓形)、ARC(仅绘制弧)选项值。
- start:指定绘制弧的起始角度(仅对 create_arc()方法起作用)。
- extent:指定绘制弧的角度(仅对 create_arc()方法起作用)。
- arrow:指定绘制直线时两端是否有箭头。支持 NONE(两端无箭头)、FIRST(开始端有箭头)、LAST(结束端有箭头)、BOTH(两端都有箭头)选项值。
- arrowshape:指定箭头形状。该选项是一个形如"30 20 10"的字符串,字符串中的三个整数依次指定填充长度、箭头长度、箭头宽度。
- joinstyle:指定直接连接点的风格。仅对绘制直线和多边形有效。支持 METTER、ROUND、BEVEL 选项值。
- anchor:指定绘制文字、GUI 组件的位置。仅对 create_text()、create_window()方法有效。

- justify：指定文字的对齐方式（仅对 create_text()方法有效）。支持 CENTER、LEFT、RIGHT 常量值。

【例 3-23】 通过不同的方法来绘制不同的图形，这些图形分别使用不同的边框、不同的填充效果。

```python
from tkinter import *

# 创建窗口
root = Tk()
root.title('绘制图形项')
# 创建并添加 Canvas
cv = Canvas(root, background = 'white', width = 830, height = 830)
cv.pack(fill = BOTH, expand = YES)
columnFont = ('黑体', 17)
titleFont = ('黑体', 19, 'bold')
# 使用循环绘制文字
for i, st in enumerate(['默认', '指定边宽', '指定填充', '边框颜色', '位图填充']):
    cv.create_text((130 + i * 140, 20),text = st,
        font = columnFont,
        fill = 'gray',
        anchor = W,
        justify = LEFT)
# 绘制文字
cv.create_text(10, 60, text = '绘制矩形',
        font = titleFont,
        fill = 'magenta',
        anchor = W,
        justify = LEFT)
# 定义列表，每个元素的 4 个值分别指定边框宽度、填充色、边框颜色、位图填充
options = [(None, None, None, None),
        (4, None, None, None),
        (4, 'pink', None, None),
        (4, 'pink', 'green', None),
        (4, 'pink', 'green', 'error')]
# 采用循环绘制 5 个矩形
for i, op in enumerate(options):
    cv.create_rectangle(130 + i * 140, 50, 240 + i * 140, 120,
            width = op[0],                 # 边框宽度
            fill = op[1],                  # 填充颜色
            outline = op[2],               # 边框颜色
            stipple = op[3])               # 使用位图填充
# 绘制文字
cv.create_text(10, 160, text = '绘制椭圆',
        font = titleFont,
        fill = 'magenta',
        anchor = W,
        justify = LEFT)
# 定义列表，每个元素的 4 个值分别指定边框宽度、填充色、边框颜色、位图填充
options = [(None, None, None, None),
        (4, None, None, None),
        (4, 'pink', None, None),
        (4, 'pink', 'green', None),
        (4, 'pink', 'green', 'error')]
# 采用循环绘制 5 个椭圆
for i, op in enumerate(options):
    cv.create_oval(130 + i * 140, 150, 240 + i * 140, 220,
```

```
            width = op[0],                   #边框宽度
            fill = op[1],                    #填充颜色
            outline = op[2],                 #边框颜色
            stipple = op[3])                 #使用位图填充
    #绘制文字
    cv.create_text(10, 260, text = '绘制多边形',
        font = titleFont,
        fill = 'magenta',
        anchor = W,
        justify = LEFT)
    #定义列表,每个元素的4个值分别指定边框宽度、填充色、边框颜色、位图填充
    options = [(None, "", 'black', None),
        (4, "", 'black', None),
        (4, 'pink', 'black', None),
        (4, 'pink', 'green', None),
        (4, 'pink', 'green', 'error')]
    #采用循环绘制5个多边形
    for i, op in enumerate(options):
        cv.create_polygon(130 + i * 140, 320, 185 + i * 140, 250, 240 + i * 140, 320,
            width = op[0],                   #边框宽度
            fill = op[1],                    #填充颜色
            outline = op[2],                 #边框颜色
            stipple = op[3])                 #使用位图填充
    #绘制文字
    cv.create_text(10, 360, text = '绘制扇形',
        font = titleFont,
        fill = 'magenta',
        anchor = W,
        justify = LEFT)
    #定义列表,每个元素的4个值分别指定边框宽度、填充色、边框颜色、位图填充
    options = [(None, None, None, None),
        (4, None, None, None),
        (4, 'pink', None, None),
        (4, 'pink', 'green', None),
        (4, 'pink', 'green', 'error')]
    #采用循环绘制5个扇形
    for i, op in enumerate(options):
        cv.create_arc(130 + i * 140, 350, 240 + i * 140, 420,
            width = op[0],                   #边框宽度
            fill = op[1],                    #填充颜色
            outline = op[2],                 #边框颜色
            stipple = op[3])                 #使用位图填充
    #绘制文字
    cv.create_text(10, 460, text = '绘制弓形',
        font = titleFont,
        fill = 'magenta',
        anchor = W,
        justify = LEFT)
    #定义列表,每个元素的4个值分别指定边框宽度、填充色、边框颜色、位图填充
    options = [(None, None, None, None),
        (4, None, None, None),
        (4, 'pink', None, None),
        (4, 'pink', 'green', None),
        (4, 'pink', 'green', 'error')]
    #采用循环绘制5个弓形
    for i, op in enumerate(options):
        cv.create_arc(130 + i * 140, 450, 240 + i * 140, 520,
```

```
        width = op[0],                  #边框宽度
        fill = op[1],                   #填充颜色
        outline = op[2],                #边框颜色
        stipple = op[3],                #使用位图填充
        start = 30,                     #指定起始角度
        extent = 60,                    #指定逆时针转过角度
        style = CHORD)                  # CHORD 指定绘制弓
#绘制文字
cv.create_text(10, 560, text = '仅绘弧',
    font = titleFont,
    fill = 'magenta',
    anchor = W,
    justify = LEFT)
#定义列表,每个元素的4个值分别指定边框宽度、填充色、边框颜色、位图填充
options = [(None, None, None, None),
    (4, None, None, None),
    (4, 'pink', None, None),
    (4, 'pink', 'green', None),
    (4, 'pink', 'green', 'error')]
#采用循环绘制 5 条弧
for i, op in enumerate(options):
    cv.create_arc(130 + i * 140, 550, 240 + i * 140, 620,
        width = op[0],                  #边框宽度
        fill = op[1],                   #填充颜色
        outline = op[2],                #边框颜色
        stipple = op[3],                #使用位图填充
        start = 30,                     #指定起始角度
        extent = 60,                    #指定逆时针转过角度
        style = ARC)                    #ARC 指定仅绘制弧
#绘制文字
cv.create_text(10, 660, text = '绘制直线',
    font = titleFont,
    fill = 'magenta',
    anchor = W,
    justify = LEFT)
#定义列表,每个元素的5个值分别指定边框宽度、线条颜色、位图填充、箭头风格、箭头形状
options = [(None, None, None, None, None),
    (6, None, None, BOTH, (20, 40, 10)),
    (6, 'pink', None, FIRST, (40, 40, 10)),
    (6, 'pink', None, LAST, (60, 50, 10)),
    (8, 'pink', 'error', None, None)]
#采用循环绘制 5 条直线
for i, op in enumerate(options):
    cv.create_line(130 + i * 140, 650, 240 + i * 140, 720,
        width = op[0],                  #边框宽度
        fill = op[1],                   #填充颜色
        stipple = op[2],                #使用位图填充
        arrow = op[3],                  #箭头风格
        arrowshape = op[4])             #箭头形状
root.mainloop()
```

程序中演示了 Canvas 中不同的 create_xxx()方法的功能和用法,它们可用于创建矩形、椭圆、多边形、扇形、弓形、弧、直线、位图、图片和组件等。在绘制不同的图形时可指定不同的选项,从而实现丰富的绘制效果。运行程序,效果如图 3-30 所示。

掌握了上面的绘制方法后,已经可以实现一些简单的游戏了。

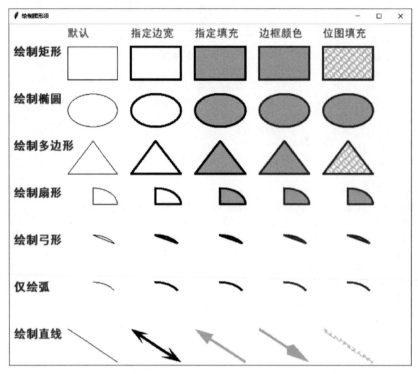

图 3-30 绘制图形

【例 3-24】 利用 Canvas 制作五子棋的图形界面。

该五子棋还需要根据用户的鼠标动作来确定下棋坐标,因此程序会为游戏界面的 < Button-1 >(左键单击)、< Motion >(鼠标移动)、< Leave >(鼠标移出)事件绑定事件处理函数。

```python
from tkinter import *
import random

BOARD_WIDTH = 536
BOARD_HEIGHT = 538
BOARD_SIZE = 15
#定义棋盘坐标的像素值和棋盘数组之间的偏移距
X_OFFSET = 21
Y_OFFSET = 23
#定义棋盘坐标的像素值和棋盘数组之间的比率
X_RATE = (BOARD_WIDTH - X_OFFSET * 2) / (BOARD_SIZE - 1)
Y_RATE = (BOARD_HEIGHT - Y_OFFSET * 2) / (BOARD_SIZE - 1)
BLACK_CHESS = "●"
WHITE_CHESS = "○"
board = []
#把每个元素赋为"十",代表无棋
for i in range(BOARD_SIZE):
    row = ["十"] * BOARD_SIZE
    board.append(row)
#创建窗口
root = Tk()
#禁止改变窗口大小
root.resizable(width = False, height = False)
#设置窗口标题
```

```
root.title('五子棋')
# 创建并添加 Canvas
cv = Canvas(root, background = 'white',
      width = BOARD_WIDTH, height = BOARD_HEIGHT)
cv.pack()
bm = PhotoImage("board.png")
cv.create_image(BOARD_HEIGHT/2 + 1, BOARD_HEIGHT/2 + 1, image = bm)
selectedbm = PhotoImage("selected.gif")
# 创建选中框图片,但该图片默认不在棋盘中
selected = cv.create_image(-100, -100, image = selectedbm)
def move_handler(event):
    # 计算用户当前的选中点,并保证该选中点在 0~14 中
    selectedX = max(0, min(round((event.x - X_OFFSET) / X_RATE), 14))
    selectedY = max(0, min(round((event.y - Y_OFFSET) / Y_RATE), 14))
    # 移动红色选择框
    cv.coords(selected,(selectedX * X_RATE + X_OFFSET,
        selectedY * Y_RATE + Y_OFFSET))
black = PhotoImage("black.gif")
white = PhotoImage("white.gif")
def click_handler(event):
    # 计算用户的下棋点,并保证该下棋点在 0~14 中
    userX = max(0, min(round((event.x - X_OFFSET) / X_RATE), 14))
    userY = max(0, min(round((event.y - Y_OFFSET) / Y_RATE), 14))
    # 当下棋点没有棋子时,用户才能下棋子
    if board[userY][userX] == "十":
        cv.create_image(userX * X_RATE + X_OFFSET, userY * Y_RATE + Y_OFFSET,
            image = black)
        board[userY][userX] = "●"
        while(True):
            comX = random.randint(0, BOARD_SIZE - 1)
            comY = random.randint(0, BOARD_SIZE - 1)
            # 如果计算机要下棋的点没有棋子时,才能让计算机下棋
            if board[comY][comX] == "十": break
        cv.create_image(comX * X_RATE + X_OFFSET, comY * Y_RATE + _OFFSET,
            image = white)
        board[comY][comX] = "○"
def leave_handler(event):
    # 将红色选中框移出界面
    cv.coords(selected, -100, -100)
# 为鼠标移动事件绑定事件处理函数
cv.bind('<Motion>', move_handler)
# 为鼠标单击事件绑定事件处理函数
cv.bind('<Button-1>', click_handler)
# 为鼠标移出事件绑定事件处理函数
cv.bind('<Leave>', leave_handler)
root.mainloop()
```

运行以上程序后,弹出如图 3-31 所示的界面。当用户鼠标在棋盘上移动时,该选择框显示用户鼠标当前停留在哪个下棋点上。

程序在绘制黑色棋子和白色棋子的同时,也改变了底层代表棋盘状态的 board 列表的数据,这样既可记录下棋状态,从而让程序在后面可以根据 board[]列表来判断胜负,也可加入人工智能,根据 board[]列表来决定计算机的下棋点。

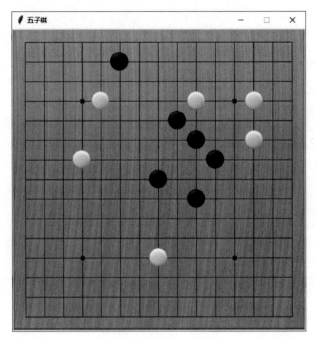

图 3-31 五子棋

3.5.2 绘制动画

在 Canvas 中实现动画时要添加一个定时器,周期性地改变界面上图形面的颜色、大小、位置等选项,用户看上去就是所谓的"动画"。

【例 3-25】 以一个简单的桌面弹球游戏来介绍使用 Canvas 绘制动画。使用 Tkinter Canvas 控件生成一个小球,并在画布上反复随机滚动,并交替更换颜色。

```python
from tkinter import *
import time
from random import randint, seed

class Ball():
    def __init__(self, canvas, x1, y1, x2, y2, max_x,max_y):
        self.x1 = x1
        self.y1 = y1
        self.x2 = x2
        self.y2 = y2
        self.max_x = max_x
        self.max_y = max_y
        self.center_x = 0
        self.center_y = 0
        self.canvas = canvas
        self.ball_color = 1
        #(x1,y1)和(x2,y2)分别对应圆的左上角和右下角坐标,也就是定义了圆的大小
        self.ball = canvas.create_oval(self.x1, self.y1, self.x2, self.y2, fill = "blue")

    def move_ball(self):
        deltax = randint(0,10)
        deltay = randint(0,15)
        self.center_x += deltax
        self.center_y += deltay
```

```
        if self.center_x > self.max_x or self.center_y > self.max_y:
            print('ball disapear')
            canvas.delete(self.ball)
            if self.ball_color == 1:
                self.ball = canvas.create_oval(self.x1, self.y1, self.x2, self.y2, fill = "red")
                self.ball_color = 2
            else:
                self.ball = canvas.create_oval(self.x1, self.y1, self.x2, self.y2, fill = "blue")
                self.ball_color = 1
            self.center_x = 0
            self.center_y = 0
        else:
            self.canvas.move(self.ball, deltax, deltay)
        self.canvas.after(200, self.move_ball)                # 定期自动更新
root = Tk()
root.title("循环球")
root.resizable(False, False)
canvas = Canvas(root, width = 300, height = 300)
canvas.pack()
seed(time.time())
ball = Ball(canvas, 0, 0, 20, 20, 300, 300)                    # 创建 ball 实体
ball.move_ball()                                               # 开始移动球
root.mainloop()
```

运行程序,效果如图 3-32 所示。

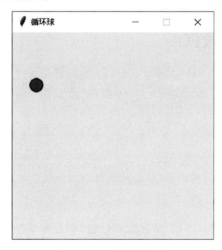

图 3-32　小球循环运动

第 **4** 章

数据可视化分析

数据可视化、数据分析是 Python 的主要应用场景之一，Python 提供了丰富的数据分析、数据展示库来支持数据的可视化分析。数据可视化分析对于挖掘数据的潜在价值、企业决策都具有非常大的帮助。

Python 为数据展示提供了大量优秀的功能包，其中，Matplotlib 及 Pygal 是极具代表性的功能包。下面对这两个功能包进行介绍。

4.1 Matplotlib 生成数据图

Matplotlib 是一个 Python 2D 绘图库，它可以在各种平台上以各种硬拷贝格式和交互式环境生成出具有出版品质的图形，如拆线图、柱状图、散点图、饼图等。

4.1.1 安装 Matplotlib 包

在 Python 中，可以使用 pip 来安装。

启动命令行窗口，在命令行窗口中输入如下命令。

```
pip install matplotlib
```

即在命令窗口中自动安装最新的 Matplotlib 包，安装成功后会有如下提示。

```
Installing collected packages: matplotlib
Successfully installed matplotlib - 1.16.0
```

4.1.2 认识 Matplotlib

1. Figure

在任何绘图前，需要一个 Figure 对象，可以理解成需要一张画板才能开始绘图。实现代码为

```
import matplotlib.pyplot as plt
fig = plt.figure()
```

2. Axes

在拥有 Figure 对象后，在作画前还需要轴，没有轴就没有绘图基准，所以需要添加 Axes。也可以理解成真正可以作画的纸。

```
fig = plt.figure()
ax = fig.add_subplot(111)
ax.set(xlim = [0.5, 4.5], ylim = [ - 2, 8], title = 'An Example Axes',
        ylabel = 'Y - Axis', xlabel = 'X - Axis')
plt.show()
```

运行以上代码后,在一幅图上添加了一个 Axes,然后设置了 Axes 的 X 轴以及 Y 轴的取值范围,效果如图 4-1 所示。

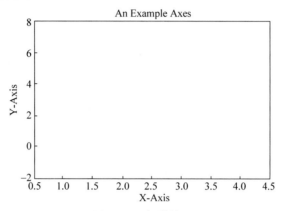

图 4-1　添加轴效果

代码中的 fig.add_subplot(111)就是用于添加 Axes 的,意为在画板的第 1 行第 1 列的第一个位置生成一个 Axes 对象来准备作画。也可以通过 fig.add_subplot(2,2,1)的方式生成 Axes,前面两个参数确定了面板的划分,例如,2,2 会将整个面板划分成 2×2 的方格,第三个参数取值范围是[1,2 * 2]表示第几个 Axes。例如:

```
fig = plt.figure()
ax1 = fig.add_subplot(221)
ax2 = fig.add_subplot(222)
ax3 = fig.add_subplot(224)
plt.show()
```

运行程序,效果如图 4-2 所示。

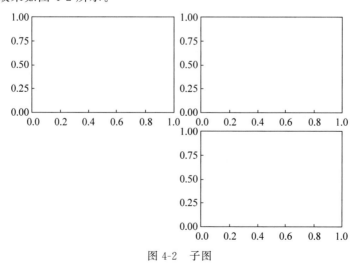

图 4-2　子图

3. 图例

添加图例是标记图上绘制的数据系列的最佳方法。Matplotlib 有一个内置的定义函数,用于添加图例操作。可以将图例添加到任何类型的绘图中,例如,线图、点图、散点图、条形图等。

【例 4-1】 添加图例实例。

```python
import numpy as np
import matplotlib.pyplot as plt
x = np.linspace(0, 10, 1000)
fig, ax = plt.subplots()
ax.plot(x, np.sin(x), '-- b', label = 'Sine')
ax.plot(x, np.cos(x), c = 'r', label = 'Cosine')
ax.axis('equal')
leg = ax.legend(loc = "lower left");
plt.show()
```

运行程序,效果如图 4-3 所示。

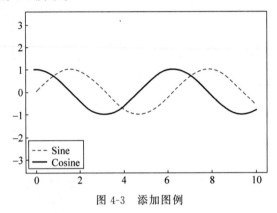

图 4-3　添加图例

在程序中调用 legend() 函数中的 loc 参数指定图例的添加位置,该参数支持如下参数值。

- 'best':自动选择最佳位置。
- 'upper right':将图例放在右上角。
- 'upper left':将图例放在左上角。
- 'lower left':将图例放在左下角。
- 'lower right':将图例放在右下角。
- 'right':将图例放在右边。
- 'center left':将图例放在左边居中的位置。
- 'center right':将图例放在右边居中的位置。
- 'lower center':将图例放在底部居中的位置。
- 'upper center':将图例放在顶部居中的位置。

4. 坐标轴

可以调用 xlabel() 和 ylabel() 函数分别设置 x 轴、y 轴的名称,也可以通过 title() 函数设置整个数据图的标题,还可以调用 xticks()、yticks() 函数分别改变 x 轴、y 轴的刻度值(允许使用文本作为刻度值)。

【例 4-2】 为数据图添加坐标轴。

```python
import matplotlib.pyplot as plt
import numpy as np

# 绘制普通图像
x = np.linspace( - 1, 1, 50)
```

```
y1 = 2 * x + 1
y2 = x ** 2
plt.figure()
plt.plot(x, y1)
plt.plot(x, y2, color = 'red', linewidth = 1.0, linestyle = '--')
#设置坐标轴的取值范围
plt.xlim((-1, 1))
plt.ylim((0, 3))
#设置坐标轴的 label
#标签里面必须添加字体变量:fontproperties = 'SimHei',fontsize = 14,否则可能会乱码
plt.xlabel(u'这是 x 轴',fontproperties = 'SimHei',fontsize = 14)
plt.ylabel(u'这是 y 轴',fontproperties = 'SimHei',fontsize = 14)

#设置 x 坐标轴刻度,之前为 0.25,修改后为 0.5.也就是在坐标轴上取 5 个点,
# x 轴的范围为 -1～1,所以取 5 个点之后刻度就变为 0.5
plt.xticks(np.linspace(-1, 1, 5))
#获取当前的坐标轴,gca = get current axis
ax = plt.gca()
#设置右边框和上边框
ax.spines['right'].set_color('none')
ax.spines['top'].set_color('none')
#设置 x 坐标轴为下边框
ax.xaxis.set_ticks_position('bottom')
#设置 y 坐标轴为左边框
ax.yaxis.set_ticks_position('left')
#设置 x 轴,y 轴在(0, 0)的位置
ax.spines['bottom'].set_position(('data', 0))
ax.spines['left'].set_position(('data', 0))
plt.show()
```

运行程序,效果如图 4-4 所示。

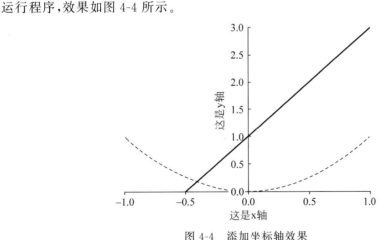

图 4-4 添加坐标轴效果

如果要对 x 轴、y 轴进行更细致的控制,则可调用 gca()函数来获取坐标轴信息对象,然后对坐标轴进行控制。例如,控制坐标轴上刻度值的位置和坐标轴的位置等。

4.2 各类型数据图

Matplotlib 库中功能丰富的数据可视化可分为四类,分别为离散型时间数据可视化、连续型数据的可视化、关系型数据的可视化以及多图形的组合。

4.2.1　离散型时间数据可视化

1. 柱状图

柱状图又称条形图、直方图,是以高度或长度的差异来显示统计指标数值的一种图形。柱状图一般用于显示一段时间内的数据变化或显示各项之间的比较情况。另外,数值的体现就是柱形的高度。柱形越矮则数值越小,柱形越高则数值越大。另外需要注意的是,柱形的宽度与相邻柱形间的间距决定了整个柱形图的视觉效果的美观程度。如果柱形的宽度小于间距,则会使读者的注意力集中在空白处而忽略了数据。所以合理地选择宽度很重要。

在 Matplotlib 中提供了 bar()函数来绘制柱状图。函数的格式为

bar(x, height, width = 0.8, bottom = None, color = None, edgecolor = None, tick_label = None, label = None)

其中,各参数的含义如下。

- x:传递数值序列,指定条形图中 X 轴上的刻度值。
- height:传递数值序列,指定条形图中 Y 轴的高度。
- width:指定条形图的宽度,默认为 0.8。
- bottom:用于绘制堆叠条形图。
- color:指定条形图的填充色。
- edgecolor:指定条形图的边框色。
- tick_label:指定条形图的刻度标签。
- label:指定条形图的标签,一般用于添加图例。

【例 4-3】　绘制数据的条形图。

```python
import numpy as np
import matplotlib.pyplot as plt
np.random.seed(1)
x = np.arange(5)
y = np.random.randn(5)
fig, axes = plt.subplots(ncols = 2, figsize = plt.figaspect(1./2))
vert_bars = axes[0].bar(x, y, color = 'lightblue', align = 'center')
horiz_bars = axes[1].barh(x, y, color = 'lightblue', align = 'center')
#在水平或者垂直方向上画线
axes[0].axhline(0, color = 'gray', linewidth = 2)
axes[1].axvline(0, color = 'gray', linewidth = 2)
plt.show()
```

运行程序,效果如图 4-5 所示。

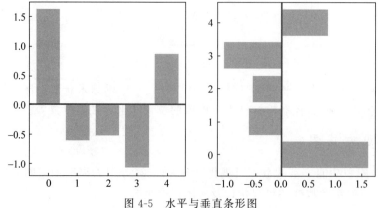

图 4-5　水平与垂直条形图

条形图还返回了一个 Artists 数组,对应着每个条形,例如,图 4-5 中 Artists 数组的大小为 5,可以通过这些 Artists 对条形图的样式进行更改。

```
fig, ax = plt.subplots()
vert_bars = ax.bar(x, y, color = 'lightblue', align = 'center')
♯也可以通过对"ax.bar"和 numpy 布尔索引的两次单独调用来实现这一点
for bar, height in zip(vert_bars, y):
    if height < 0:
        bar.set(edgecolor = 'darkred', color = 'salmon', linewidth = 3)
plt.show()
```

运行程序,效果如图 4-6 所示。

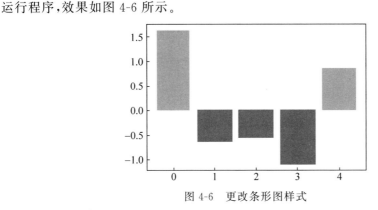

图 4-6　更改条形图样式

2. 堆叠条形图

堆叠条形图是一种用来分解整体、比较各部分的图。与条形图类似,堆叠条形图常被用于比较不同类别的数值。而且,它的每一类数值内部,又被划分为多个子类别,这些子类别一般用不同的颜色来表示。

如果说条形图可以帮助我们观察总量,那么堆叠条形图则可以同时反映总量与结构,即总量是多少? 它又是由哪些部分构成的? 进而,还可以探究哪一部分比例最大,以及每一部分的变动情况等。

【例 4-4】　绘制数据的堆叠条形图。

```
♯ importing package
import matplotlib.pyplot as plt
import numpy as np
plt.rcParams['font.sans - serif'] = ['SimHei'] ♯显示中文
plt.style.use('fivethirtyeight')

x = ['A', 'B', 'C', 'D']
y1 = np.array([10, 20, 10, 30])
y2 = np.array([20, 25, 15, 25])
y3 = np.array([12, 15, 19, 6])
y4 = np.array([10, 29, 13, 19])
plt.bar(x, y1, label = '球队 1', width = 0.67)
plt.bar(x, y2, bottom = y1, label = '球队 2', width = 0.67)
plt.bar(x, y3, bottom = y1 + y2, label = '球队 3', width = 0.67)
plt.bar(x, y4, bottom = y1 + y2 + y3, label = '球队 4', width = 0.67)

plt.xlabel("轮")
plt.ylabel("得分")
```

```
plt.legend()
plt.title("球队在 4 轮比赛中的得分")
plt.tight_layout()
plt.show()
```

在上面的代码中,列表 x 代表 4 支队伍,列表 y1、y2、y3 和 y4 分别表示 4 支队伍在 4 轮比赛中的得分。在绘制 y2 数据时,设置 bottom=y1,意为在 y1 数据绘制的条形图的基础上进行绘制,也就是形成堆叠图。运行程序,效果如图 4-7 所示。

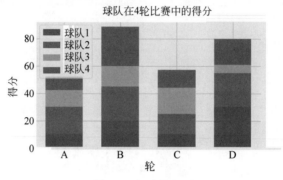

图 4-7　垂直堆叠图

在图 4-7 中,y1 列表对应的条形图在最底部,y2 列表对应的条形图位于 y1 列表对应条形图的上面,后面以此类推。上面的堆叠条形图是垂直方向的,和前面的条形图一样,同样地可以绘制水平方向的堆叠条形图。例如:

```
import matplotlib.pyplot as plt
import numpy as np
plt.rcParams['font.sans-serif'] = ['SimHei']  # 显示中文

plt.style.use('fivethirtyeight')
x = ['A', 'B', 'C', 'D']
y1 = np.array([10, 20, 10, 30])
y2 = np.array([20, 25, 15, 25])
y3 = np.array([12, 15, 19, 6])
y4 = np.array([10, 29, 13, 19])
plt.barh(x, y1, label = '球队 1', height = 0.67)
plt.barh(x, y2, left = y1, label = '球队 2', height = 0.67)
plt.barh(x, y3, left = y1 + y2, label = '球队 3', height = 0.67)
plt.barh(x, y4, left = y1 + y2 + y3, label = '球队 4', height = 0.67)
plt.xlabel("得分")
plt.ylabel("组")
plt.legend()
plt.title("球队在 4 轮比赛中的得分")

plt.tight_layout()
plt.show()
```

在绘制水平方向的堆叠条形图时,需要将参数 bottom 改为 left,将参数 width 改为 height,需要将 x 轴标签改为"得分",y 轴标签改为"组"。其他的和垂直方向的堆叠条形图的绘制类似。代码执行后得到的图形如图 4-8 所示。

如图 4-8 所示,堆叠条形图的方向由垂直变成了水平,但是图例遮挡了部分条形图,下面将图例的位置移到右下角。例如:

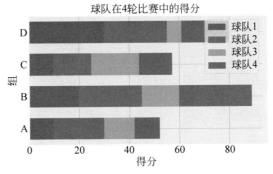

图 4-8　水平堆叠图

```
import matplotlib.pyplot as plt
import numpy as np

plt.style.use('fivethirtyeight')

x = ['A', 'B', 'C', 'D']
y1 = np.array([10, 20, 10, 30])
y2 = np.array([20, 25, 15, 25])
y3 = np.array([12, 15, 19, 6])
y4 = np.array([10, 29, 13, 19])
plt.barh(x, y1, label = '球队 1', height = 0.67)
plt.barh(x, y2, left = y1, label = '球队 2', height = 0.67)
plt.barh(x, y3, left = y1 + y2, label = '球队 3', height = 0.67)
plt.barh(x, y4, left = y1 + y2 + y3, label = '球队 4', height = 0.67)
plt.xlabel("得分")
plt.ylabel("轮")
plt.legend(loc = 'lower right')
plt.title("球队在 4 轮比赛中的得分")

plt.tight_layout()
plt.show()
```

运行程序,效果如图 4-9 所示。

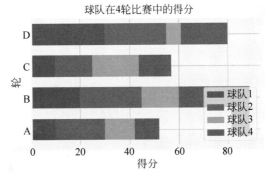

图 4-9　图例移到右下角

3. 饼图

饼图,或称饼状图,是一个将圆形划分为几个扇形的统计图表。在饼图中,每个扇形的弧长大小,表示该种类占总体的比例,这些扇形合在一起刚好是一个完整的圆形。

饼图最显著的功能在于表现"占比"。习惯上,人们也用饼图来比较扇形的大小,从而获得对数据的认知。但是,由于人类对"角度"的感知力并不如"长度",在需要准确地表达数值(尤其是当数值接近或数值很多）时，饼图常常不能胜任，建议用柱状图代替。

使用时，须确认各个扇形的数据加起来等于 100％；避免扇区超过 5 个，尽量让图表简洁明了。

在 Matplotlib 中提供了 pie() 函数用于绘制饼图。函数的语法格式为

```
pie(x, explode = None, labels = None, colors = None, autopct = None, pctdistance = 0.6, shadow =
False, labeldistance = 1.1, startangle = None, radius = None, counterclock = True, wedgeprops =
None, textprops = None, center = (0, 0), frame = False)
```

其中，各参数的含义如下。

- x：指定绘图的数据。
- explode：指定饼图某些部分的突出显示，即呈现爆炸式。
- labels：为饼图添加标签说明，类似于图例说明。
- colors：指定饼图的填充色。
- autopct：自动添加百分比显示，可以采用格式化的方法显示。
- pctdistance：设置百分比标签与圆心的距离。
- shadow：是否添加饼图的阴影效果。
- labeldistance：设置各扇形标签（图例）与圆心的距离。
- startangle：设置饼图的初始摆放角度。
- radius：设置饼图的半径大小。
- counterclock：是否让饼图按逆时针顺序呈现。
- wedgeprops：设置饼图内外边界的属性，如边界线的粗细、颜色等。
- textprops：设置饼图中文本的属性，如字体大小、颜色等。
- center：指定饼图的中心点位置，默认为原点。
- frame：是否要显示饼图背后的图框，如果设置为 True，则需要同时控制图框 x 轴、y 轴的范围和饼图的中心位置。

【例 4-5】　绘制饼图。

```
# - * - coding: utf - 8 - * -
from matplotlib import pyplot as plt
plt.rcParams['font.sans - serif'] = ['SimHei']        # 解决中文乱码
plt.figure(figsize = (6,9))                           # 调节图形大小
labels = [u'大型',u'中型',u'小型',u'微型']            # 定义标签
sizes = [46,253,321,66]                               # 每块值
colors = ['red','yellowgreen','lightskyblue','yellow']  # 每块颜色定义
explode = (0,0,0,0)                    # 将某一块分割出来,值越大分割出的间隙越大
patches,text1,text2 = plt.pie(sizes,
                              explode = explode,
                              labels = labels,
                              colors = colors,
                              autopct = '%3.2f%%',     # 数值保留固定小数位
                              shadow = False,          # 无阴影设置
                              startangle = 90,         # 逆时针起始角度设置
                              pctdistance = 0.6)       # 数值距圆心半径倍数距离
# patches 为饼图的返回值,text1 为饼图外 label 的文本,text2 为饼图内部的文本
# x 轴,y 轴刻度设置一致,保证饼图为圆形
plt.axis('equal')
plt.show()
```

运行程序，效果如图 4-10 所示。

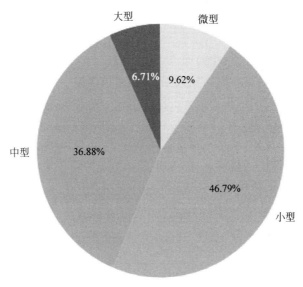

图 4-10　饼图

还可以进一步将饼图进行分割。

```
plt.figure(figsize = (6,9))                          # 调节图形大小
labels = [u'大型',u'中型',u'小型',u'微型']            # 定义标签
sizes = [46,253,321,66]                              # 每块值
colors = ['red','yellowgreen','lightskyblue','yellow'] # 每块颜色定义
explode = (0,0,0.02,0)                               # 将某一块分割出来,值越大分割出的间隙越大
patches,text1,text2 = plt.pie(sizes,
                        explode = explode,
                        labels = labels,
                        colors = colors,
                        autopct = '%3.2f%%',         # 数值保留固定小数位
                        shadow = False,              # 无阴影设置
                        startangle = 90,             # 逆时针起始角度设置
                        pctdistance = 0.6)           # 数值距圆心半径倍数的距离
plt.axis('equal')
plt.show()
```

运行程序,效果如图 4-11 所示。

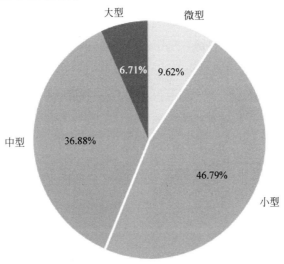

图 4-11　分割饼图

4.2.2　连续型时间数据的可视化

连续型时间数据就是指任意两个时间点之间可以细分出无限多个数值,它表现的是不断变化的现象。例如,温度就是连续型时间数据,人们可以测量一天内的任意时刻的温度。股市实时行情也是一种连续型时间数据。

1.　直方图

直方图是比较常见的视图,它是把横坐标等分成了一定数量的小区间,这个小区间也叫作"箱子",然后在每个"箱子"内用矩形条(bars)展示该箱子的箱子数(也就是 y 值),这样就完成了对数据集的直方图分布的可视化。在 Matplotlib 中提供了 hist()函数用于绘制直方图。函数的语法格式为

```
plt.hist(x, bins = 10, normed = False, orientation = 'vertical', color = None, label = None)
```

各参数的含义如下。

- x:指定要绘制的直方图的数据。
- bins:指定直方图条形个数。
- normed:是否将直方图的频数转换成频率。
- orientation:设置直方图的摆放方向,默认是垂直方向。
- color:设置直方图的填充色。
- edgecolor:设置直方图的边框色,为可选项。
- label:设置直方图的标签,可通过 legend 展示其图例。

【例 4-6】　直方图的绘制。

```
import numpy as np
from matplotlib import pyplot as plt
plt.style.use('fivethirtyeight')

ages = [18, 19, 21, 25, 27, 26, 30, 32, 38, 45, 56]
plt.hist(ages, bins = 5)
plt.title('人员的年龄分布')
plt.xlabel('年龄')
plt.ylabel('人数')
plt.tight_layout()
plt.show()
```

上面的代码中,通过调用 hist()函数来绘制直方图,bins 参数的含义是将整体数据分到几个区间内,在实例中,设置 bins=5,表示将 ages 中的数据划分到 5 个区间内。运行程序,效果如图 4-12 所示。

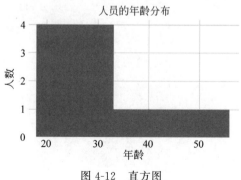

图 4-12　直方图

直方图的高度表示每个区间的人数,虽然代码将数据划分到 5 个区间,但是从图形中并不能明显看出每个区间的范围,下面为相邻区间加上一个分隔线,实现代码如下。

```
import numpy as np
from matplotlib import pyplot as plt

plt.style.use('fivethirtyeight')
ages = [18, 19, 21, 25, 26, 26, 30, 32, 38, 45, 55]
plt.hist(ages, bins = 5, edgecolor = 'black')
plt.title('人员的年龄分布')
plt.xlabel('年龄')
plt.ylabel('人数')
plt.tight_layout()
plt.show()
```

上面的代码中,通过设置参数 edgecolor 为相邻区间加上了一个分隔线,加上分隔线之后的图形如图 4-13 所示。

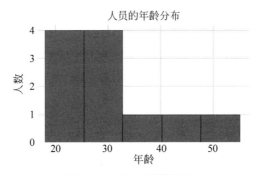

图 4-13　添加分隔线效果

上面的代码中,在调用 hist( )方法时,只传入了需要划分的区间的个数,并没有规定每个区间的范围,区间范围的划定是自动进行的。当然,也可以通过参数来明确指定每个区间的范围。实现代码如下。

```
import numpy as np
from matplotlib import pyplot as plt

plt.style.use('fivethirtyeight')
ages = [18, 19, 21, 25, 26, 26, 30, 32, 38, 45, 56]
bins = [10, 20, 30, 40, 50, 60]
plt.hist(ages, bins = bins, edgecolor = 'black')
plt.title('人员的年龄分布')
plt.xlabel('年龄')
plt.ylabel('人数')
plt.tight_layout()
plt.show()
```

在上面的代码中,通过一个列表来指定各个区间的范围,总共划分了 5 个区间,区间的范围分别是[10,20),[20,30),[30,40),[40,50),[50,60)。年龄在[10,20)区间内的人数为 2,在[20,30)区间内的人数为 4,在[30,40)区间内的人数为 3,在[40,50)区间内的人数为 1,在[50,60)区间内的人数为 1。执行完上述代码后生成的图形如图 4-14 所示。

2. 折线图

折线图是用直线段将各数据点连接起来而组成的图形,以折线方式显示数据的变化趋势。在折线图中,沿水平轴均匀分布的是时间,沿垂直轴均匀分布的是数值。折线图比较适用于表

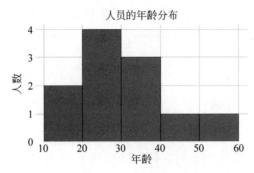

图 4-14　指定区间的范围

现趋势,常用于展现如人口增长趋势、书籍销售量、粉丝增长进度等时间数据。

在 Matplotlib 中提供了 plot()函数用于绘制折线图。函数的语法格式为:

```
plt.plot(x, y, linestyle, linewidth, color, marker, markersize, markeredgecolor, markerfactcolor,
markeredgewidth, label, alpha)
```

函数的各参数含义如下。

- x:指定折线图 x 轴的数据。
- y:指定折线图 y 轴的数据。
- linestyle:指定折线的类型,可以是实线、虚线、点虚线、点点线等,默认为实线。
- linewidth:指定折线的宽度。
- color:指定折线的颜色。
- marker:表示为折线图添加点,该参数是设置点的形状。
- markersize:设置点的大小。
- markeredgecolor:设置点的边框色。
- markerfactcolor:设置点的填充色。
- markeredgewidth:设置点的边框宽度。
- label:为折线图添加标签,类似于图例的作用。
- alpha:设置折线的透明度。

【例 4-7】　利用 plot()函数绘制折线图。

```
from matplotlib import pyplot as plt
ages_x = [25, 26, 27, 28, 29, 30, 31, 32, 33, 34, 35]

dev_y = [38496, 42000, 46752, 49320, 53200, 56000, 62316, 64928, 67317, 68748, 73752]
plt.plot(ages_x, dev_y, label = "全部开发者", color = "blue", marker = ".", linestyle = "-")
py_dev_y = [45372, 48876, 53850, 57287, 63016, 65998, 70003, 70000, 71496, 75370, 83640]
plt.plot(ages_x, py_dev_y, label = "Python 开发者", color = "green", marker = ".", linestyle = "--")
plt.xlabel("年龄")
plt.ylabel("年薪")
plt.title("年龄和薪水的关系")
plt.legend()
plt.show()
```

运行程序,效果如图 4-15 所示。

3. 阶梯图

阶梯图是指曲线保持在同一个值,直到发生变化,直接跳跃到下一个值,其形状类似于阶梯。例如,银行的利率一般会持续几个月不变,然后某一天出现上调或下调;或者楼盘价格长

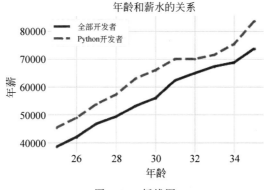

图 4-15 折线图

时间停留在某个值,突然有一天因为各种调控出现调整。

在 Matplotlib 中提供了 step()函数用于绘制阶梯图。函数的语法格式为:

step(x, y, [fmt], x2, y2, [fmt2], …, *, where = 'pre', ** kwargs)

各参数的含义如下。

- x:类数组结构,一维 x 轴坐标序列。一般假设 x 轴坐标均匀递增。
- y:类数组结构,一维 y 轴坐标序列。
- fmt:格式字符串,为可选参数。
- data:可索引数据,为可选参数。
- where:设置阶梯所在位置,取值范围为{'pre', 'post', 'mid'},默认值为'pre'。
- ** kwargs:Line 2D properties,optional 指定诸如线标签、线宽、抗锯齿、标记面颜色等属性。

【例 4-8】 使用 step()函数和 plot()函数演示不同 where 参数的效果。

```python
import numpy as np
import matplotlib.pyplot as plt

x = np.arange(14)
y = np.sin(x / 2)
plt.figure(figsize = (12,5))
plt.subplot(121)
plt.step(x, y + 2, label = 'pre (default)')
plt.plot(x, y + 2, 'o--', color = 'grey', alpha = 0.3)
plt.step(x, y + 1, where = 'mid', label = 'mid')
plt.plot(x, y + 1, 'o--', color = 'grey', alpha = 0.3)
plt.step(x, y, where = 'post', label = 'post')
plt.plot(x, y, 'o--', color = 'grey', alpha = 0.3)
plt.grid(axis = 'x', color = '0.95')
plt.legend(title = '参数 where:')
plt.title('plt.step(where = ...)')
plt.subplot(122)
plt.plot(x, y + 2, drawstyle = 'steps', label = 'steps ( = steps - pre)')
plt.plot(x, y + 2, 'o--', color = 'grey', alpha = 0.3)
plt.plot(x, y + 1, drawstyle = 'steps - mid', label = 'steps - mid')
plt.plot(x, y + 1, 'o--', color = 'grey', alpha = 0.3)
plt.plot(x, y, drawstyle = 'steps - post', label = 'steps - post')
plt.plot(x, y, 'o--', color = 'grey', alpha = 0.3)

plt.grid(axis = 'x', color = '0.95')
```

```
plt.legend(title = '参数 drawstyle:')
plt.title('plt.plot(drawstyle = ...)')
plt.show()
```

运行程序,效果如图 4-16 所示。

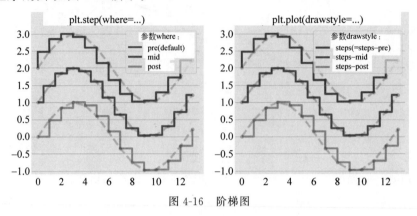

图 4-16　阶梯图

4. 曲线拟合

曲线拟合是根据给定的离散数据点绘制的曲线,又称为不规则曲线。在实际生活工作中,变量间未必都呈线性关系。拟合曲线是指选择适当的曲线类型来拟合观测数据,并用拟合的曲线方程分析两个变量间的关系。拟合曲线方法是由给定的离散数据点,建立数据关系(数学模型),求出一系列微小的直线段,并把这些插值点连接成曲线,只要插值点的间隔选择得当,就可以形成一条光滑的曲线。如果获取的数据很多,或者数据很杂乱,则可能很难甚至无法辨认出其中的发展趋势和模式。因此,为了估算出趋势,就可以用到拟合估算。在 Matplotlib 中使用 ployfit()进行曲线拟合。

【**例 4-9**】　使用 ployfit()函数进行曲线拟合。

```python
import numpy as np
import matplotlib.pyplot as plt
from scipy.optimize import curve_fit

def func(x, a, b, c):
    return a * x ** 2 + b * x + c
#定义 x、y 散点坐标
x = np.arange(3200, 35000, 3200)
num1 = [0.472,0.469,0.447,0.433,0.418,0.418,0.418,0.418,0.418,0.418]
y1 = np.array(num1)
#绘图
plot1 = plt.plot(x, y1, 'ms',label = '原始')
popt, pcov = curve_fit(func, x, y1)
yy2 = [func(i, popt[0],popt[1],popt[2]) for i in x]
plt.plot(x, yy2, 'r-', label = '拟合')
print(u'系数 a:', popt[0])
print(u'系数 b:', popt[1])
print(u'系数 c:',popt[2])

plt.xlabel('x')
plt.ylabel('y')
plt.legend(loc = 2, bbox_to_anchor = (1.05,1.0),borderaxespad = 0.)
plt.title('曲线拟合')
plt.subplots_adjust(right = 0.75)
plt.show()
```

运行程序,效果如图 4-17 所示。

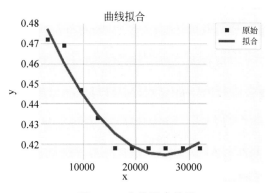

图 4-17 曲线拟合效果

4.2.3 关系型数据的可视化

数据的关联性,其核心就是指量化的两个数据间的数据关系。关联性强,是指当一个数值增长时,另一个数值也会随之发生变化。相反地,关联性弱,是指当一个数值增长时,另一个数值基本不会发生变化。

数据的关联性主要有正相关、负相关和不相关关系,如图 4-18 所示。

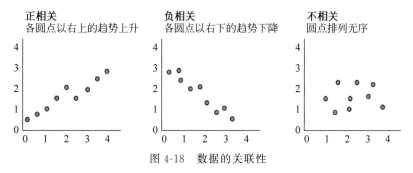

图 4-18 数据的关联性

数据的关联性可通过散点图、气泡图、热力图、蜘蛛图等来表示。

1. 散点图

散点图,顾名思义就是由一些散乱的点组成的图表,各值由点在图表中的位置表示。在时间数据中,水平轴表示时间,数值则在垂直轴上。散点图用位置作为视觉线索。如果将图表区域视作一个盘子,那么这些散的点就是"大珠小珠落玉盘",犹如一颗颗星星,分布在广袤的天空。一般地,散点图包含的数据越多,呈现的效果越好。它能直观地表现出影响因素和预测对象之间的总体关系趋势。它的优点是能通过直观醒目的图形方式反映变量间关系的变化形态。

Matplotlib 模块中的 scatter() 函数可以非常方便地绘制两个数值型变量的散点图。函数的语法格式为:

```
scatter(x, y, s = 20, c = None, marker = 'o', cmap = None, norm = None, vmin = None,
        vmax = None, alpha = None, linewidths = None, edgecolors = None)
```

- x:指定散点图的 x 轴数据。
- y:指定散点图的 y 轴数据。
- s:指定散点图点的大小,默认为 20,通过传入其他数值型变量,可以实现气泡图的绘制。

- c：指定散点图点的颜色，默认为蓝色，也可以传递其他数值型变量，通过 cmap 参数的色阶表示数值大小。
- marker：指定散点图点的形状，默认为空心圆。
- cmap：指定某个 Colormap 值，只有当 c 参数是一个浮点型数组时才有效。
- norm：设置数据亮度，标准化到 0~1，使用该参数需要参数 c 为浮点型的数组。
- vmin、vmax：亮度设置，与 norm 类似，如果使用 norm 参数，则该参数无效。
- alpha：设置散点的透明度。
- linewidths：设置散点边界线的宽度。
- edgecolors：设置散点边界线的颜色。

【例 4-10】 在同一个图形中可以包含多组数据的散点图。

```python
import matplotlib.pyplot as plt
import numpy as np

plt.style.use('fivethirtyeight')
price_orange = np.array([2.50, 1.23, 4.02, 3.25, 5.00, 4.40])
sales_per_day_orange = np.array([34, 62, 49, 22, 13, 19])
profit_margin_orange = np.array([20, 35, 40, 20, 27.5, 15])
price_cereal = np.array([1.50, 2.50, 1.15, 1.95])
sales_per_day_cereal = np.array([67, 34, 36, 12])
profit_margin_cereal = np.array([20, 42.5, 33.3, 18])
plt.scatter(price_orange, sales_per_day_orange, s = profit_margin_orange * 10, c = profit_margin_orange,
            cmap = 'jet', edgecolors = 'black', linewidth = 1, alpha = 0.7, label = 'orange')

plt.scatter(price_cereal, sales_per_day_cereal, s = profit_margin_cereal * 10, c = profit_margin_cereal,
            cmap = 'jet', edgecolors = 'black', linewidth = 1, alpha = 0.7, marker = 'd', label =
'cereal')
cbar = plt.colorbar()
cbar.set_label('利润率')
plt.title('价格和销量的关系')
plt.xlabel('价格')
plt.ylabel('销量')
plt.legend()
plt.tight_layout()
plt.show()
```

运行程序，效果如图 4-19 所示。

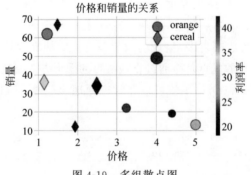

图 4-19 多组散点图

2. 气泡图

气泡图是散点图中的一种类型，可以展现三个数值变量之间的关系。气泡图的实质就是通过第三个数值型变量控制每个散点的大小，点越大，代表的第三维数值越高，反之亦然。接下来介绍如何通过 Python 绘制气泡图。

在 Matplotlib 模块中提供了 scatter()函数用于绘制散点图,本节将继续使用该函数绘制气泡图。要实现气泡图的绘制,关键的参数是 s,即散点图中点的大小,如果将数值型变量传递给该参数,就可以轻松绘制气泡图了。

【例 4-11】　绘制气泡图。

```
#导入鸢尾花数据,并重构数据框
from sklearn.datasets import load_iris
iris = load_iris()
df = pd.DataFrame(iris.data[:],columns = iris.feature_names[:])

#假设 iris 的第三个特征展示为气泡大小
fea = df['petal length (cm)']
plt.scatter(df['sepal length (cm)'], df['sepal width (cm)'], s = fea * 100, c = 'purple', alpha =
0.4, edgecolors = "grey", linewidth = 2)
plt.xlabel('鸢尾花长(cm)')                    #横坐标轴标题
plt.ylabel('鸢尾花宽(cm)')                    #纵坐标轴标题
plt.title('s = fea * 100, c = purple',verticalalignment = 'bottom')
plt.show()
```

运行程序,效果如图 4-20 的所示。

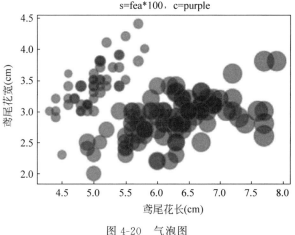

图 4-20　气泡图

其中,在 scatter()函数调用中,各参数含义如下。

- s:表征气泡大小的变量。
- c:颜色,若想要彩色气泡,可以给 c 赋值,如 c=fea。
- alpha:不透明度。
- edgecolors:气泡描边的颜色。
- linewidth:气泡描边大小。

3. 热力图

热力图是一种通过对色块着色来显示数据的统计图表。绘图时,需指定颜色映射的规则。例如,较大的值由较深的颜色表示,较小的值由较浅的颜色表示;较大的值由偏暖的颜色表示,较小的值由较冷的颜色表示;等等。

从数据结构来划分,热力图一般分为两种。第一,表格型热力图,也称色块图,它需要两个分类字段和一个数值字段,分类字段确定 x、y 轴,将图表划分为规整的矩形块。数值字段决定矩形块的颜色。第二,非表格型热力图,或是平滑的热力图,它需要三个数值字段,可绘制在平行坐标系中(两个数值字段分别确定 x、y 轴,一个数值字段确定着色)。

热力图适合用于查看总体的情况、发现异常值、显示多个变量之间的差异,以及检测它们之间是否存在任何相关性。

【例 4-12】 根据给定数据绘制热力图。

```python
import matplotlib.pyplot as plt
import numpy as np
harvest = np.array([[0.8, 2.4, 2.5, 3.9, 0.0, 4.0, 0.0],
                    [2.4, 0.0, 4.0, 1.0, 2.7, 0.0, 0.0],
                    [1.1, 2.4, 0.8, 4.3, 1.9, 4.4, 0.0],
                    [0.6, 0.0, 0.3, 0.0, 3.1, 0.0, 0.0],
                    [0.7, 1.7, 0.6, 2.6, 2.2, 6.2, 0.0],
                    [1.3, 1.2, 0.0, 0.0, 0.0, 3.2, 5.1],
                    [0.1, 2.0, 0.0, 1.4, 0.0, 1.9, 6.3]])
plt.imshow(harvest)
plt.tight_layout()
plt.show()
```

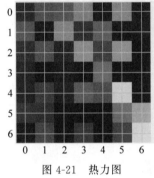

图 4-21 热力图

运行程序,效果如图 4-21 所示。

4. 蜘蛛图

蜘蛛图是一种显示一对多关系的方法。在蜘蛛图中,一个变量相对于另一个变量的显著性是清晰可见的。这里需要使用 Matplotlib 来进行画图。首先设置两个数组:labels 和 stats,它们分别保存了这些属性的名称和属性值。因为蜘蛛图是一个圆形,需要计算每个坐标的角度,然后对这些数值进行设置。当画完最后一个点后,需要与第一个点进行连线。因为需要计算角度,所以要准备 angles 数组;又因为需要设定统计结果的数值,所以要设定 stats 数组;还需要在原有 angles 和 stats 数组上增加一位,也就是添加数组的第一个元素。

【例 4-13】 绘制蜘蛛图。

```python
import numpy as np
import matplotlib.pyplot as plt
import seaborn as sns
from matplotlib.font_manager import FontProperties
#数据准备
labels = np.array([u"A","B",u"C",u"D",u"E",u"F"])
stats = [83, 61, 95, 67, 76, 88]
#画图数据准备,角度、状态值
angles = np.linspace(0, 2 * np.pi, len(labels), endpoint = False)
stats = np.concatenate((stats,[stats[0]]))
angles = np.concatenate((angles,[angles[0]]))
#用 Matplotlib 画蜘蛛图
fig = plt.figure()
ax = fig.add_subplot(111, polar = True)
ax.plot(angles, stats, 'o - ', linewidth = 2)
ax.fill(angles, stats, alpha = 0.25)
#设置中文字体
ax.set_thetagrids(angles * 180/np.pi, labels)
plt.show()
```

代码中 flt.figure()是创建一个空白的 figure 对象,这样做的目的相当于画画前先准备一个空白的画板。然后 add_subplot(111) 可以把画板划分成 1 行 1 列。再用 ax.plot() 和 ax.fill() 进行连线以及给图形上色。最后在相应的位置上显示出属性名,效果如图 4-22 所示。

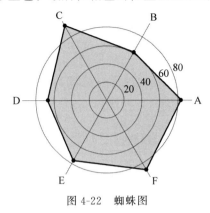

图 4-22　蜘蛛图

4.2.4　多图形的组合

现实工作中往往会根据需求,将绘制的多个图形组合到一个大图框内,形成类似仪表板的效果。针对这种情况,如何应用 Python 将前面所学的各种图形汇总到一个图表中,本节将对多种图形的组合进行学习。

关于多种图形的组合,可以使用 Matplotlib 模块中的 subplot2grid() 函数。这个函数的灵活性非常高,构成的组合图既可以是 $m \times n$ 的矩阵风格,也可以是跨行或跨列的矩阵风格。该函数的语法为:

```
subplot2grid(shape, loc, rowspan = 1, colspan = 1, ** kwargs)
```

各参数的含义如下。

- shape:指定组合图的框架形状,以元组形式传递,如 2×3 的矩阵可以表示成(2,3)。
- loc:指定子图所在的位置,如 shape 中第 1 行第 1 列可以表示成(0,0)。
- rowspan:指定某个子图需要跨几行。
- colspan:指定某个子图需要跨几列。

为了更清晰地理解函数中的四个参数,这里以 2×3 的组图布局为例,说明子图位置与跨行、跨列的概念,如图 4-23 所示。

(0.0)	(0.1)	(0.2)
(1.0)	(1.1)	(1.2)

(0.0)	(0.1)	(0,2) 跨两行
(1,0)跨两列		

图 4-23　子图的概念

图 4-23 这两种布局的前提都需要设置 shape 参数为(2,3),所不同的是,左图一共需要布置 6 个图形;右图只需要布置 4 个图形,其中第 3 列跨了两行(rowspan 需要指定为 2),第 2 行跨了两列(colspan 需要指定为 2)。图框中的元组值代表了子图的位置。

【例 4-14】　以如图 4-24 所示的某集市商品交易数据为例,绘制含跨行和跨列的组合图。

```
import pandas as pd
import matplotlib.pyplot as plt
import seaborn as sns
```

	A	B	C	D	E	F	G	H
1	Date	Order_Cla	Sales	Transport	Trans_Co	Region	Category	Box_Type
2	2020/10/13	低级	261.54	火车	35	华北	办公用品	大型箱子
3	2022/2/20	其他	6	火车	2.26	华南	办公用品	小型包裹
4	2021/7/15	高级	2808.08	火车	5.81	华南	家具产品	中型箱子
5	2021/7/15	高级	1761.4	大卡	89.3	华北	家具产品	巨型纸箱
6	2021/7/15	高级	160.2335	火车	5.03	华北	技术产品	中型箱子
7	2021/7/15	高级	140.56	火车	8.99	东北	技术产品	小型包裹
8	2021/10/22	其他	288.56	火车	2.25	东北	办公用品	打包纸袋
9	2021/10/22	其他	1892.848	火车	8.99	华南	技术产品	小型箱子
10	2021/11/2	中级	2484.746	火车	4.2	华南	技术产品	小型箱子
11	2021/3/17	中级	3812.73	火车	1.99	华南	技术产品	小型包裹
12	2019/1/19	低级	108.15	火车	0.7	华北	办公用品	打包纸袋
13	2019/6/3	其他	1186.06	火车	3.92	西北	家具产品	小型包裹
14	2019/6/3	其他	51.53	空运	0.7	华南	办公用品	打包纸袋
15	2020/12/17	低级	90.05	火车	2.58	华南	办公用品	打包纸袋
16	2020/12/17	低级	7804.53	火车	5.99	华北	技术产品	小型箱子
17	2019/4/16	高级	4158.124	火车	8.99	华北	技术产品	小型箱子
18	2020/1/28	中级	75.57	火车	0.5	西南	办公用品	小型箱子
19	2012/10/18	低级	32.72	火车	8.19	华南	办公用品	小型箱子
20	2022/5/7	高级	461.89	空运	13.99	华南	技术产品	中型箱子
21	2022/5/7	高级	575.11	火车	9.03	华东	办公用品	小型箱子
22	2022/5/7	高级	236.46	火车	9.45	华南	办公用品	小型箱子
23	2020/6/10	中级	192.814	火车	5.03	西北	技术产品	中型箱子
24	2020/6/10	中级	4011.65	大卡	54.74	西北	家具产品	巨型纸箱

图 4-24 数据表

```python
import numpy as np

# 读取数据
Prod_Trade = pd.read_excel('data.xlsx')
# 衍生出交易年份和月份字段
Prod_Trade['year'] = Prod_Trade.Date.dt.year
Prod_Trade['month'] = Prod_Trade.Date.dt.month
plt.rcParams['font.sans-serif'] = ['SimHei']  # 解决中文乱码
# 设置大图框的长和高
plt.figure(figsize = (12,6))
# 设置第一个子图的布局
ax1 = plt.subplot2grid(shape = (2,3), loc = (0,0))
# 统计 2012 年各订单等级的数量
Class_Counts = Prod_Trade.Order_Class[Prod_Trade.year == 2012].value_counts()
Class_Percent = Class_Counts/Class_Counts.sum()
# 将饼图设置为圆形(否则有点像椭圆)
ax1.set_aspect(aspect = 'equal')
# 绘制订单等级饼图
ax1.pie(x = Class_Percent.values, labels = Class_Percent.index, autopct = '%.1f%%')
# 添加标题
ax1.set_title('各等级订单比例')
# 设置第二个子图的布局
ax2 = plt.subplot2grid(shape = (2,3), loc = (0,1))
# 统计 2012 年每月销售额
Month_Sales = Prod_Trade[Prod_Trade.year == 2012].groupby(by = 'month').aggregate({'Sales':np.sum})
# 绘制销售额趋势图
Month_Sales.plot(title = '2012 年各月销售趋势', ax = ax2, legend = False)
# 删除 x 轴标签
ax2.set_xlabel('')
# 设置第三个子图的布局
ax3 = plt.subplot2grid(shape = (2,3), loc = (0,2), rowspan = 2)
# 绘制各运输方式的成本箱线图
```

```
sns.boxplot(x = 'Transport', y = 'Trans_Cost', data = Prod_Trade, ax = ax3)
# 添加标题
ax3.set_title('各运输方式成本分布')
# 删除 x 轴标签
ax3.set_xlabel('')
# 修改 y 轴标签
ax3.set_ylabel('运输成本')
# 设置第四个子图的布局
ax4 = plt.subplot2grid(shape = (2,3), loc = (1,0), colspan = 2)
# 2012 年客单价分布图
sns.distplot(Prod_Trade.Sales[Prod_Trade.year == 2012], bins = 40, norm_hist = True, ax =
ax4, hist_kws = {'color':'steelblue'}, kde_kws = ({'linestyle':'--', 'color':'red'}))
# 添加标题
ax4.set_title('2012 年客单价分布图')
# 修改 x 轴标签
ax4.set_xlabel('销售额')
# 调整子图之间的水平间距和高度间距
plt.subplots_adjust(hspace = 0.6, wspace = 0.3)
# 图形显示
plt.show()
```

运行程序,效果如图 4-25 所示。

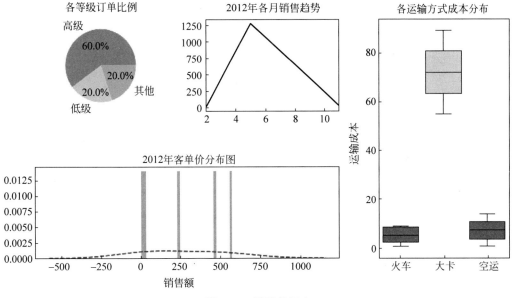

图 4-25　图形的组合

4.2.5　等高线图

有需要描绘边界的时候,就会用到轮廓图(等高线图),机器学习用的决策边界也常用轮廓图来绘画。等高线图需要的是三维数据,其中,X、Y 轴数据决定坐标点,还需要对应的高度数据(相当于 Z 轴数据)来决定不同坐标点的高度。Matplotlib 中提供的 contour()和 contourf()都是用于画三维等高线图的,不同点在于 contour()是绘制轮廓线,contourf()会填充轮廓。除非另有说明,否则两个版本的函数是相同的。函数的语法格式为:

```
coutour([X, Y,] Z,[levels], **kwargs)
```

各参数含义如下。

- X：指定 X 轴的数据。
- Y：指定 Y 轴的数据。
- Z：指定 X、Y 坐标对应点的高度数据。
- ** kwargs：指定诸如线标签、线宽、抗锯齿、标记面颜色等属性。

【例 4-15】 绘制 $z=x^2+y^2$ 的等高线图。

```python
# 导入模块
import numpy as np
import matplotlib.pyplot as plt

# 步长为 0.01,即每隔 0.01 取一个点
step = 0.01
x = np.arange(-10,10,step)
y = np.arange(-10,10,step)
# 也可以用 x = np.linspace(-10,10,100)表示从-10 到 10,分为 100 份

# 将原始数据变成网格数据形式
X,Y = np.meshgrid(x,y)
# 写入函数,z 是大写,此处中间的 0 是最大,加了一个负号
Z = -(X ** 2 + Y ** 2)
# 填充颜色,f 即 filled,6 表示将三色分成三层,cmap 是放置颜色格式,hot 表示热温图(红黄渐变)
# 颜色集,6 层颜色,默认的情况下不用写颜色层数
cset = plt.contourf(X,Y,Z,6,cmap = plt.cm.hot)
# 画出 8 条线,并将颜色设置为黑色
contour = plt.contour(X,Y,Z,8,colors = 'k')
# 等高线上标明 Z(即高度)的值,字体大小是 10,颜色分别是黑色和红色
plt.clabel(contour,fontsize = 10,colors = 'k')
# 去掉坐标轴刻度
# plt.xticks(())
# plt.yticks(())
# 设置颜色条(显示在图片右边)
plt.colorbar(cset)
# 显示
plt.show()
```

运行程序,效果如图 4-26 所示。

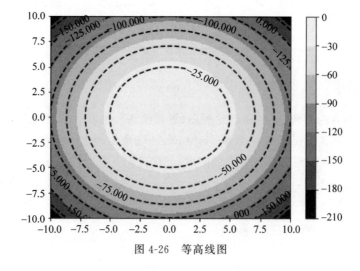

图 4-26　等高线图

4.3 三维绘图

最初开发的 Matplotlib 仅支持绘制 2D 图形,后来随着版本的不断更新,Matplotlib 在二维绘图的基础上构建了一部分较为实用的 3D 绘图程序包,如 mpl_toolkits. mplot3d,通过调用该程序包的一些接口可以绘制 3D 散点图、3D 曲面图、3D 线框图等。

4.3.1 坐标轴对象

创建 Axes3D 主要有两种方式,一种是利用关键字 projection= '3d'l 来实现,另一种则是通过从 mpl_toolkits. mplot3d 导入对象 Axes3D 来实现,目的都是生成具有三维格式的对象 Axes3D。下面的代码展示了几种创建三维坐标轴的方法。

```
# 方法一,利用关键字
from matplotlib import pyplot as plt
from mpl_toolkits.mplot3d import Axes3D
# 定义坐标轴
fig = plt.figure()
ax1 = plt.axes(projection = '3d')
# ax = fig.add_subplot(111,projection = '3d') # 这种方法也可以画多个子图

# 方法二,利用三维轴方法
from matplotlib import pyplot as plt
from mpl_toolkits.mplot3d import Axes3D

# 定义图像和三维格式坐标轴
fig = plt.figure()
ax2 = Axes3D(fig)
```

4.3.2 三维曲线

首先创建一个三维绘图区域,plt.axes()函数提供了一个参数 projection,将其参数值设置为"3d"。整体代码如下。

```
from mpl_toolkits import mplot3d
import numpy as np
import matplotlib.pyplot as plt
plt.rcParams['font.sans - serif'] = ['SimHei'] # 显示中文
fig = plt.figure()
# 创建 3D 绘图区域
ax = plt.axes(projection = '3d')
# 从三个维度构建
z = np.linspace(0, 1, 100)
x = z * np.sin(20 * z)
y = z * np.cos(20 * z)
# 调用 ax.plot3D 创建三维线图
ax.plot3D(x, y, z, 'gray')
ax.set_title('3D曲线图')
plt.show()
```

运行程序,效果如图 4-27 所示。

实例代码中的 ax.plot3D()函数可以绘制各种三维图形,这些三维图都要根据(x,y,z)三元组类来创建。

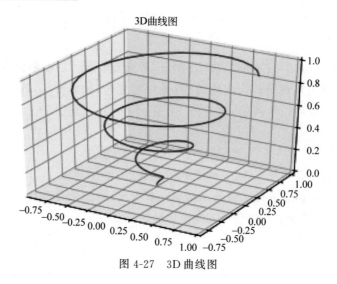

图 4-27　3D 曲线图

4.3.3　三维散点

在 Matplotlib 中通过 ax.scatter3D()函数可以绘制 3D 散点图,下面通过实例来演示函数的用法。

【例 4-16】　绘制 3D 散点图。

```
from mpl_toolkits import mplot3d
import numpy as np
import matplotlib.pyplot as plt
fig = plt.figure()
#创建绘图区域
ax = plt.axes(projection = '3D')
#构建 x、y、z
z = np.linspace(0, 1, 100)
x = z * np.sin(20 * z)
y = z * np.cos(20 * z)
c = x + y
ax.scatter3D(x, y, z, c = c)
ax.set_title('3D 散点图')
plt.show()
```

运行程序,效果如图 4-28 所示。

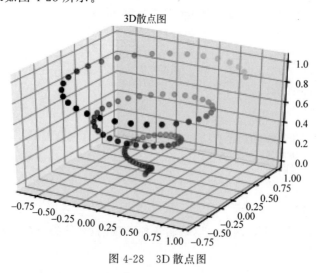

图 4-28　3D 散点图

4.3.4 三维等高线图

ax.contour3D()可以用来创建三维等高线图,该函数要求输入数据均采用二维网格式的矩阵坐标。同时,它可以在每个网格点(x,y)处计算出一个z值。

【例4-17】 绘制三维正弦等高线图。

```python
from mpl_toolkits import mplot3d
import numpy as np
import matplotlib.pyplot as plt
def f(x, y):
    return np.sin(np.sqrt(x ** 2 + y ** 2))
#构建x、y数据
x = np.linspace(-6, 6, 30)
y = np.linspace(-6, 6, 30)
#将数据网格化处理
X, Y = np.meshgrid(x, y)
Z = f(X, Y)
fig = plt.figure()
ax = plt.axes(projection = '3D')
#50表示在z轴方向等高线的高度层级,binary颜色从白色变成黑色
ax.contour3D(X, Y, Z, 50, cmap = 'binary')
ax.set_xlabel('x')
ax.set_ylabel('y')
ax.set_zlabel('z')
ax.set_title('3D等高线图')
plt.show()
```

运行程序,效果如图4-29所示。

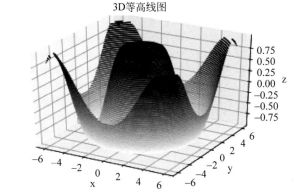

图 4-29　3D 等高线图

4.3.5 三维线框

线框图同样要采用二维网格形式的数据,与绘制等高线图类似。线框图可以将数据投影到指定的三维表面上,并输出可视化程度较高的三维效果图。在 Matplotlib 中通过 plot_wireframe()绘制三维线框图。

【例4-18】 绘制三维线框图。

```python
from mpl_toolkits import mplot3d
import numpy as np
import matplotlib.pyplot as plt
#要绘制函数图像
```

```
def f(x, y):
    return np.sin(np.sqrt(x ** 2 + y ** 2))
# 准备 x,y 数据
x = np.linspace( - 6, 6, 30)
y = np.linspace( - 6, 6, 30)
# 生成 x、y 网格化数据
X, Y = np.meshgrid(x, y)
# 准备 z 值
Z = f(X, Y)
# 绘制图像
fig = plt.figure()
ax = plt.axes(projection = '3d')
# 调用绘制线框图的函数 plot_wireframe()
ax.plot_wireframe(X, Y, Z, color = 'black')
ax.set_title('3D 线框图')
plt.show()
```

运行程序,效果如图 4-30 所示。

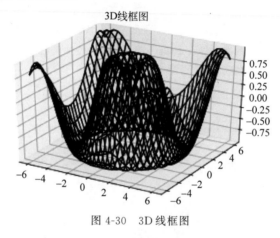

图 4-30　3D 线框图

4.3.6　三维曲面图

曲面图用于表示一个指定的因变量 y 与两个自变量 x 和 z 之间的函数关系。三维曲面图是一个三维图形,它非常类似于线框图。不同之处在于,线框图的每个面都由多边形填充而成。Matplotlib 提供的 plot_surface()函数可以绘制三维曲面图,该函数需要接收三个参数值 x,y 和 z。

【例 4-19】　绘制三维曲面图。

```
from mpl_toolkits.mplot3d import Axes3D
from matplotlib import cm
from matplotlib.ticker import LinearLocator
import matplotlib.pyplot as plt
import numpy as np

fig = plt.figure()
ax = fig.gca(projection = '3d')
# ax =  axes3d.Axes3D(fig)
[x,t] = np.meshgrid(np.array(range(25))/24.0,np.arange(0,575.5,0.5)/575 * 17 * np.pi - 2 * np.pi)
p = (np.pi/2) * np.exp( - t/(8 * np.pi))
u = 1 - (1 - np.mod(3.6 * t,2 * np.pi)/np.pi) ** 4/2
y = 2 * (x ** 2 - x) ** 2 * np.sin(p)
r = u * (x * np.sin(p) + y * np.cos(p))
```

```
surf = ax.plot_surface(r * np.cos(t), r * np.sin(t), u * (x * np.cos(p) - y * np.sin(p)), rstride = 1,
cstride = 1, cmap = cm.gist_rainbow_r,
                            linewidth = 0, antialiased = True)
plt.show()
```

运行程序,效果如图 4-31 所示。

图 4-31 三维曲面图

4.4 Pygal 数据可视化

Pygal 是另一个简单易用的数据图库,它以面向对象的方式来创建各种数据图,而且使用 Pygal 可以非常方便地生成各种格式的数据图,包括 PNG、SVG 等。使用 Pygal 也可以生成 XML etree、HTML 表格。

4.4.1 安装 Pygal

安装 Pygal 包与安装其他 Python 包基本相同,同样可以使用 pip 来安装。启动命令窗口,在命令行窗口中输入

```
pip install pygal
```

上面的命令将自动安装 Pygal 包的最新版本。

4.4.2 Pygal 数据图入门

Pygal 使用面向对象的方式来生成数据图,使用 Pygal 生成数据图的步骤大致如下。

(1) 创建 Pygal 数据图对象。Pygal 为不同的数据图提供了不同的类,如柱状图使用 pygal.Bar 类,饼图使用 pygal.Pie 类,折线图使用 pygal.Line 类,等等。

(2) 调用数据图对象的 add() 方法添加数据。

(3) 调用 Config 对象的属性配置数据图。

(4) 调用数据图对象的 render_to_xxx() 方法将数据图渲染到指定的输出节点——此处的输出节点可以是 PNG 图片、SVG 文件,也可以是其他节点。

提示:SVG(Scalable Vector Graphics,可缩放矢量图形)是一种矢量图格式,用浏览器打开 SVG,可以方便地与之交互。

【例 4-20】 绘制 Pygal 的柱状图。

```
import pygal

'''绘制条形图,多图横向排列'''
```

```
bar_chart = pygal.Bar()
#添加两组代表条柱的数据
bar_chart.add('Fibonacci 数列', [0, 1, 1, 2, 3, 5, 8, 13, 21, 34, 55])
bar_chart.add('Padovan 数列', [1, 1, 1, 2, 2, 3, 4, 5, 7, 9, 12])
#指定将数据图输出到 SVG 文件中
bar_chart.render_to_file('bar_chart.svg')
```

运行程序,render_to_file()函数会在当前 Python 文件目录下生成一个名为 bar_chart.svg 的 SVG 文件,可以使用各种程序打开它。图 4-32 是所生成的柱状图。

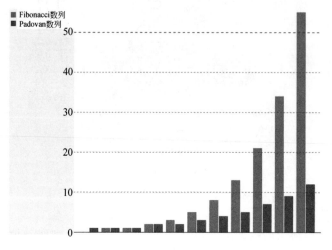

图 4-32   简单的柱状图

4.4.3   Pygal 绘制常见数据图

Pygal 同样支持各种不同的数据图,如饼图、折线图等。Pygal 的设计很好,不管创建哪种数据图,Pygal 的创建方式基本是一样的,都是先创建对应的数据图对象,然后添加数据,最后对数据图进行配置。因此,使用 Pygal 生成数据图是比较简单的。

1. 折线图

折线图与柱状图很像,它们只是表现数据的方式不同,柱状图使用条柱代表数据,而折线图则使用折线点来代表数据。因此,生成折线图的方式与生成柱状图的方式基本相同。

使用 pygal.Line 类来表示折线图,程序创建 pygal.Line 对象就是创建折线图。

【例 4-21】   利用折线图分析小朋友每科考试成绩趋势。

```
import pygal
line_chart = pygal.Line()
line_chart.title = '明明小朋友各科成绩趋势图'
line_chart.x_labels = map(str, range(1, 6))
line_chart.add('数学', [67, 58, 75, 71,76, 78])
line_chart.add('语文', [88, 89, 90, 98, 86, 82])
line_chart.add('英语', [98, 99, 98, 94, 100, 98])
line_chart.render_to_file('line_chart.svg')
```

运行程序,效果如图 4-33 所示。

2. 柱状图

使用 pygal.HorizontalBar 类来表示柱状图。使用 pygal.HorizontalBar()生成水平柱状图的步骤与创建普通柱状图的步骤基本相同。

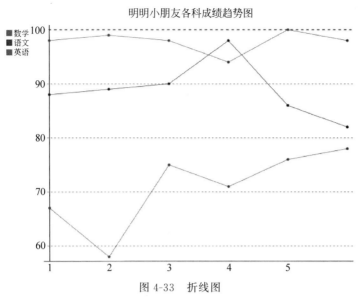

图 4-33 折线图

【**例 4-22**】 使用 pygal. HorizontalBar()生成水平柱状图来显示城市的分布。

```python
import pygal
import numpy as np

chart = pygal. HorizontalBar()
chart.title = "城市分布"
city_name = ['北京', '上海', '广州', '深圳', '重庆']
city_data = np.random.randint(100, 150, len(city_name))
chart.x_labels = city_name
chart.add("数据", city_data)
chart.render_to_file('bar_chart.svg')
```

运行程序,用浏览器打开保存的图形,效果如图 4-34 所示。

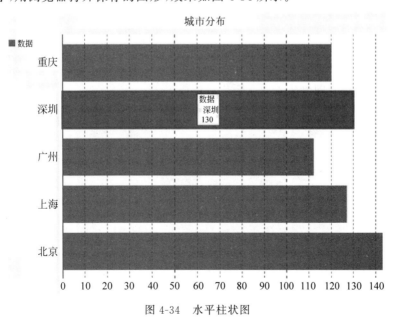

图 4-34 水平柱状图

也可以作成垂直柱状图,只需要将 pygal.HorizontalBar()改为 pygal.Bar()即可。

3. 堆叠柱状图

有时候,客户重点关注的不是两个产品在同一年的销量对比(应该使用普通柱状图),而是两个产品的累计销量,此时应该使用堆叠柱状图或堆叠折线图。

对于堆叠柱状图而言,代表第二组数据的条柱堆叠在代表第一组数据的条柱上,这样可以更方便地看到两组数据的累加结果。堆叠柱状图使用 pygal.StackedBar 类来表示,程序使用 pygal.StackedBar()创建叠加柱状图的步骤与创建普通柱状图的步骤基本相同。

【例 4-23】 利用堆叠柱状图分析香蕉与苹果历年的销量。

```python
import pygal
import random

# 数据
year_data = [str(i) for i in range(2011, 2020)]
banana_data = [random.randint(20,40) * 1000 for i in range(1, 10)]
apple_data = [random.randint(35,60) * 1000 for i in range(1, 10)]
garph = pygal.StackedBar()                          # 创建图(堆叠柱状图)
# 添加数据
garph.add('香蕉的历年销量', banana_data)
garph.add('苹果的历年销量', apple_data)
garph.x_labels = year_data                          # 设置 X 轴刻度
garph.y_label_rotation = 45                         # 设置 Y 轴的标签旋转角度
garph.title = '香蕉与苹果历年的销量分析'              # 设置图标题
garph.x_title = '年份'                               # 设置 X 轴标题
garph.y_title = '销量(吨)'                           # 设置 Y 轴标题
garph.legend_at_bottom = True                       # 设置图例位置(下面)
garph.margin = 35              # 设置页边距(margin_bottom、margin_top、margin_left、margin_right)
garph.show_x_guides = True                          # 显示 X 轴的网格线
garph.show_y_guides = True                          # 显示 Y 轴的网格线
garph.render_to_file('StackedBar_Chart.svg')        # 输出到图片文件
```

运行程序,用浏览器打开所保存的图像,效果如图 4-35 所示。

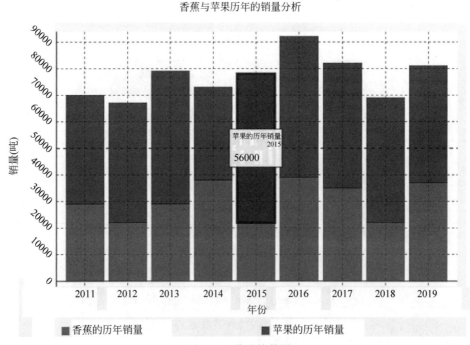

图 4-35　堆叠柱状图

4. 堆叠折线图

与堆叠柱状图类似的还有堆叠折线图,堆叠折线图使用 pygal.StackedLine 类来表示,堆叠折线图的第二组折线的数据点同样叠加在第一组折线的数据点上。

【例 4-24】 利用堆叠折线图分析香蕉与苹果历年的销量。

```
garph = pygal.StackedLine() ♯创建图(堆叠折线图)
garph.add('香蕉的历年销量', banana_data)
garph.add('苹果的历年销量', apple_data)
garph.x_labels = year_data
garph.y_label_rotation = 45
garph.title = '香蕉与苹果历年的销量分析'
garph.x_title = '年份'
garph.y_title = '销量(吨)'
garph.legend_at_bottom = True
garph.margin = 35
garph.show_x_guides = True
garph.show_y_guides = True
garph.render_to_file('StackedLine_Chart.svg')
```

运行程序,用浏览器打开所保存的图像,效果如图 4-36 所示。

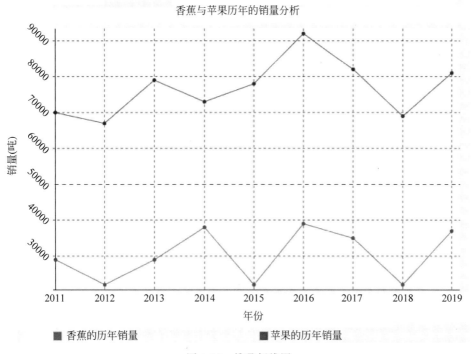

图 4-36　堆叠折线图

5. 饼图

Pygal 提供了 pygal.Pie 类来支持饼图,程序在创建 pygal.Pie 对象之后,同样需要调用 add()方法来添加统计数据。

pygal.Pie 对象支持如下两个特有的属性。

- inner_radius:设置饼图内圈的半径,通过设置该属性可实现环形数据图。
- half_pie:将该属性设置为 True,可实现半圆的饼图。

【例 4-25】 使用饼图展示 2021 年 10 月编程语言的统计数据。

```
import pygal
# 2021 年 10 月编程语言的市场份额
data = {'Java':0.26881, 'C':0.11986, 'C++':0.07471, 'Python':0.26992, 'VB.net':0.02762, 'c#':
0.01541, 'PHP':0.12925, 'JavaScript':0.02011, 'SQL':0.08316, 'Assembly language':0.01203, '其他':
0.38326}
graph = pygal.Pie()                              # 创建图(饼图)
# 添加数据
for k in data.keys():
    graph.add(k, data[k])
graph.title = '2021 年 10 月编程语言的市场份额'      # 设置图标题
graph.render_to_file('Pie_Chart.svg')           # 输出到图片文件
```

运行程序,用浏览器打开所保存的图像,效果如图 4-37 所示。

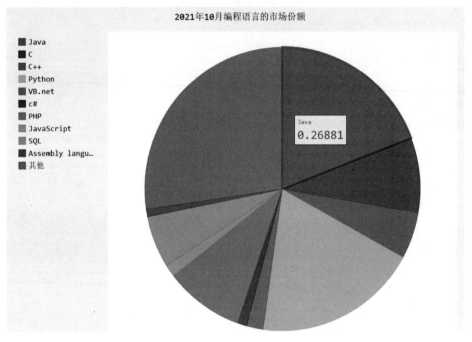

图 4-37　传统饼图

再调用 pygal.Pie()函数,如果修改 inner_radius 的数值,即设置饼图的内圈半径;如果将 half_pie 设置为 True,即为半圆饼图。例如:

```
graph = pygal.Pie()
for k in data.keys():
    graph.add(k, data[k])
graph.title = '2021 年 10 月编程语言的市场份额'
graph.half_pie = True   # 半圆饼图
graph.render_to_file('language.svg')
```

运行程序,用浏览器打开所保存的图像,效果如图 4-38 所示。

6. 点图

与柱状图使用条柱高度来代表数值的大小不同,点图使用点(圆)的大小来表示数值的大小。Pygal 使用 pygal.Dot 类表示点图,创建点图的方式与创建柱状图的方式基本相同。

【**例 4-26**】 利用点图展示各个浏览器的用户量。

```
import pygal

dot_chart = pygal.Dot(x_label_rotation = 30)  # 点图
```

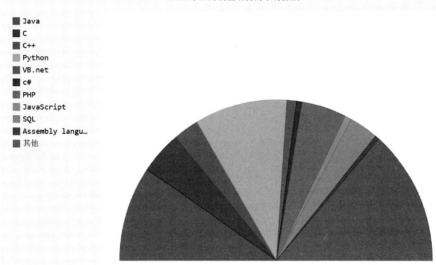

图 4-38 半圆饼图

```
dot_chart.title = 'V8 基准测试结果'
dot_chart.x_labels = ['Richards', 'DeltaBlue', 'Crypto', 'RayTrace', 'EarleyBoyer', 'RegExp',
'Splay', 'NavierStokes']
dot_chart.add('Chrome', [6395, 8212, 7520, 7218, 12464, 1660, 2123, 8607])
dot_chart.add('Firefox', [7473, 8099, 11700, 2651, 6361, 1044, 3797, 9450])
dot_chart.add('Opera', [3472, 2933, 4203, 5229, 5810, 1828, 9013, 4669])
dot_chart.add('IE', [43, 41, 59, 79, 144, 136, 34, 102])
dot_chart.render_to_file('dot – basic.svg')
```

运行程序,用浏览器打开所保存的图像,效果如图 4-39 所示。

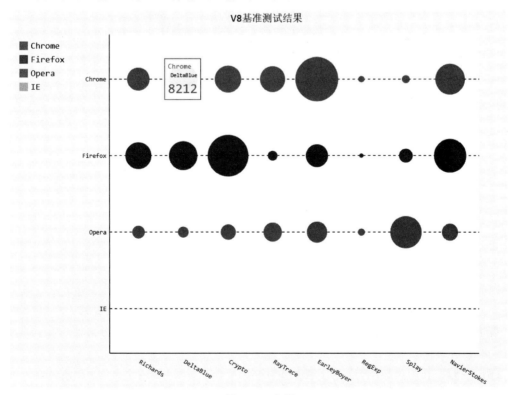

图 4-39 点图

7. 仪表图

仪表(Gauge)图类似于一个仪表盘,在仪表盘内使用不同的指针代表不同的数据。Pygal 使用 pygal.Gauge 类表示仪表图。程序在创建 pygal.Gauge 对象之后,为 pygal.Gauge 对象添加数据的方式与为 pygal.Pie 对象添加数据的方式相似。

pygal.Gauge 对象有一个特别的属性:range,该属性用于指定仪表图的最小值和最大值。

【例 4-27】 利用仪表图表示各浏览器的使用情况。

```python
import pygal

gauge_chart = pygal.Gauge(human_readable = True)
gauge_chart.title = 'DeltaBlue V8 基准测试结果'
gauge_chart.range = [0, 10000]
gauge_chart.add('Chrome', 8212)
gauge_chart.add('Firefox', 8099)
gauge_chart.add('Opera', 2933)
gauge_chart.add('IE', 41)
gauge_chart.render_to_file('gauge - basic.svg')
```

运行程序,用浏览器打开所保存的图像,效果如图 4-40 所示。

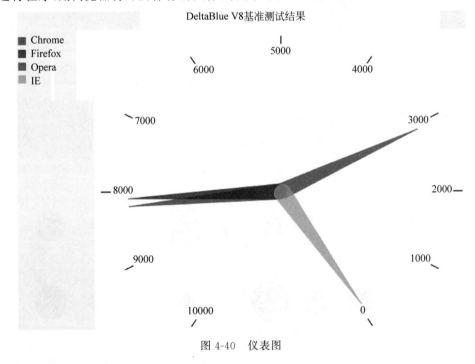

图 4-40　仪表图

8. 雷达图

雷达图也称为网络图、蜘蛛图、星图、蜘蛛网图,它被认为是一种表现多维数据的图表。它将多个维度的数据量映射到坐标轴上,每一个维度的数据都分别对应一个坐标轴,这些坐标轴以相同的间距沿着径向排列,并且刻度相同。连接各个坐标轴的网格线通常只作为辅助元素,将各个坐标轴上的数据点用线连接起来就形成了一个多边形,即组成了雷达图。

雷达图适合用于分析各对象在不同维度的优势和劣势,通过雷达图可对比每个对象在不同维度的得分。

【例 4-28】 利用雷达图分析周围餐厅的评分。

```python
import pygal
```

```
radar_chart = pygal.Radar()
radar_chart.title = '餐厅评分数据'
radar_chart.x_labels = ['味道', '卫生', '服务', '价格', '环境']
radar_chart.add('波比炸鸡', [9, 6, 6, 4, 8])
radar_chart.add('好味道快餐', [7, 8, 8, 6, 8])
radar_chart.add('川味烧烤', [10, 4, 7, 8, 4])
radar_chart.add('华莱士', [7, 6, 5, 4, 6])
radar_chart.render_to_file('Radar_chart.svg')
```

运行程序,用浏览器打开所保存的图像,效果如图 4-41 所示。

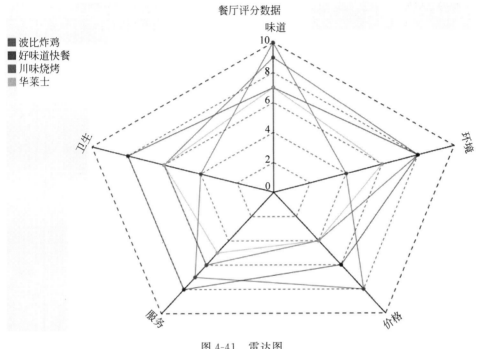

图 4-41　雷达图

4.5　Pygal 模拟掷骰子

Python 之所以这么流行,是因为它不仅能够应用于科技领域,还能用来做许多其他学科的研究工具,例如,Pygal 在统计学中的应用。

本节将介绍利用 Pygal 模拟掷骰子过程。

1. 安装 Pygal

打开命令行窗口输入:

```
pip install pygal
```

2. 可视化包 Pygal 生成可缩放矢量图形文件

可视化包 Pygal 可以在尺寸不同的屏幕上自动缩放,显示图表,最后渲染成 SVG 或者 HTML 文件。

```
from random import randint
# 创建一个骰子的类
class Die():
    def __init__(self,num_sides = 6):
        self.num_sides = num_sides
    def roll(self):
        # 返回一个位于 1 和骰子面数之间的随机值
```

```
        return randint(1, self.num_sides)
#掷骰子
die = Die()
#创建一个列表,将结果存储在一个列表中
results = []
#掷 50 次
for roll_num in range(50):
    result = die.roll()
    results.append(result)
print('显示掷骰子结果:\n',results)
```

显示掷骰子结果:

 [1, 5, 5, 5, 3, 4, 5, 4, 6, 3, 3, 6, 4, 6, 3, 2, 5, 2, 4, 2, 6, 6, 5, 2, 3, 3, 4, 2, 6, 1, 4, 1, 3,
3, 1, 6, 5, 3, 2, 1, 5, 5, 1, 1, 1, 4, 5, 5, 5, 4]

```
'''分析结果,计算每个点数出现的次数'''
frequencies = []
for value in range(1, die.num_sides + 1):
    frequency = results.count(value)
    frequencies.append(frequency)
print('每个点数出现的次数:\n',frequencies)
```

每个点数出现的次数:
 [11, 3, 9, 7, 9, 11]

```
'''绘制直方图'''
import pygal
hist = pygal.Bar()
hist.title = '掷骰子 50 次结果'
hist.x_lables = ['1', '2', '3', '4', '5', '6']
hist.x_title = '结果'
hist.y_title = '频率结果'
hist.add('d6', frequencies)
#将图渲染为 SVG 文件,打开浏览器,查看生成的直方图,如图 4 - 42 所示
hist.render_to_file('die_visual.svg')
```

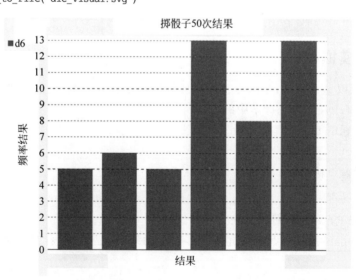

图 4-42　掷骰子 50 次效果

3. 同时投掷两个骰子

如果同时掷两个骰子,得到的效果与掷一个骰子是不一样的,例如以下代码:

```
from random import randint
```

```
#创建一个骰子的类
class Die():
    def __init__(self,num_sides = 6):
        self.num_sides = num_sides
    def roll(self):
        #返回一个位于1和骰子面数之间的随机值
        return randint(1, self.num_sides)
#掷骰子
die1 = Die()
die2 = Die()
#创建一个列表,将结果存储在一个列表中
results = []
#掷50次
for roll_num in range(50):
    result = die1.roll() + die2.roll()
    results.append(result)
print('显示掷骰子结果:\n',results)
```

显示掷骰子结果:

[2, 7, 4, 9, 11, 5, 9, 3, 10, 10, 5, 8, 6, 3, 8, 7, 10, 3, 12, 7, 8, 5, 2, 6, 11, 4, 9, 6, 9, 8, 6, 3, 12, 4, 10, 2, 9, 6, 9, 6, 9, 4, 2, 9, 4, 4, 3, 6, 4, 8]

```
#分析结果,计算每个点数出现的次数
frequencies = []
max_result = die1.num_sides + die2.num_sides
for value in range(1, max_result + 1):
    frequency = results.count(value)
    frequencies.append(frequency)
print('计算每个点数出现的次数:\n',frequencies)
```

计算每个点出现的次数:

[0, 4, 5, 7, 3, 7, 3, 5, 8, 4, 2, 2]

```
#绘制直方图
import pygal
hist = pygal.Bar()
hist.title = '掷两个骰子50次直方图'
hist.x_lables = ['2', '3', '4', '5', '6', '7', '8', '9', '10', '11', '12']
hist.x_title = '结果'
hist.y_title = '频率结果'
hist.add('d6 + d6', frequencies)
#将图渲染为SVG文件,需要打开浏览器,才能查看生成的直方图
hist.render_to_file('die_visual2.svg')
```

运行程序,用浏览器打开所保存的图像,效果如图4-43所示。

4. 同时投掷两个面数不同的骰子

如果同时掷两个面数不同的骰子,效果又是怎样的呢?例如以下代码:

```
from random import randint
#创建一个骰子的类
class Die():
    def __init__(self,num_sides = 6):
        self.num_sides = num_sides
    def roll(self):
        #返回一个位于1和骰子面数之间的随机值
        return randint(1, self.num_sides)
```

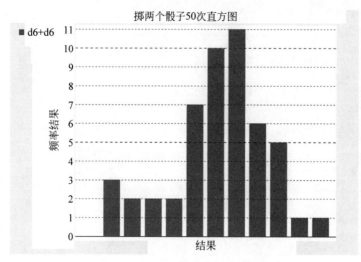

图 4-43　掷两个骰子 50 次直方图

```
#掷骰子
die1 = Die()
die2 = Die(10)
#创建一个列表,将结果存储在一个列表中
results = []
#掷 50 次
for roll_num in range(50):
    result = die1.roll() + die2.roll()
    results.append(result)
print('显示掷骰子结果:\n',results)
显示掷骰子结果:
 [8, 13, 14, 7, 3, 3, 2, 16, 5, 8, 15, 9, 6, 12, 8, 5, 12, 13, 4, 13, 10, 8, 11, 6, 11, 16, 5, 7, 8,
4, 10, 7, 4, 11, 2, 12, 4, 12, 6, 8, 11, 11, 11, 11, 10, 16, 9, 8, 6, 7]

#分析结果,计算每个点数出现的次数
frequencies = []
max_result = die1.num_sides + die2.num_sides
for value in range(1, max_result + 1):
    frequency = results.count(value)
    frequencies.append(frequency)
print('计算每个点数出现的次数:\n',frequencies)
计算每个点数出现的次数:
 [0, 2, 2, 4, 3, 4, 4, 7, 2, 3, 7, 4, 3, 1, 1, 3]

#绘制直方图
import pygal
hist = pygal.Bar()
hist.title = '掷两个面数不同的骰子 50 次直方图'
hist.x_lables = ['2', '3', '4', '5', '6', '7', '8', '9', '10', '11', '12', '13', '14','15','16']
hist.x_title = '结果'
hist.y_title = '频率结果'
hist.add('d6 + d10', frequencies)
#将图渲染为 SVG 文件,需要打开浏览器,才能查看生成的直方图
hist.render_to_file('die_visual.svg')
```

运行程序,用浏览器打开所保存的图像,效果如图 4-44 所示。

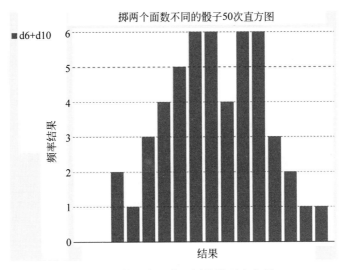

图 4-44 掷两个面数不同的骰子直方图

第 5 章

图像视觉增强分析

图像视觉增强分析是图像模式识别中非常重要的图像预处理过程。图像视觉增强分析的目的是通过对图像中的信息进行处理,使得有利于模式识别的信息得到增强,不利于模式识别的信息被抑制,扩大图像中不同物体特征之间的差别,为图像视觉的信息提取及其识别奠定良好的基础。

5.1 图像增强方法

图像增强按实现方法不同可分为点增强、空域增强和频域增强。

1. 点增强

点增强主要指图像灰度变换和几何变换。

图像的灰度变换也称为点运算、对比度增强或对比度拉伸,它是图像数字化软件和图像显示软件的重要组成部分。

(1) 灰度变换是一种既简单又重要的技术,它能让用户改变图像数据占据的灰度范围。一幅输入图像经过灰度变换后将产生一幅新的输出图像,由输入像素点的灰度值决定相应的输出像素点的灰度值。灰度变换不会改变图像内的空间关系。

(2) 图像的几何变换是图像处理中的另一种基本变换。它通常包括图像的平移、图像的镜像变换、图像的缩放和图像的旋转。通过图像的几何变换可以实现图像的最基本的坐标变换及缩放功能。

2. 空域增强

图像的空间信息可以反映图像中物体的位置、形状、大小等特征,而这些特征可以通过一定的物理模式来描述。例如,物体的边缘轮廓由于灰度值变化剧烈一般出现高频率特征,而一个比较平滑的物体内部由于灰度值比较均一则呈现低频率特征。因此,根据需要可以分别增强图像的高频和低频特征。对图像的高频增强可以突出物体的边缘轮廓,从而起到锐化图像的作用。例如,对于人脸的比对查询,就需要通过高频增强技术来突出五官的轮廓。相应地,对图像的低频部分进行增强可以对图像进行平滑处理,一般用于图像的噪声消除。

3. 频域增强

图像的空域增强一般只是对数字图像进行局部增强,而图像的频域增强可以对图像进行全局增强。频域增强技术是在数字图像的频率域空间对图像进行滤波,因此需要将图像从空间域变换到频率域,一般通过傅里叶变换实现。在频率域空间的滤波与空域滤波一样,可以通过卷积实现,因此傅里叶变换和卷积理论是频域滤波技术的基础。

对图像实现增强的主要目的在于:

(1) 改善图像的视觉效果,提高图像的清晰度。

(2) 针对给定图像的应用场合,突出某些感兴趣的特征,抑制不感兴趣的特征,以扩大图像中不同物体特征之间的差别,满足某些特殊分析的需要。

5.2 灰度变换

灰度变换主要针对独立的像素点进行处理,由输入像素点的灰度值决定相应的输出像素点的灰度值,通过改变原始图像数据所占的灰度范围而使图像在视觉上得到改善。

5.2.1 线性灰度变换

线性灰度增强,将图像中所有点的灰度按照线性灰度变换函数进行变换。在曝光不足或过度的情况下,图像的灰度可能局限在一个很小的灰度范围内,这时图像可能会很模糊不清。利用一个线性单值函数对图像内的每一个像素做线性拓展,将会有效地改善图像的视觉效果。

假设一幅图像 $f(x,y)$ 变换前的灰度范围是 $[a,b]$,希望变换后 $g(x,y)$ 灰度范围拓展或者压缩至 $[c,d]$,则灰度线性变换函数表达式为:

$$g(x,y) = \left[\frac{d-c}{b-a}\right](f(x,y)-a)+c$$

通过调整 a、b、c、d 的值可以控制线性变换函数的斜率,从而达到灰度范围的拓展或压缩。

【例 5-1】 对给定的原始图像进行线性灰度变换。

```python
import numpy as np
from PIL import Image
import matplotlib.pyplot as plt
# 读者在使用反色变换前请安装 NumPy 库和 pillow 库
plt.rcParams['font.sans - serif'] = ['SimHei']          # 用来正常显示中文标签
def image_inverse(x):                                    # 定义反色变换函数
    value_max = np.max(x)
    y = value_max - x
    return y
if __name__ == '__main__':
    # 模式"L"为灰色图像,它的每个像素用 8b 表示,0 表示黑,255 表示白,其他数字表示不同的灰度
    gray_img = np.asarray(Image.open(r'4.jpg').convert('L'))
    # Image.open 是打开图片,变量为其地址
    inv_img = image_inverse(gray_img)                    # 将原图形作为矩阵传入函数中,进行反色变换
    fig = plt.figure()                                   # 绘图
    ax1 = fig.add_subplot(121)      # 解释一下 121,第一个 1 是一行,2 是两列,第二个 1 是第一个图
    ax1.set_title('原始图像')
    ax1.imshow(gray_img, cmap = 'gray', vmin = 0, vmax = 255)
    ax2 = fig.add_subplot(122)
    ax2.set_title('线性灰度变换')
    ax2.imshow(inv_img, cmap = 'gray', vmin = 0, vmax = 255)
    plt.show()
```

运行程序,效果如图 5-1 所示。

以上代码实现获取图片中的每个像素的原灰度值,再读取图片灰度值之中的最大值作为"L",通过减法运算后再将其输出即可实现反色变换。

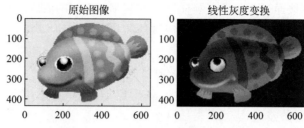

图 5-1　图像的线性灰度变换效果

5.2.2　分段线性灰度增强

分段线性灰度增强可将需要的图像细节灰度级扩展,增强对比度,将不需要的图像细节灰度级压缩。

假设输入图像 $f(x,y)$ 的灰度为 0 M 级,增强后图像 $g(x,y)$ 的灰度级为 0 N 级,区间 $[a,b]$、$[c,d]$ 分别为原图像和增强图像的某一灰度区间。分段线性变换函数为:

$$g(x,y) = \begin{cases} \left(\dfrac{c}{a}\right)f(x,y), & 0 \leqslant f(x,y) < a \\ \left[\dfrac{d-c}{b-a}\right][f(x,y)-a]+c, & a \leqslant f(x,y) \leqslant b \\ \left[\dfrac{N-d}{M-b}\right][f(x,y)-b]+d, & b < f(x,y) \leqslant M \end{cases}$$

a、b、c、d 取不同的值时,可得到不同的效果。

(1) 如果 $a=c$,$b=d$,灰度变换函数为一条斜率为 1 的直线,增强图像与原图像相同。

(2) 如果 $a>c$,$b<d$,原图像中灰度值在区间 $[0,a]$ 与 $[b,M]$ 中的动态范围减小,而原图像在区间 $[a,b]$ 的动态范围增加,从而增强中间范围的对比度。

(3) 如果 $a<c$,$b>d$,则原图像在区间 $[0,a]$ 与 $[b,M]$ 的动态范围增加,而原图像在区间 $[a,b]$ 的动态范围减小。

由此可见,通过调整 a、b、c、d 可以控制分段的斜率,从而对任意灰度区间进行拓展或压缩。

【例 5-2】 对图像进行分段非线性分析。

```python
import numpy as np
import cv2
def linear_transform(img):
    height,width = img.shape[:2]
    r1,s1 = 80,10
    r2,s2 = 140,200
    k1 = s1 / r1                    #第一段斜率
    k2 = (s2 - s1) / (r2 - r1)      #第二段斜率
    k3 = (255 - s2) / (255 - r2)    #第三段斜率
    img_copy = np.zeros_like(img)
    for i in range(height):
        for j in range(width):
            if img[i,j] < r1 :
                img_copy[i,j] = k1 * img[i,j]
            elif r1 <= img[i,j] <= r2:
                img_copy[i,j] = k2 * (img[i,j] - r1) + s1
            else:
                img_copy[i,j] = k3 * (img[i,j] - r2) + s2
    return img_copy
img = cv2.imread('img.png',0)
```

```
ret = linear_transform(img)
cv2.imshow('img',np.hstack((img,ret)))
cv2.waitKey()
cv2.destroyAllWindows()
```

运行程序,效果如图 5-2 所示。

图 5-2 分段非线性分析效果

5.2.3 非线性灰度变换

显而易见,当用非线性函数对图像灰度进行映射时,可以实现图像的非线性灰度增强。常用的非线性灰度增强方法有对数函数非线性变换和指数函数非线性变换。

1. 对数函数非线性变换

对图像做对数非线性变换时,变换函数为:

$$g(x,y) = a + \frac{\ln[f(x,y)+1]}{b \cdot \ln c}$$

通过调整 a,b,c 可以调整曲线的位置与形状。利用此变换,可以使输入图像的低灰度范围得到扩展,高灰度范围得到压缩,以使图像分布均匀。

2. 指数函数非线性变换

对图像做指数函数非线性变换时,变换函数为:

$$g(x,y) = b^{c[f(x,y)-a]} - 1$$

通过调整 a,b,c 可以调整曲线的位置与形状。利用此变换,可以使输入图像的低灰度范围得到扩展,高灰度范围得到压缩,以使图像分布均匀。

【例 5-3】 图像灰度对数变换。

```
import cv2
import numpy as np
import matplotlib.pyplot as plt

def log_plot(c):
    x = np.arange(0, 256, 0.01)
    y = c * np.log(1 + x)
    plt.plot(x, y, "r", linewidth = 1)
    plt.rcParams["font.sans - serif"] = ["SimHei"]
    plt.title("对数变换函数")
    plt.xlim(0, 255)
    plt.ylim(0, 255)
    plt.show()

# 对数变换
def log(c, img):
    output = c * np.log(1.0 + img)
    output = np.uint8(output)
```

```
        return output

img = cv2.imread("src.png")
log_plot(42)
result = log(42, img)
cv2.imshow("src", img)
cv2.imshow("result", result)
if cv2.waitKey() == 27:
    cv2.destroyAllWindows()
```

运行程序,效果如图 5-3 及图 5-4 所示。

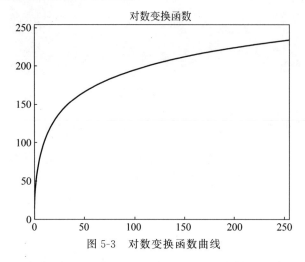

图 5-3　对数变换函数曲线

图 5-4　图像对数变换效果

5.3　空域增强

空域增强主要包括平滑线性滤波增强、非线性滤波增强、双边滤波增强等,下面对这几个增强进行介绍。

5.3.1　平滑线性滤波器

平滑线性空间滤波器的输出(响应)是包含在滤波器模板邻域内的像素的简单平均值。这些滤波器有时也称为均值滤波器,也可以把它们归入低通滤波器。

这种处理的结果降低了图像灰度的尖锐变化。由于典型的随机噪声由灰度级的急剧变化组成,因此常见的平滑处理的应用就是降噪。然而,由于图像边缘(几乎总是一幅图像希望有的特性)也是由图像灰度尖锐变化带来的特性,所以均值滤波器处理还是存在着不希望有的边缘模糊的负面效应。

图 5-5 这幅图中的是最为常见的简单平均的滤波器模板。

所有系数都相等的空间均值滤波器,有时也被称为盒状滤波器,如图 5-6 所示。

1	1	1
1	1	1
1	1	1

$$R = \frac{1}{9}\sum_{i=1}^{9} Z_i$$

1	2	1
2	4	2
1	2	1

图 5-5　简单平均的滤波器模板　　　　　图 5-6　盒状滤波器

图 5-6 所示的滤波器模板相比于图 5-5 所示的滤波器模板更加重要。该滤波器模板产生所谓的加权平均,使用这一术语是指,用不同的系数去乘以像素,即一些像素的重要性(权重)比另外一些像素的重要性更大。

在这个例子所示的模板中,中心位置的系数最大,因此在均值计算中可以为该像素提供更大的权重。其他像素离中心越近就赋予越大的权重。

这种加权重的策略的目的是,在平滑处理中,试图降低模糊。也可以选择其他权重来达到相同的目的。但是,这个例子中所有系数的和等于 16,这对于计算机来说是一个很有吸引力的特性,因为它是 2 的整数次幂。

在实践中,由于这些模板在一幅图像中的任何一个位置所跨越的区域很小,通常很难看出这两个模板或者类似方式进行平滑处理后的图像之间的区别。

一幅 $M \times N$ 的图像进行一个 $m \times n$ 的加权均值滤波器,滤波的过程可由下式给出:

$$g(x,y) = \frac{\sum_{s=-a}^{a}\sum_{t=-b}^{b} w(s,t)f(x+s,y+t)}{w(s,t)}$$

当图像的细节与滤波器模板近似时,图像中的一些细节受到的影响比较大。邻域越大平滑的效果越好。但是邻域过大,平滑会使边缘信息损失越大,从而使输出的图像变得模糊,因此需要合理地选择邻域的大小。模板的大小由那些即将融入背景中的物体的尺寸来决定。

滤波后的图像中可能会有黑边。这是由于用 0(黑色)填充原图像的边界,经滤波后,再去除填充区域的结果,某些黑色混入了滤波后的图像。对于使用较大滤波器平滑的图像,这就成了问题。

【例 5-4】　对图像实现平滑线性滤波处理。

```
import cv2
import cv2 as cv
import matplotlib.pyplot as plt
import numpy as np

def show(f, s, a, b, c):
    plt.subplot(a, b, c)
    plt.imshow(f, "gray")
    plt.axis('on')
```

```
        plt.title(s)

#高斯噪声函数单行
def wgn(x, snr):
    snr = 10 ** (snr / 10.0)
    xpower = np.sum(x ** 2) / len(x)
    npower = xpower / snr
    return np.random.randn(len(x)) * np.sqrt(npower)


def main():
    original = plt.imread("lena.tiff", 0)
    rows, cols = original.shape
    original_noise = original.copy().astype(np.float64)
    #生成噪声图像,信噪比为10
    for i in range(cols):
        original_noise[:, i] += wgn(original_noise[:, i], 10)
    mask = np.ones(9).reshape(3, 3)
    ImageDenoise = np.zeros(original.shape)
    for i in range(1, rows - 1):
        for j in range(1, cols - 1):
            ImageDenoise[i, j] = np.mean(original[i - 1:i + 2, j - 1:j + 2] * mask)
    plt.figure()
    show(original, "original", 2, 2, 1)
    show(original_noise, "original_noise", 2, 2, 2)
    show(ImageDenoise, "ImageDenoise", 2, 2, 3)
    show(original - ImageDenoise, "original - ImageDenoise", 2, 2, 4)
    plt.show()
if __name__ == '__main__':
    main()
```

运行程序,效果如图 5-7 所示。

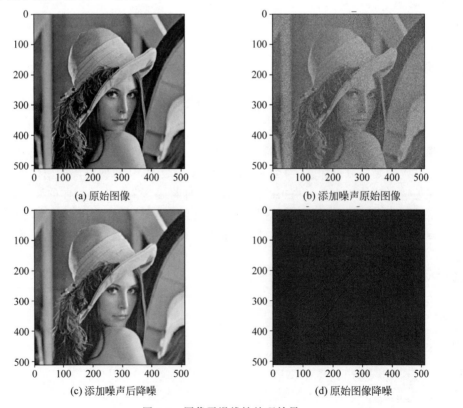

(a) 原始图像   (b) 添加噪声原始图像

(c) 添加噪声后降噪   (d) 原始图像降噪

图 5-7 图像平滑线性处理效果

5.3.2　统计排序(非线性)滤波器

统计排序滤波器是一种非线性空间滤波器,这种滤波器的响应以滤波器包围的图像的像素的排序为基础,然后使用统计排序结果决定的值代替中心像素的值。这一类中最知名的就要数中值滤波器了,它是将像素邻域内的灰度值的中值代替该像素的值。

中值滤波器的使用非常广泛,它对于一定类型的随机噪声提供了一种优秀的去噪能力。而且比同尺寸的线性平滑滤波器的模糊程度明显要低。不足之处就是中值滤波花费的时间是均值滤波的 5 倍以上。

中值滤波器对于处理脉冲噪声非常有效,这种噪声称为椒盐噪声,因为这种噪声是以黑白点的形式叠加在图像上的。

中值滤波器的主要功能是使拥有不同灰度的点看起来更接近于它们的相邻点。使用 $m \times m$ 中值滤波器来去除那些相对于其邻域像素更亮或更暗并且其区域小于 $(m\char`\^2)/2$(滤波器区域一半)的孤立像素族。

【例 5-5】　对带噪声图像实现中值滤波处理。

```python
import numpy as np
import cv2
from matplotlib import pyplot as plt
def medianBlur(image,ksize = 2,):
    '''
    中值滤波,去除椒盐噪声
    args:
        image:输入图片数据,要求为灰度图片
        ksize:滤波窗口大小
    return:
        中值滤波之后的图片
    '''
    rows,cols = image.shape[:2]
    #输入校验
    half = ksize//2
    startSearchRow = half
    endSearchRow = rows - half - 1
    startSearchCol = half
    endSearchCol = cols - half - 1
    dst = np.zeros((rows,cols),dtype = np.uint8)
    #中值滤波
    for y in range(startSearchRow,endSearchRow):
        for x in range(startSearchCol,endSearchCol):
            window = []
            for i in range(y - half,y + half + 1):
                for j in range(x - half,x + half + 1):
                    window.append(image[i][j])
            #取中间值
            window = np.sort(window,axis = None)
            if len(window) % 2 == 1:
                medianValue = window[len(window)//2]
            else:
                medianValue = int((window[len(window)//2] + window[len(window)//2 + 1])/2)
            dst[y][x] = medianValue
    return dst

image = cv2.imread('lena.png')
```

```
med = medianBlur(image)
cv2.imwrite('med.png',med)
```

运行程序,效果如图 5-8 所示。

(a) 带噪声原图   (b) 滤波后效果

图 5-8   中值滤波处理效果

5.3.3 双边滤波器

如何将图 5-9 中的点 A 和 B、C、D、E 区分开来,使得式(5-1)中计算 A 点的加权平均时, B、C、D、E 贡献的权值为 0(这是理想的情况),就成了关键。那么一个很自然的想法是,同时考虑像素点的像素值,这样将像素点投到高维空间,那么有可能 B、C、D、E 将不再是 A 的相邻点。因为在低维空间中不易区分的点,在高维空间中可能比较容易区分开来。这点类似 SVM(支持向量机)中的核函数设置的思想。

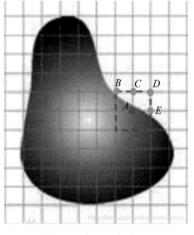

$$\hat{I}(i,j) = f \circ I(i,j) = \frac{1}{\sum w(i',j')} \sum_{(i',j') \in N} w(i',j')I(i',j')$$

(5-1)

同时统计像素点 A 的坐标和像素值,这其实就是图像函数 $I: (i,j) \rightarrow I(i,j) \in R$ 的图形,记作:

$$G = \{(i,j,I(i,j)) : (i,j)\}$$ (5-2)

其中,(i,j) 是图像像素坐标。

图 5-9   空间相邻像素点

它是一个二维流形(嵌入在三维欧氏空间 R^3 中),其实就是一个曲面,显然在这个图形 G 上,B、C、D、E 与 A 不再是相邻点。但是在直接二维流形 G 上寻找点的相邻点可能非常复杂,因为曲面的形状可能很不规则(曲率不为 0),不像二维平面网格点 (i,j) 那样容易寻找相邻点。

为了计算方便,退而求其次,把二维曲面 G 嵌入在三维空间中考虑,利用三维欧氏空间 R^3 的曲率为 0,在三维网格点中寻找相邻点,这样就和在二维网格中寻找相邻点一样方便。但是考虑到嵌入的 G 实则是函数 I 的图像,本质上是二维的,所以双边滤波仍按定义域寻找相邻点即可,但是要减弱这些相邻点中颜色差异较大的点对滤波贡献的权重。

可以看到,在把 G 嵌入三维空间中考虑时,A 点对应 (i_A, j_A, I_A)。以 D 点为例,D 对应 (i_D, j_D, I_D)。不妨以欧氏范数为例,在三维空间中 A,D 之间的距离为:

$$d(A,D) = \sqrt{(i_D - i_A)^2 + (j_D - j_A)^2 + (I_D - I_A)^2} = \sqrt{1 + 1 + (I_D - I_A)^2}$$ (5-3)

如式(5-3)所示,当 A,D 的像素值之差 $|I_D-I_A|$ 很大时,那么在 G 中 $d(A,D)$ 距离很远。而双边滤波正是通过考虑这种距离来弱化 D 对 A 的影响,这点可以从下面双边滤波的公式(5-4)中得到体现。

$$\hat{I}_A = \frac{1}{\sum w(q,A)} \sum_{q \in N} w(q,A) I_q \tag{5-4}$$

其中,N 是点 A 的邻域。

$$w(q,A) = e^{-\frac{(i_q-i_A)^2+(j_q-j_A)^2}{2\sigma_s^2} - \frac{(i_q-I_A)^2}{2\sigma_r^2}} \tag{5-5}$$

显然,当 q,A 之间的像素值相差很大时,$w(q,A)$ 就会变得很小,从而弱化了 q 点对 A 点的滤波的影响,容易看到图 5-9 中的 B,C,D,E 与 A 的距离很大(在 R^3 中考虑它们之间的距离时)。所以滤波时,B,C,D,E 对 A 的影响就大大减弱,从而大大减轻滤波后边界模糊的现象,达到了保边滤波的效果。

【例5-6】 对给定图像实现双边滤波处理。

```python
import numpy as np
from scipy import signal
import cv2
import random
import math
# 双边滤波

def getClosenessWeight(sigma_g,H,W):
    r,c = np.mgrid[0:H:1,0:W:1]
    r -= (H - 1) // 2
    c -= int(W - 1) // 2
    closeWeight = np.exp(-0.5 * (np.power(r,2) + np.power(c,2))/math.pow(sigma_g,2))
    return closeWeight

def bfltGray(I,H,W,sigma_g,sigma_d):
    # 构建空间距离权重模板
    closenessWeight = getClosenessWeight(sigma_g,H,W)
    # 模板的中心点位置
    cH = (H - 1) // 2                        # "//"表示整数除法
    cW = (W - 1) // 2
    # 图像矩阵的行数和列数
    rows,cols = I.shape
    # 双边滤波后的结果
    bfltGrayImage = np.zeros(I.shape,np.float32)
    for r in range(rows):
        for c in range(cols):
            pixel = I[r][c]
            # 判断边界
            rTop = 0 if r - cH < 0 else r - cH
            rBottom = rows - 1 if r + cH > rows - 1 else r + cH
            cLeft = 0 if c - cW < 0 else c - cW
            cRight = cols - 1 if c + cW > cols - 1 else c + cW
            # 权重模板作用的区域
            region = I[rTop:rBottom + 1,cLeft:cRight + 1]
            # 构建灰度值相似性的权重因子
similarityWeightTemp = np.exp(-0.5 * np.power(region - pixel,2.0)/math.pow(sigma_d,2))
closenessWeightTemp = closenessWeight[rTop - r + cH:rBottom - r + cH + 1,cLeft - c + cW:cRight - c + cW + 1]
```

```
        #两个权重模板相乘
        weightTemp = similarityWeightTemp * closenessWeightTemp
        #归一化权重模板
        weightTemp = weightTemp/np.sum(weightTemp)
        #权重模板和对应的邻域值相乘求和
        bfltGrayImage[r][c] = np.sum(region * weightTemp)
    return bfltGrayImage


if __name__ == '__main__':  #启动语句
    a = cv2.imread('2.png', cv2.IMREAD_UNCHANGED)  #路径名中不能有中文,会出错
    image1 = cv2.split(a)[0]  #蓝通道
    cv2.imshow(image1)
    image1 = image1/255.0
    #双边滤波
    bfltImage = bfltGray(image1,3,3,19,0.2)
    cv2.imshow(bfltImage)
    cv2.waitKey(0)
```

运行程序,效果如图 5-10 所示。

(a) 原始图像　　　　　　　　　　(b) 滤波后图像

图 5-10　双边滤波效果

5.4　空域锐化算子

在图像识别中,需要有边缘鲜明的图像,即图像锐化。图像锐化的目的是突出图像的边缘信息,加强图像的轮廓特征,以便于人眼的观察和机器的识别。在空间域进行图像锐化主要有以下方法。

(1) 梯度空间算子。

(2) 其他锐化算子。

(3) Laplacian 算子。

5.4.1　梯度空间算子

图像的边缘最直观的表现就是边缘两侧的灰度值相差比较大,在微积分中我们学过梯度的概念。梯度是一个列向量,可表示为:

$$G[f(x,y)] = \begin{bmatrix} \dfrac{\partial f}{\partial x} \\ \dfrac{\partial f}{\partial y} \end{bmatrix} = [G_x \quad G_y]^{\mathrm{T}} = \begin{bmatrix} \dfrac{\partial f}{\partial x} & \dfrac{\partial f}{\partial y} \end{bmatrix}^{\mathrm{T}}$$

而某点处梯度的模很好地反映了该点两侧的变化大小,所以,梯度值很大的点也就代表了

图像的边缘。而在实际计算中,为了降低运算量,一般用以下两种方法来代替模运算。

$$|G[f(x,y)]| = \sqrt{G_x^2 + G_y^2} \approx |G_x| + |G_y|$$

$$|G[f(x,y)]| = \sqrt{G_x^2 + G_y^2} \approx \max\{|G_x|, |G_y|\}$$

由于数字图像处理中处理的是数字离散信号,所以,用差分来等同于连续信号中的微分运算。典型的梯度运算有:

$$\begin{cases} G_x = f(i+1,j) - f(i,j) \\ G_y = f(i,j+1) - f(i,j) \end{cases}$$

而另一种称为 Roberts 梯度的差分运算可由下式来表示:

$$\begin{cases} G_x = f(i+1,j+1) - f(i,j) \\ G_y = f(i,j+1) - f(i+1,j) \end{cases}$$

在 Python 中,Roberts 算子主要通过 NumPy 定义模板,再调用 OpenCV 的 filter2D()函数实现边缘提取。该函数主要利用内核实现对图像的卷积运算,其函数语法格式为:

```
dst = filter2D(src, ddepth, kernel[, dst[, anchor[, delta[, borderType]]]])
```

各参数的含义如下。

- src:表示输入图像。
- dst:表示输出的边缘图,其大小和通道数与输入图像相同。
- ddepth:表示目标图像所需的深度。
- kernel:表示卷积核,一个单通道浮点型矩阵。
- anchor:表示内核的基准点,其默认值为$(-1,-1)$,位于中心位置。
- delta:表示在存储目标图像前可选的添加到像素的值,默认值为 0。
- borderType:表示边框模式。

【例 5-7】 对图像做 Roberts 算子处理。

```
import cv2
import numpy as np
import matplotlib.pyplot as plt
#读取图像
img = cv2.imread('lena.png')
lenna_img = cv2.cvtColor(img,cv2.COLOR_BGR2RGB)
#灰度化处理图像
grayImage = cv2.cvtColor(img, cv2.COLOR_BGR2GRAY)
#Roberts算子
kernelx = np.array([[-1,0],[0,1]], dtype = int)
kernely = np.array([[0,-1],[1,0]], dtype = int)
x = cv2.filter2D(grayImage, cv2.CV_16S, kernelx)
y = cv2.filter2D(grayImage, cv2.CV_16S, kernely)
#转 uint8
absX = cv2.convertScaleAbs(x)
absY = cv2.convertScaleAbs(y)
Roberts = cv2.addWeighted(absX,0.5,absY,0.5,0)
#用来正常显示中文标签
plt.rcParams['font.sans-serif'] = ['SimHei']
#显示图形
titles = [u'原始图像', u'Roberts算子']
images = [lenna_img, Roberts]
for i in xrange(2):
  plt.subplot(1,2,i+1), plt.imshow(images[i], 'gray')
```

```
    plt.title(titles[i])
    plt.xticks([]),plt.yticks([])
plt.show()
```

运行程序,效果如图 5-11 所示。

原始图像   Roberts 算子

图 5-11　Roberts 算子效果

5.4.2　Prewitt 算子

Prewitt 是一种图像边缘检测的微分算子,其原理是利用特定区域内像素灰度值产生的差分实现边缘检测。由于 Prewitt 算子采用 3×3 模板对区域内的像素值进行计算,而 Robert 算子的模板为 2×2,故 Prewitt 算子的边缘检测结果在水平方向和垂直方向均比 Robert 算子更加明显。Prewitt 算子适合用来识别噪声较多、灰度渐变的图像,其计算公式如下。

$$\boldsymbol{D}_x = \begin{bmatrix} 1 & 0 & -1 \\ 1 & 0 & -1 \\ 1 & 0 & -1 \end{bmatrix}, \quad \boldsymbol{D}_y = \begin{bmatrix} -1 & -1 & -1 \\ 0 & 0 & 0 \\ 1 & 1 & 1 \end{bmatrix}$$

在 Python 中,Prewitt 算子的实现过程与 Roberts 算子比较相似。通过 NumPy 定义模板,再调用 OpenCV 的 filter2D() 函数实现对图像的卷积运算,最终通过 convertScaleAbs() 和 addWeighted() 函数实现边缘提取。

【例 5-8】　对图像做 Prewitt 算子处理。

```
import cv2
import numpy as np
import matplotlib.pyplot as plt
# 读取图像
img = cv2.imread('lena.png')
lenna_img = cv2.cvtColor(img,cv2.COLOR_BGR2RGB)
# 灰度化处理图像
grayImage = cv2.cvtColor(img, cv2.COLOR_BGR2GRAY)
# Prewitt 算子
kernelx = np.array([[1,1,1],[0,0,0],[-1,-1,-1]],dtype = int)
kernely = np.array([[-1,0,1],[-1,0,1],[-1,0,1]],dtype = int)
x = cv2.filter2D(grayImage, cv2.CV_16S, kernelx)
y = cv2.filter2D(grayImage, cv2.CV_16S, kernely)
# 转 uint8
absX = cv2.convertScaleAbs(x)
absY = cv2.convertScaleAbs(y)
Prewitt = cv2.addWeighted(absX,0.5,absY,0.5,0)
# 用来正常显示中文标签
plt.rcParams['font.sans-serif'] = ['SimHei']
# 显示图形
titles = [u'原始图像', u'Prewitt算子']
```

```
images = [lenna_img, Prewitt]
for i in xrange(2):
  plt.subplot(1,2,i+1), plt.imshow(images[i], 'gray')
  plt.title(titles[i])
  plt.xticks([]),plt.yticks([])
plt.show()
```

输出结果如图 5-12 所示，左边为原始图像，右边为 Prewitt 算子图像锐化提取的边缘轮廓，其效果图的边缘检测结果在水平方向和垂直方向均比 Robert 算子更加明显。

原始图像 　　Prewitt 算子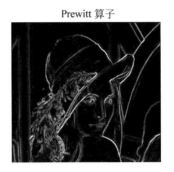

图 5-12　Prewitt 算子效果

5.4.3　Sobel 算子

Sobel 算子是一种用于边缘检测的离散微分算子，它结合了高斯平滑和微分求导。该算子用于计算图像明暗程度近似值，根据图像边缘旁边的明暗程度把该区域内超过某个数的特定点记为边缘。Sobel 算子在 Prewitt 算子的基础上增加了权重的概念，认为相邻点的距离远近对当前像素点的影响是不同的，距离越近的像素点对应当前像素的影响越大，从而实现图像锐化并突出边缘轮廓。

Sobel 算子的边缘定位更准确，常用于噪声较多、灰度渐变的图像。其算法模板如以下公式所示，其中，D_x 表示水平方向，D_y 表示垂直方向。

$$D_x = \begin{bmatrix} 1 & 0 & -1 \\ 2 & 0 & -2 \\ 1 & 0 & -1 \end{bmatrix}, \quad D_y = \begin{bmatrix} -1 & -2 & -1 \\ 0 & 0 & 0 \\ 1 & 2 & 1 \end{bmatrix}$$

Sobel 算子根据像素点上下、左右邻点灰度加权差，在边缘处达到极值这一现象检测边缘，对噪声具有平滑作用，提供较为精确的边缘方向信息。因为 Sobel 算子结合了高斯平滑和微分求导（分化），因此结果会具有更多的抗噪性，当对精度要求不是很高时，Sobel 算子是一种较为常用的边缘检测方法。在 Python 中，利用 Sobel() 函数实现 Sobel 算法处理。函数的语法格式为：

```
dst = Sobel(src, ddepth, dx, dy[, dst[, ksize[, scale[, delta[, borderType]]]]])
```

各参数的含义如下。

- src：表示输入图像。
- dst：表示输出的边缘图，其大小和通道数与输入图像相同。
- ddepth：表示目标图像所需的深度，针对不同的输入图像，输出目标图像有不同的深度。
- dx：表示 x 方向上的差分阶数，取值 1 或 0。
- dy：表示 y 方向上的差分阶数，取值 1 或 0。

- ksize：表示 Sobel 算子的大小，其值必须是正数和奇数。
- scale：表示缩放导数的比例常数，默认情况下没有伸缩系数。
- delta：表示将结果存入目标图像之前，添加到结果中的可选增量值。
- borderType：表示边框模式。

注意，在进行 Sobel 算子处理之后，还需要调用 convertScaleAbs()函数计算绝对值，并将图像转换为 8 位图进行显示。其算法格式如下。

```
dst = convertScaleAbs(src[, dst[, alpha[, beta]]])
```

各参数的含义如下。

- src：表示原数组。
- dst：表示输出数组，深度为 8 位。
- alpha：表示比例因子。
- beta：表示原数组元素按比例缩放后添加的值。

【例 5-9】 对图像做 Sobel 算子处理。

```
import cv2
import numpy as np
import matplotlib.pyplot as plt
#读取图像
img = cv2.imread('lena.png')
lenna_img = cv2.cvtColor(img,cv2.COLOR_BGR2RGB)
#灰度化处理图像
grayImage = cv2.cvtColor(img, cv2.COLOR_BGR2GRAY)
#Sobel 算子
x = cv2.Sobel(grayImage, cv2.CV_16S, 1, 0)          #对 x 求一阶导
y = cv2.Sobel(grayImage, cv2.CV_16S, 0, 1)          #对 y 求一阶导
absX = cv2.convertScaleAbs(x)
absY = cv2.convertScaleAbs(y)
Sobel = cv2.addWeighted(absX, 0.5, absY, 0.5, 0)
#用来正常显示中文标签
plt.rcParams['font.sans-serif'] = ['SimHei']
#显示图形
titles = [u'原始图像', u'Sobel 算子']
images = [lenna_img, Sobel]
for i in xrange(2):
 plt.subplot(1,2,i+1), plt.imshow(images[i], 'gray')
 plt.title(titles[i])
 plt.xticks([]),plt.yticks([])
plt.show()
```

运行程序，效果如图 5-13 所示。

原始图像   Sobel 算子

图 5-13　Sobel 算子效果

5.4.4　Laplacian 算子

拉普拉斯(Laplacian)算子是 n 维欧几里得空间中的一个二阶微分算子,常用于图像增强领域和边缘提取。它通过灰度差分计算邻域内的像素,基本流程是:判断图像中心像素灰度值与它周围其他像素的灰度值,如果中心像素的灰度值更高,则提升中心像素的灰度;反之降低中心像素的灰度,从而实现图像锐化操作。在算法实现过程中,Laplacian 算子通过对邻域中心像素的四方向或八方向求梯度,再将梯度相加起来判断中心像素灰度与邻域内其他像素灰度的关系,最后通过梯度运算的结果对像素灰度进行调整。

Laplacian 算子分为四邻域和八邻域,四邻域是对邻域中心像素的四方向求梯度,八邻域是对八方向求梯度。其中,四邻域模板如以下公式所示:

$$H = \begin{bmatrix} 0 & -1 & 0 \\ -1 & 4 & -1 \\ 0 & -1 & 0 \end{bmatrix}$$

通过模板可以发现,当邻域内像素灰度相同时,模板的卷积运算结果为 0;当中心像素灰度高于邻域内其他像素的平均灰度时,模板的卷积运算结果为正数;当中心像素的灰度低于邻域内其他像素的平均灰度时,模板的卷积为负数。对卷积运算的结果用适当的衰弱因子处理并加在原中心像素上,就可以实现图像的锐化处理。

Laplacian 算子的八邻域模板公式如下:

$$H = \begin{bmatrix} -1 & -1 & -1 \\ -1 & 8 & -1 \\ -1 & -1 & -1 \end{bmatrix}$$

Python 和 OpenCV 将 Laplacian 算子封装在 Laplacian() 函数中,其函数格式为:

dst = Laplacian(src, ddepth[, dst[, ksize[, scale[, delta[, borderType]]]]])

各参数的含义如下。

- src:表示输入图像。
- dst:表示输出的边缘图,其大小和通道数与输入图像相同。
- ddepth:表示目标图像所需的深度。
- ksize:表示用于计算二阶导数的滤波器的孔径大小,其值必须是正数和奇数,且默认值为 1。
- scale:表示计算拉普拉斯算子值的可选比例因子,默认值为 1。
- delta:表示将结果存入目标图像之前,添加到结果中的可选增量值,默认值为 0。
- borderType:表示边框模式。

注意:Laplacian 算子其实主要是利用 Sobel 算子的运算,通过加上 Sobel 算子运算得出的图像 X 方向和 Y 方向上的导数,得到输入图像的图像锐化结果。同时,在进行 Laplacian 算子处理之后,还需要调用 convertScaleAbs() 函数计算绝对值,并将图像转换为 8 位图进行显示。

当 ksize=1 时,Laplacian() 函数采用 3×3 的孔径(四邻域模板)进行变换处理。

【例 5-10】 采用 ksize=3 的 Laplacian 算子进行图像锐化处理。

```
import cv2
import numpy as np
import matplotlib.pyplot as plt
```

```
#读取图像
img = cv2.imread('lena.png')
lenna_img = cv2.cvtColor(img,cv2.COLOR_BGR2RGB)
#灰度化处理图像
grayImage = cv2.cvtColor(img, cv2.COLOR_BGR2GRAY)
#拉普拉斯算法
dst = cv2.Laplacian(grayImage, cv2.CV_16S, ksize = 3)
Laplacian = cv2.convertScaleAbs(dst)
#用来正常显示中文标签
plt.rcParams['font.sans-serif'] = ['SimHei']
#显示图形
titles = [u'原始图像', u'Laplacian算子']
images = [lenna_img, Laplacian]
for i in xrange(2):
  plt.subplot(1,2,i+1), plt.imshow(images[i], 'gray')
  plt.title(titles[i])
  plt.xticks([]),plt.yticks([])
plt.show()
```

运行程序,效果如图 5-14 所示。

原始图像　　　　　　　　　Laplacian 算子

图 5-14　Laplacian 算子效果

　　边缘检测算法主要是基于图像强度的一阶和二阶导数,但导数通常对噪声很敏感,因此需要采用滤波器来过滤噪声,并调用图像增强或阈值化算法进行处理,最后再进行边缘检测。

　　【例 5-11】 采用高斯滤波去噪和阈值化处理之后,再进行边缘检测,并对比四种常见的边缘提取算法。

```
import cv2
import numpy as np
import matplotlib.pyplot as plt
#读取图像
img = cv2.imread('lena.png')
lenna_img = cv2.cvtColor(img, cv2.COLOR_BGR2RGB)
#灰度化处理图像
grayImage = cv2.cvtColor(img, cv2.COLOR_BGR2GRAY)
#高斯滤波
gaussianBlur = cv2.GaussianBlur(grayImage, (3,3), 0)
#阈值处理
ret, binary = cv2.threshold(gaussianBlur, 127, 255, cv2.THRESH_BINARY)
#Roberts算子
kernelx = np.array([[-1,0],[0,1]], dtype = int)
kernely = np.array([[0,-1],[1,0]], dtype = int)
x = cv2.filter2D(binary, cv2.CV_16S, kernelx)
y = cv2.filter2D(binary, cv2.CV_16S, kernely)
absX = cv2.convertScaleAbs(x)
absY = cv2.convertScaleAbs(y)
```

```
Roberts = cv2.addWeighted(absX, 0.5, absY, 0.5, 0)
# Prewitt 算子
kernelx = np.array([[1,1,1],[0,0,0],[-1,-1,-1]], dtype = int)
kernely = np.array([[-1,0,1],[-1,0,1],[-1,0,1]], dtype = int)
x = cv2.filter2D(binary, cv2.CV_16S, kernelx)
y = cv2.filter2D(binary, cv2.CV_16S, kernely)
absX = cv2.convertScaleAbs(x)
absY = cv2.convertScaleAbs(y)
Prewitt = cv2.addWeighted(absX,0.5,absY,0.5,0)
# Sobel 算子
x = cv2.Sobel(binary, cv2.CV_16S, 1, 0)
y = cv2.Sobel(binary, cv2.CV_16S, 0, 1)
absX = cv2.convertScaleAbs(x)
absY = cv2.convertScaleAbs(y)
Sobel = cv2.addWeighted(absX, 0.5, absY, 0.5, 0)
# Laplacian 算子
dst = cv2.Laplacian(binary, cv2.CV_16S, ksize = 3)
Laplacian = cv2.convertScaleAbs(dst)
# 效果图
titles = ['原始图像', '二值图像', 'Roberts 锐化图像',
 'Prewitt 锐化图像','Sobel 锐化图像', 'Laplacian 锐化图像']
images = [lenna_img, binary, Roberts, Prewitt, Sobel, Laplacian]
for i in np.arange(6):
    plt.subplot(2,3,i+1),plt.imshow(images[i],'gray')
    plt.title(titles[i])
    plt.xticks([]),plt.yticks([])
plt.show()
```

输出结果如图 5-15 所示。其中，Laplacian 算子对噪声比较敏感，由于其算法可能会出现双像素边界，常用来判断边缘像素位于图像的明区或暗区，很少用于边缘检测；Robert 算子对陡峭的低噪声图像效果较好，尤其是边缘正负 45°较多的图像，但定位准确率较差；Prewitt 算子对灰度渐变的图像边缘提取效果较好，而没有考虑相邻点的距离远近对当前像素点的影响；Sobel 算子考虑了综合因素，对噪声较多的图像处理效果更好。

图 5-15 对比四种算子锐化图像效果

5.5   图像频域平滑处理

图像的平滑除了在空间域中进行外,也可以在频率域中进行。由于噪声主要集中在高频部分,为去除噪声改善图像质量,采用滤波器,然后再进行逆傅里叶变换获得滤波图像,就可达到平滑图像的目的。

在一幅图像中,低频部分对应图像变化缓慢的部分即图像大致外观和轮廓。高频部分对应图像变换剧烈的部分即图像细节。

低通滤波器的功能是让低频率通过而滤掉或衰减高频,其作用是过滤掉包含在高频中的噪声。即低通滤波的效果是图像去噪声平滑增强,但同时也抑制了图像的边界即过滤掉图像细节,造成图像不同程序上的模糊。对于大小为 $M \times N$ 的图像,频率点 (u,v) 与频域中心的距离为 $D(u,v)$,其表达式为:

$$D(u,v) = \left[\left(u - \frac{M}{2} \right)^2 + \left(v - \frac{N}{2} \right)^2 \right]^{\frac{1}{2}}$$

低通滤波器一共有三种,分别为理想低通滤波器、巴特沃斯低通滤波器和高斯低通滤波器。理想低通滤波器的滤波非常尖锐;高斯低通滤波器的滤波则非常平滑,巴特沃斯滤波器介于两者之间,当巴特沃斯低通滤波器的阶数较高时,接近于理想低通滤波器,当巴特沃斯低通滤波器的阶数较高时,则接近于高斯低通滤波器。

5.5.1   理想低通滤波器

理想低通滤波器的产生公式为:

$$H(u,v) = \begin{cases} 1, & D(u,v) \leqslant D_0 \\ 0, & D(u,v) > D_0 \end{cases}$$

图像如图 5-16 所示。

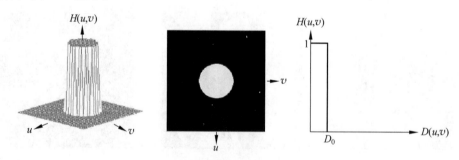

图 5-16   理想低通滤波器效果

在半径为 D_0 的圆内,所有频率没有衰减地通过滤波器,而在此半径的圆之外的所有频率完全被衰减掉。理想低通滤波器具有平滑图像的作用,但是有很严重的振铃现象。

提示:图像处理中,对一幅图像进行滤波处理,若选用的频域滤波器具有陡峭的变化,则会使滤波图像产生"振铃"。所谓"振铃",即指输出图像的灰度剧烈变化处产生的震荡,就好像钟被敲击后产生的空气震荡,如图 5-17 所示。

(a) 原始图像　　　　　　　　　　(b) 振铃

图 5-17　图像振铃现象

5.5.2　巴特沃思低通滤波器

巴特沃斯滤波器是电子滤波器的一种,它也被称作最大平坦滤波器。巴特沃斯滤波器的特点是通频带内的频率响应曲线最大限度平坦,没有纹波,而在阻频带则逐渐下降为零。

巴特沃斯低通滤波器可用如下振幅的平方对频率作用的公式表示:

$$H(u,v) = \frac{1}{1 + \left[\dfrac{D(u,v)}{D_0}\right]^{2n}}$$

图像如图 5-18 所示。

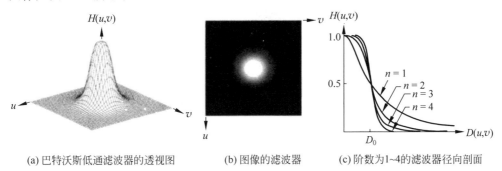

(a) 巴特沃斯低通滤波器的透视图　　　(b) 图像的滤波器　　　(c) 阶数为1~4的滤波器径向剖面

图 5-18　巴特沃思低通滤波器效果

其中,D_0 为巴特沃斯低通滤波器的截止频率,参数 n 为巴特沃斯低通滤波器的阶数,n 越大则滤波器的形状越陡峭即振铃现象越明显。

5.5.3　高斯低通滤波器

高斯滤波是一种线性平滑滤波,适用于消除高斯噪声,广泛应用于图像处理的减噪过程。通俗地讲,高斯滤波就是对整幅图像进行加权平均的过程,每一个像素点的值,都由其本身和邻域内的其他像素值经过加权平均后得到。

高斯低通滤波器的产生公式为:

$$H(u,v) = e^{\frac{-D^2(u,v)}{2D_0^2}}$$

图像如图 5-19 所示。

其中,D_0 为高斯低通滤波器的截止频率,注意高斯低通滤波器不会产生振铃现象。

(a) 高斯低通滤波器的透视图　　　　(b) 图像的滤波器　　　　(c) 不同D_0值的滤波器径向剖面

图 5-19　高斯低通滤波器效果图

5.5.4　频域低通滤波器的应用

本节通过实例来实现：使用自生成图像（包含白色区域、黑色区域，并且部分区域添加椒盐噪声）进行傅里叶变换，然后分别使用理想低通滤波器、巴特沃斯低通滤波器、指数低通滤波器和梯度低通滤波器（至少使用两种低通滤波器），显示滤波前后的频域能量分布图、空间图像。

【**例 5-12**】　实现图像频域平滑处理。

```python
import random
import numpy as np
import matplotlib.pyplot as plt
plt.rcParams['font.sans-serif'] = ['SimHei']          #用来正常显示中文标签


def sp_noise(image, prob):
    """
    添加椒盐噪声
    prob 为噪声比例
    """
    output = np.zeros(image.shape, np.uint8)
    thres = 1 - prob
    for i in range(image.shape[0]):
        for j in range(image.shape[1]):
            rdn = random.random()
            if rdn < prob:
                output[i][j] = 0
            elif rdn > thres:
                output[i][j] = 255
            else:
                output[i][j] = image[i][j]
    return output


def ideal_low_filter(img, D0):
    #生成一个理想低通滤波器(并返回)
    h, w = img.shape[:2]
    filter_img = np.ones((h, w))
    u = np.fix(h / 2)
    v = np.fix(w / 2)
    for i in range(h):
        for j in range(w):
            d = np.sqrt((i - u) ** 2 + (j - v) ** 2)
            filter_img[i, j] = 0 if d > D0 else 1
    return filter_img
```

```python
def butterworth_low_filter(img, D0, rank):
    #生成一个巴特沃斯低通滤波器(并返回)
    h, w = img.shape[:2]
    filter_img = np.zeros((h, w))
    u = np.fix(h / 2)
    v = np.fix(w / 2)
    for i in range(h):
        for j in range(w):
            d = np.sqrt((i - u) ** 2 + (j - v) ** 2)
            filter_img[i, j] = 1 / (1 + 0.414 * (d / D0) ** (2 * rank))
    return filter_img


def exp_low_filter(img, D0, rank):
    #生成一个指数低通滤波器(并返回)
    h, w = img.shape[:2]
    filter_img = np.zeros((h, w))
    u = np.fix(h / 2)
    v = np.fix(w / 2)
    for i in range(h):
        for j in range(w):
            d = np.sqrt((i - u) ** 2 + (j - v) ** 2)
            filter_img[i, j] = np.exp(np.log(1 / np.sqrt(2)) * (d / D0) ** (2 * rank))
    return filter_img


def filter_use(img, filter):
    #将图像 img 与滤波器 filter 结合,生成对应的滤波图像
    #首先进行傅里叶变换
    f = np.fft.fft2(img)
    f_center = np.fft.fftshift(f)
    #应用滤波器进行反变换
    S = np.multiply(f_center, filter)      #频率相乘——l(u,v) * H(u,v)
    f_origin = np.fft.ifftshift(S)         #将低频移动到原来的位置
    f_origin = np.fft.ifft2(f_origin)      #使用 ifft2 进行傅里叶的逆变换
    f_origin = np.abs(f_origin)            #设置区间
    return f_origin


def DFT_show(img):
    #对传入的图像进行傅里叶变换,生成频域图像
    f = np.fft.fft2(img)                   #使用 numpy 进行傅里叶变换
    fshift = np.fft.fftshift(f)            #把零频率分量移到中间
    result = np.log(1 + abs(fshift))
    return result


#自生成实验图像,并添加椒盐噪声
src = np.zeros((300, 300), dtype = np.uint8)
salt_area1 = np.ones((130, 130), dtype = np.uint8)
salt_area1 = sp_noise(salt_area1, 0.04)
salt_area2 = np.zeros((130, 130), dtype = np.uint8)
salt_area2 = sp_noise(salt_area2, 0.04)
for i in range(10, 140):
    for j in range(10, 140):
        src[i, j + 75] = 255
        src[i + 150, j] = salt_area1[i - 10, j - 10] * 255
        src[i + 150, j + 150] = salt_area2[i - 10, j - 10]
my_img = src.copy()

'''理想低通滤波'''
```

```python
ideal_filter = ideal_low_filter(my_img, D0 = 40)        # 生成理想低通滤波器
ideal_img = filter_use(my_img, ideal_filter)            # 将滤波器应用到图像,生成理想低通滤波图像
fre_img = DFT_show(my_img)                               # 原图的频域图像
fre_ideal_img = DFT_show(ideal_img)                      # 理想低通滤波图像的频域图像
plt.figure(dpi = 300)
plt.subplot(221)
plt.title('原始图')
plt.imshow(my_img, cmap = plt.cm.gray)
plt.axis("off")
plt.subplot(222)
plt.title("理想低通滤波图像")
plt.imshow(ideal_img, cmap = plt.cm.gray)
plt.axis("off")
plt.subplot(223)
plt.title('原始图频域图')
plt.imshow(fre_img, cmap = plt.cm.gray)
plt.axis("off")
plt.subplot(224)
plt.title("理想低通滤波图像的频域图")
plt.imshow(fre_ideal_img, cmap = plt.cm.gray)
plt.axis("off")
plt.show()

'''巴特沃斯低通滤波器'''
my_img = src.copy()
butterworth_filter = butterworth_low_filter(my_img, D0 = 10, rank = 2)  # 生成巴特沃斯低通
                                                                        # 滤波器
butterworth_img = filter_use(my_img, butterworth_filter)  # 将滤波器应用到图像,生成巴特沃斯
                                                          # 低通滤波图像
fre_butterworth_img = DFT_show(butterworth_img)           # 巴特沃斯低通滤波图像的频域图像
plt.figure(dpi = 300)
plt.subplot(221)
plt.title('原始图')
plt.imshow(my_img, cmap = plt.cm.gray)
plt.axis("off")
plt.subplot(222)
plt.title("巴特沃斯低通滤波图像")
plt.imshow(butterworth_img, cmap = plt.cm.gray)
plt.axis("off")
plt.subplot(223)
plt.title('原始图频域图')
plt.imshow(fre_img, cmap = plt.cm.gray)
plt.axis("off")
plt.subplot(224)
plt.title("巴特沃斯低通滤波图像的频域图")
plt.imshow(fre_butterworth_img, cmap = plt.cm.gray)
plt.axis("off")
plt.show()

'''指数低通滤波器'''
my_img = src.copy()
exp_filter = exp_low_filter(my_img, D0 = 20, rank = 2)    # 生成指数低通滤波器
exp_img = filter_use(my_img, exp_filter)                 # 将滤波器应用到图像,生成指数低通滤波图像
fre_exp_img = DFT_show(exp_img)                          # 指数低通滤波图像的频域图像
plt.figure(dpi = 300)
```

```
plt.subplot(221)
plt.title('原始图')
plt.imshow(my_img, cmap = plt.cm.gray)
plt.axis("off")
plt.subplot(222)
plt.title("指数低通滤波图像")
plt.imshow(exp_img, cmap = plt.cm.gray)
plt.axis("off")
plt.subplot(223)
plt.title('原始图频域图')
plt.imshow(fre_img, cmap = plt.cm.gray)
plt.axis("off")
plt.subplot(224)
plt.title("指数低通滤波图像的频域图")
plt.imshow(fre_exp_img, cmap = plt.cm.gray)
plt.axis("off")
plt.show()
```

运行程序,效果如图 5-20～图 5-22 所示。

原始图

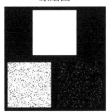

理想低通滤波图像

原始图频域图

理想低通滤波图像的频域图

图 5-20　理想低通滤波效果

原始图

巴特沃斯低通滤波图像

原始图频域图

巴特沃斯低通滤波图像的频域图

图 5-21　巴特沃斯低通滤波效果

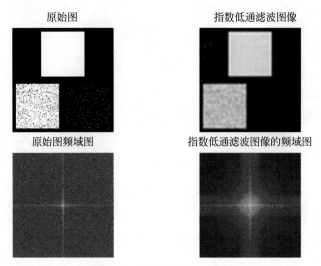

图 5-22　指数低通滤波效果

5.6　频域图像锐化

消除或减弱图像的低频分量从而增强图像中物体的边缘轮廓信息的过程称为图像锐化。图像锐化可以采用基于空间域的空域滤波的几种锐化方法或者基于频率域的高通滤波来处理。5.5节介绍了几种空域滤波的锐化效果,本节将对高通滤波的锐化进行介绍。

首先,对一幅图像进行如下二维傅里叶变换:

$$F(u,v)=\sum_{x=0}^{M-1}\sum_{y=0}^{N-1}f(x,y)\mathrm{e}^{-2\pi\left(\frac{u}{M}x+\frac{v}{N}y\right)}$$

将 $u=0$ 和 $v=0$ 代入上式,可以得到如下式子。

$$F(0,0)=MN\cdot\frac{1}{MN}\sum_{x=0}^{M-1}\sum_{y=0}^{N-1}f(x,y)=MN\cdot\bar{f}(x,y) \tag{5-6}$$

据式(5-6),可以得到 $F(0,0)$ 的值是非常大的。此处,将 $F(0,0)$ 称为直流分量,直流分量比其他的成分要大好几个数量级。所以,这也就是傅里叶谱为什么要使用对数变换才能看清楚的原因。

对于高通滤波器而言,由于直流分量被衰减,所以,所得到的图像的动态范围是非常狭窄的,也就造成了图像偏灰。进一步而言,保持直流(DC)分量,对别的部分进行增强,可以增强图像的细节。这样的滤波器称为锐化滤波器。

5.6.1　理想高通滤波器

在以原点为圆心,以 D_0 为半径的圆内,无衰减地通过所有频率而在该圆外切断所有频率的二维高通滤波器,它由下面的函数来确定:

$$H(u,v)=\begin{cases}0, & D(u,v)\leqslant D_0 \\ 1, & D(u,v)>D_0\end{cases}$$

其中,D_0 是一个常数,$D(u,v)$ 是频率域中点 (u,v) 与频率矩形中心的距离,即

$$D(u,v)=\sqrt{u^2+v^2}$$

图5-23从左到右依次表示典型理想高通滤波器的透视图、图像表示和剖面图。

当把一个理想高通滤波器逆变换到空间域中后,会出现震荡曲线。用这样的模板做空间

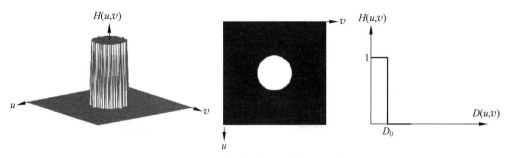

图 5-23 理想高通滤波器处理效果

域卷积时,就相当于与把这个模板复制到每个点周围(每个图像点就是一个冲激),如图 5-24 所示。

图 5-24 振铃现象

5.6.2 巴特沃斯高通滤波器

截止频率位于距原点 D_0 处的 n 阶巴特沃斯高通滤波器 BLPF 的传递函数为:

$$H(u,v) = \frac{1}{1+\left(\dfrac{D_0}{D(u,v)}\right)^{2n}}$$

图 5-25 显示了 BLPF 函数的透视图、图像显示和径向剖面图。

图 5-25 巴特沃斯高通滤波器处理效果

虽然巴特沃斯低阶时没有振铃现象,但是曲线太平缓,不能达到理想的分水岭效果,不能立即截止。想要提高截断的效果,就要提高滤波器的阶数。但是高阶的 BLPF 振铃现象会越来越明显。

5.6.3 指数高通滤波器

指数高通滤波器可用下述数学公式表示。

$$H(u,v) = \exp\left\{-\left[\frac{D_0}{D(u,v)}\right]^n\right\}$$

式中，n 为滤波器的增长速率因子，D_0 为截止频率，$D_0(u,v)$ 是点 (u,v) 到频率平面原点的距离，即

$$D(u,v) = \sqrt{u^2 + v^2}$$

图 5-26 显示了指数高通滤波器函数的透视图、图像显示和径向剖面图。

图 5-26　指数高通滤波器处理效果

5.6.4　频域高通滤波器的应用

本节通过实例来实现：选择一幅图像(rice.png)，分别使用理想高通滤波器、巴特沃斯高通滤波器、指数高通滤波器(至少使用两种高通滤波器)，显示滤波前后的频域能量分布图、空间图像。

【例 5-13】　对图像实现高通滤波处理。

```python
import numpy as np
import matplotlib.pyplot as plt
import cv2 as cv

def ideal_high_filter(img, D0):
    # 生成一个理想高通滤波器(并返回)
    h, w = img.shape[:2]
    filter_img = np.zeros((h, w))
    u = np.fix(h / 2)
    v = np.fix(w / 2)
    for i in range(h):
        for j in range(w):
            d = np.sqrt((i - u) ** 2 + (j - v) ** 2)
            filter_img[i, j] = 0 if d < D0 else 1
    return filter_img

def butterworth_high_filter(img, D0, rank):
    # 生成一个巴特沃斯高通滤波器(并返回)
    h, w = img.shape[:2]
    filter_img = np.zeros((h, w))
    u = np.fix(h / 2)
    v = np.fix(w / 2)
    for i in range(h):
        for j in range(w):
            d = np.sqrt((i - u) ** 2 + (j - v) ** 2)
            filter_img[i, j] = 1 / (1 + (D0 / d) ** (2 * rank))
    return filter_img

def exp_high_filter(img, D0, rank):
```

```python
        # 生成一个指数高通滤波器(并返回)
        h, w = img.shape[:2]
        filter_img = np.zeros((h, w))
        u = np.fix(h / 2)
        v = np.fix(w / 2)
        for i in range(h):
            for j in range(w):
                d = np.sqrt((i - u) ** 2 + (j - v) ** 2)
                filter_img[i, j] = np.exp((-1) * (D0 / d) ** rank)
        return filter_img


def filter_use(img, filter):
    # 将图像 img 与滤波器 filter 结合,生成对应的滤波图像
    # 首先进行傅里叶变换
    f = np.fft.fft2(img)
    f_center = np.fft.fftshift(f)
    # 应用滤波器进行反变换
    S = np.multiply(f_center, filter)              # 频率相乘——1(u,v) * H(u,v)
    f_origin = np.fft.ifftshift(S)                 # 将低频移动到原来的位置
    f_origin = np.fft.ifft2(f_origin)              # 使用 ifft2 进行傅里叶的逆变换
    f_origin = np.abs(f_origin)                    # 设置区间
    f_origin = f_origin / np.max(f_origin.all())
    return f_origin


def DFT_show(img):
    # 对传入的图像进行傅里叶变换,生成频域图像
    f = np.fft.fft2(img)                           # 使用 NumPy 进行傅里叶变换
    fshift = np.fft.fftshift(f)                    # 把零频率分量移到中间
    result = np.log(1 + abs(fshift))
    return result


src = cv.imread("wire.bmp", 0)
my_img = src.copy()
'''理想高通滤波'''
ideal_filter = ideal_high_filter(my_img, D0 = 40)   # 生成理想高通滤波器
ideal_img = filter_use(my_img, ideal_filter)        # 将滤波器应用到图像,生成理想高通滤波图像
fre_img = DFT_show(my_img)                           # 原图的频域图像
fre_ideal_img = DFT_show(ideal_img)                  # 理想高通滤波图像的频域图像
plt.figure(dpi = 300)
plt.subplot(221)
plt.title('原图')
plt.imshow(my_img, cmap = plt.cm.gray)
plt.axis("off")
plt.subplot(222)
plt.title("理想高通滤波图像")
plt.imshow(ideal_img, cmap = plt.cm.gray)
plt.axis("off")
plt.subplot(223)
plt.title('原图频域图')
plt.imshow(fre_img, cmap = plt.cm.gray)
plt.axis("off")
plt.subplot(224)
plt.title("理想高通滤波图像的频域图")
```

```
plt.imshow(fre_ideal_img, cmap = plt.cm.gray)
plt.axis("off")
plt.show()


'''巴特沃斯高通滤波器'''
my_img = src.copy()
butterworth_filter = butterworth_high_filter(my_img, D0 = 40, rank = 2)  # 生成 Butterworth 高通
                                                                         # 滤波器
butterworth_img = filter_use(my_img, butterworth_filter)  # 将滤波器应用到图像,生成 Butterworth
                                                          # 高通滤波图像
fre_butterworth_img = DFT_show(butterworth_img)           # Butterworth 高通滤波图像的频域图像
plt.figure(dpi = 300)
plt.subplot(221)
plt.title('原图')
plt.imshow(my_img, cmap = plt.cm.gray)
plt.axis("off")
plt.subplot(222)
plt.title("Butterworth 高通滤波图像")
plt.imshow(butterworth_img, cmap = plt.cm.gray)
plt.axis("off")
plt.subplot(223)
plt.title('原图频域图')
plt.imshow(fre_img, cmap = plt.cm.gray)
plt.axis("off")
plt.subplot(224)
plt.title("Butterworth 高通滤波图像的频域图")
plt.imshow(fre_butterworth_img, cmap = plt.cm.gray)
plt.axis("off")
plt.show()


'''指数高通滤波器'''
my_img = src.copy()
exp_filter = exp_high_filter(my_img, D0 = 40, rank = 2)  # 生成指数高通滤波器
exp_img = filter_use(my_img, exp_filter)                 # 将滤波器应用到图像,生成指数高通滤波图像
fre_exp_img = DFT_show(exp_img)                          # 指数高通滤波图像的频域图像
plt.figure(dpi = 300)
plt.subplot(221)
plt.title('原图')
plt.imshow(my_img, cmap = plt.cm.gray)
plt.axis("off")
plt.subplot(222)
plt.title("指数高通滤波图像")
plt.imshow(exp_img, cmap = plt.cm.gray)
plt.axis("off")
plt.subplot(223)
plt.title('原图频域图')
plt.imshow(fre_img, cmap = plt.cm.gray)
plt.axis("off")
plt.subplot(224)
plt.title("指数高通滤波图像的频域图")
plt.imshow(fre_exp_img, cmap = plt.cm.gray)
plt.axis("off")
plt.show()
```

运行程序,效果如图 5-27～图 5-29 所示。

原图

理想高通滤波图像

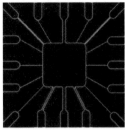

原图频域图

理想高通滤波图像的频域图

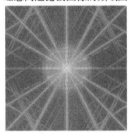

图 5-27 理想高通滤波效果

原图

巴特沃斯高通滤波图像

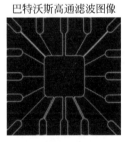

原图频域图

巴特沃斯高通滤波图像的频域图

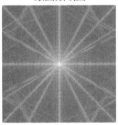
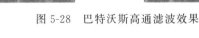

图 5-28 巴特沃斯高通滤波效果

原图

指数高通滤波图像

图 5-29 指数高通滤波效果

原图频域图   指数高通滤波图像的频域图

图 5-29 （续）

5.7 空/频域滤波的关系

频域滤波和空域滤波有着密不可分的关系。频域滤波器是通过对图像变化频率的控制来达到图像处理的目的，而空域滤波器是通过图像矩阵对模板进行卷积运算达到处理图像的效果。由卷积定理可知，空域上的卷积数值上等于图像和模板傅里叶变换乘积的反变换。

$$f(x,y) \times h(x,y) \Leftrightarrow F(u,v)H(u,v) \tag{5-7}$$

也就是说，如果将空域上的模板进行离散傅里叶变化得到频域上的模板，那么用空域模板进行空域滤波和用得到的频域模板进行频域滤波最后结果是一样的，两种方法有时可以互换。

p
```
[[1 2 3 0 0]
 [4 5 6 0 0]
 [7 8 9 0 0]
 [0 0 0 0 0]
 [0 0 0 0 0]]
```
q
```
[[1 1 1 0 0]
 [1 -8 1 0 0]
 [1 1 1 0 0]
 [0 0 0 0 0]
 [0 0 0 0 0]]
```
图 5-30 填充后的 p 和 q

但需要注意的一点是，将原始图像与空域模板进行卷积运算，得到卷积结果的长度要比原来的图像长，就算对图像和模板进行填充，得到的卷积结果的第一位也不是模板在原始图像第一个像素处的卷积。例如，假设 p 位原始图像长度为 P，q 位卷积模板长度为 Q，则由卷积的运算公式(5-7)易得不产生混淆下图像的最小填充后尺寸为 $P+Q-1$，填充后的 p 和 q 如图 5-30 所示。

【例 5-14】 对给定的矩阵进行卷积运算。

```python
import numpy as np
# 保留小数点后三位
np.set_printoptions(precision = 3)
# 不使用科学记数法
np.set_printoptions(suppress = True)

p = np.array([[1,2,3,0,0],[4,5,6,0,0],[7,8,9,0,0],[0,0,0,0,0],[0,0,0,0,0]])
q = np.array([[1,1,1,0,0],[1, -8,1,0,0],[1,1,1,0,0],[0,0,0,0,0],[0,0,0,0,0]])
pp = np.fft.fft2(p)
qq = np.fft.fft2(q)
tt = pp * qq
t = np.fft.ifft2(tt)
print('p\n', p)
print('q\n', q)
print('t\n', t.real)
```

运行程序，输出如下。

```
t
 [[  1.    3.    6.    5.    3.]
  [  5.    3.    3.  -11.    9.]
  [ 12.   -9.    0.  -21.   18.]
  [ 11.  -39.  -33.  -53.   15.]
  [  7.   15.   24.   17.    9.]]
```

从上述运行结果可知,虽然进行零填充可以有效避免混淆,但无法改变的一点是,卷积后图像的尺寸会变大。可以看出卷积后的结果填满了整个 5×5 的矩阵。理论上,用模板在图像第一个像素处的卷积值(也就是 3)来替代图像原来的第一个像素更加恰当。实际上,真正在图像上的卷积结果位于 t 的中心处,即图 5-31 才是与原始图像相等大小的滤波结果。

```
 3.    3.   -11.
-9.   -0.   -21
-39.  -33.  -53.
```

图 5-31 滤波结果

因此要想得到和空域滤波器相同的结果,在填充和频域滤波之后提取图像时,就要将得到的处理结果的边缘去掉。假设模板大小为 $P \times Q$,则滤波后得到的边缘宽度为($\text{floor}(P/2)$, $\text{floor}(Q/2)$)。

空域滤波和频域滤波的比较步骤如下。

(1) 定义一个小尺寸的空域模板,用该模板进行空域滤波,获得滤波图像。

(2) 根据空域滤波模板和原图像的大小计算频域模板的填充大小。

(3) 将空域模板进行填充并乘以($-x$)$+y$,然后进行傅里叶变换得到频域模板。

(4) 用得到的频域模板进行频域滤波,并对滤波结果进行截取。

(5) 空域滤波和频域滤波的结果显示比较。

【例 5-15】 对 Sobel 算子的比较演示。

```
import frequency_function as fre
import airspace_filter as air
import cv2 as cv
import numpy as np
import matplotlib.pyplot as plt

original_image_test4 = cv.imread('1.png',0)
'''比较对应的频域滤波器和空域滤波器是否等效'''
#比较 Sobel 算子
#得到空域 Sobel 滤波函数
airspace_result_test1 = air.laplace_sharpen(original_image_test4, my_type = 'big')
#定义空域滤波模板
air_model = np.array([[1, 1, 1], [1, -8, 1], [1, 1, 1]])
#计算模板填充后的尺寸
shape = (2 * original_image_test4.shape[0], 2 * original_image_test4.shape[1])
#将空域模板填充到相应尺寸,变换为频域模板并将低频移至中心
fre_model = np.fft.fft2(fre.my_get_fp(fre.my_fill(air_model, shape)))
#用频域模板进行频域滤波
frequency_result_test1 = fre.myfunc_seldifine(original_image_test4, fre_model, output_offset = (1, 1))
#将滤波结果的像素值转换到 0~255
airspace_result_test1 = air.show_edge(airspace_result_test1)
frequency_result_test1 = air.show_edge(frequency_result_test1)
#结果显示
plt.subplot(131)
plt.imshow(original_image_test4)
plt.title('原图')
plt.subplot(132)
plt.imshow(airspace_result_test1)
plt.title('空域滤波')
plt.subplot(133)
plt.imshow(frequency_result_test1)
plt.title('频域滤波')
plt.show()
```

运行程序,效果如图 5-32 所示。

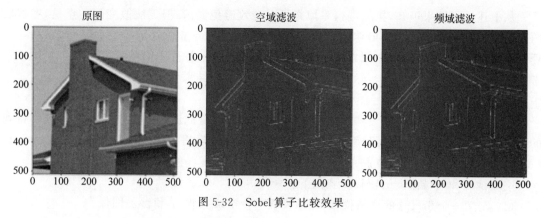

图 5-32　Sobel 算子比较效果

由图 5-32 可以看出两种方式效果是相同的。

第 **6** 章

图像视觉复原分析

在图像视觉的获取、传输以及保存过程中,由于各种因素,如大气的湍流效应、摄像设备中光学系统的衍射、传感器特性的非线性、光学系统的像差、成像设备与物体之间的相对运动、感光胶卷的非线性及物体之间的相对运动、感光胶卷的非线性及胶片颗粒噪声以及电视摄像扫描的非线性等所引起的几何失真,都难免会造成图像视觉的畸变和失真。通常,称由于这些因素引起的质量下降为图像退化。

图像视觉退化的典型表现是图像出现模糊、失真,出现附加噪声等。由于图像视觉的退化,在图像接收端显示的图像已不再是传输的原始图像,图像效果明显变差。为此,必须对退化的图像视觉进行处理,才能恢复出真实的原始图像,这一过程就称为图像视觉的复原。图像视觉复原的处理过程就是对退化图像品质的提升,并通过图像品质的提升来达到图像在视觉上的改善。

6.1 退化与复原

图像复原(Restoration)是以客观标准为基础,利用图像本身的先验知识来改善图像质量的过程。这与之前讲过的图像增强有相似之处,但是图像增强更多的是一个主观改善的过程,它主要以迎合人类的视觉感官为目标。图像复原期望将退化过程模型化,并以客观的情况为准则,最大限度地恢复图像本来的面貌。

6.1.1 退化的模型

简单来说,图像的退化是由于某种原因,图像从理想图像转变为我们实际看到的有瑕疵图像的过程。而图像复原,就是通过某种方法,对退化后的图像进行改善,尽量使复原后的图像接近理想图像的过程。整个退化和复原的过程可以用图 6-1 表示。

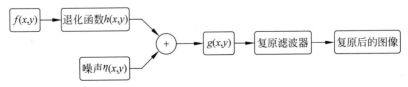

图 6-1 退化和复原的过程

此处,将理想图像用 $f(x,y)$ 表示,将退化后的实际图像用 $g(x,y)$ 表示,退化过程可以用退化函数 $h(x,y)$ 以及加载在图像上的噪声 $\eta(x,y)$ 表示,复原后的图像可以用 $\hat{f}(x,y)$ 表示。

因此,整个图像退化的数学模型即

$$g(x,y) = h(x,y) * f(x,y) + \eta(x,y)$$

频率域表示为:

$$G(u,v) = H(u,v)F(u,v) + N(u,v)$$

其中,$*$ 是卷积的符号,大写字母 $G(u,v)$ 表示 $g(x,y)$ 经傅里叶变换后的函数,其他大写函数含义相同。因此,图像的退化过程可以理解为:经过了一次未知的退化函数卷积,并夹杂着卷积 $\eta(x,y)$ 的过程。

6.1.2 退化的原理

假设图像的退化过程为:

$$g(x,y) = H[f(x,y)] + \eta(x,y)$$

其中,H 是一个算子,具有线性(线性算子具有加性和均匀性)和位置不变性的特点。

一幅图像可以当作是对一个连续二维函数进行离散采样得到的,每个像素点上都通过一个冲激函数(也叫脉冲函数,即下式中的 $\delta(x,y)$)对连续函数进行采样,因此,一幅二维图像可以表示为:

$$f(x,y) = \int_{-\infty}^{\infty} \int_{-\infty}^{\infty} f(\alpha,\beta)\delta(x-\alpha,y-\beta)\mathrm{d}\alpha\,\mathrm{d}\beta$$

先不考虑噪声 $\eta(x,y)$ 的影响,即 $\eta(x,y)=0$。所以退化过程变为:

$$g(x,y) = H[f(x,y)] = H\left[\int_{-\infty}^{\infty} \int_{-\infty}^{\infty} f(\alpha,\beta)\delta(x-\alpha,y-\beta)\mathrm{d}\alpha\,\mathrm{d}\beta\right]$$

由于算子 H 具有线性特征,因此可以拓展到积分上(积分相当于求和)。另外,由于 $f(\alpha,\beta)$ 和 x,y 均无关,所以有:

$$g(x,y) = \int_{-\infty}^{\infty} \int_{-\infty}^{\infty} f(\alpha,\beta)H[\delta(x-\alpha,y-\beta)]\mathrm{d}\alpha\,\mathrm{d}\beta$$

令 $h(x-\alpha,y-\beta) = H[\delta(x-\alpha,y-\beta)]$ 称为系统 H 算子具有位置不变性,再把忽略的噪声 $\eta(x,y)$ 加上后有:

$$g(x,y) = \int_{-\infty}^{\infty} \int_{-\infty}^{\infty} f(\alpha,\beta)h(x-\alpha,y-\beta)\mathrm{d}\alpha\,\mathrm{d}\beta + \eta(x,y)$$

其中,$\int_{-\infty}^{\infty} \int_{-\infty}^{\infty} f(\alpha,\beta)h(x-\alpha,y-\beta)\mathrm{d}\alpha\,\mathrm{d}\beta$ 就是卷积的定义式,因此,退化过程可以表示为:

$$g(x,y) = h(x,y) * f(x,y) + \eta(x,y)$$

6.1.3 复原的原理

由于退化过程被建模为卷积的结果,因此,图像复原就是需要找到具有相反过程的卷积核,所以图像复原通常也叫作图像去卷积,所使用的复原滤波器也叫作去卷积滤波器。

根据上述分析可知,想要将实际图像恢复成理想图像,主要完成两个工作:一个是消除图像的噪声干扰,称为图像去噪;另一个则是找到复原滤波器,称为图像去卷积。

6.2 图像去噪

图像去噪是指减少数字图像中噪声的过程。现实中的数字图像在数字化和传输过程中常受到成像设备与外部环境噪声干扰等影响,称为含噪图像或噪声图像。

噪声是图像干扰的重要原因。一幅图像在实际应用中可能存在各种各样的噪声,这些噪声可能在传输中产生,也可能在量化等处理中产生。

6.2.1 噪声模型

要去除图像的噪声,首先要了解噪声的种类和性质。通常,图像的噪声模型就是噪声在图像中的像素值的统计特性,可以用概率统计中的概率密度函数(PDF)来表征,表示噪声在某个灰度级 z 产生的概率,一旦发生,则在图像中某个位置会出现一个灰度级为 z 的像素代替原像素。以下给出常见的噪声模型,其中,z 表示噪声的灰度值,$\bar{z}$ 表示噪声灰度值的均值,σ 表示 z 的标准差。

1. 高斯噪声

高斯噪声是指它的概率密度函数服从高斯分布(即正态分布)的一类噪声。通过概率论中关于正态分布的有关知识能够非常容易地得到其计算方法,高斯噪声的概率密度服从高斯分布(正态分布)。

高斯分布(正态分布):

$$f(x) = \frac{1}{\sqrt{2\pi}\sigma} \exp\left(-\frac{(x-\mu)^2}{2\sigma^2}\right)$$

对于每一个输入像素,我们能够通过与符合高斯分布的随机数相加,得到输出像素:

$$P_{\text{out}} = P_{\text{in}} + F(\text{means}, \text{sigma})$$

获得一个符合高斯分布的随机数有多种方法,最主要的一个方法是使用标准的正态累积分布函数的反函数。Python 的 random 库也提供了产生高斯随机数的方法:

```
random.gauss(mu, sigma)
```

其中,mu 是均值,sigma 是标准差。

给一幅数字图像加上高斯噪声的处理顺序如下。

(1) 设定参数 sigma 和 means。

(2) 产生一个高斯随机数。

(3) 依据输入像素计算出输出像素。

(4) 又一次将像素值限制或缩放在[0~255]中。

(5) 循环全部像素。

(6) 输出图像。

【例 6-1】 为图像添加高斯噪声。

```python
# - * - coding: utf - 8 - * -
from PIL import Image
from pylab import *
from numpy import *
import random
# 读取图片并转换为数组
im = array(Image.open('1.jpg'))
# 设定高斯函数的偏移
means = 0
# 设定高斯函数的标准差
sigma = 25
# r 通道
r = im[:,:,0].flatten()
# g 通道
g = im[:,:,1].flatten()
```

```
#b 通道
b = im[:,:,2].flatten()
#计算新的像素值
for i in range(im.shape[0] * im.shape[1]):
    pr = int(r[i]) + random.gauss(0,sigma)
    pg = int(g[i]) + random.gauss(0,sigma)
    pb = int(b[i]) + random.gauss(0,sigma)
    if(pr < 0):
        pr = 0
    if(pr > 255):
        pr = 255
    if(pg < 0):
        pg = 0
    if(pg > 255):
        pg = 255
    if(pb < 0):
        pb = 0
    if(pb > 255):
        pb = 255
    r[i] = pr
    g[i] = pg
    b[i] = pb
im[:,:,0] = r.reshape([im.shape[0],im.shape[1]])
im[:,:,1] = g.reshape([im.shape[0],im.shape[1]])
im[:,:,2] = b.reshape([im.shape[0],im.shape[1]])
#显示图像
imshow(im)
show()
```

运行程序,效果如图 6-2 所示。

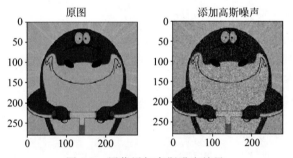

图 6-2　图像添加高斯噪声效果

2. 瑞利噪声

瑞利噪声的密度公式为:

$$P(z) = \begin{cases} \dfrac{2}{b}(z-a)\,\mathrm{e}^{-(z-a)^2/b}, & z \geqslant a \\ 0, & z < a \end{cases}$$

均值:

$$\bar{z} = a + \sqrt{\dfrac{\pi b}{4}}$$

方差为:

$$\sigma^2 = \dfrac{b(4-\pi)}{4}$$

【例 6-2】 瑞利分布演示。

```
'''瑞利分布用于信号处理'''
from numpy import random
x = random.rayleigh(scale = 2, size = (3,3))
print('标准差为 2,大小为 3×3 的瑞利分布:\n', x)
标准差为 2,大小为 3×3 的瑞利分布:
 [[ 0.65585341   1.82314992   2.89228464]
 [ 0.58844689   1.77595953   3.41540789]
 [ 2.51746179   4.47366451   3.16433276]]

'''瑞利分布的可视化'''
from numpy import random
import matplotlib.pyplot as plt
import seaborn as sns

sns.distplot(random.rayleigh(size = 1000), hist = False)
plt.show()
```

运行程序,效果如图 6-3 所示。

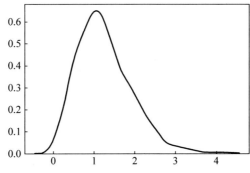

图 6-3 瑞利分布可视化效果

3. 伽马噪声

伽马噪声的概率密度函数如下:

$$P(z) = \begin{cases} \dfrac{a^b z^{b-1}}{(b-1)!} \mathrm{e}^{-az}, & z \geqslant a \\ 0, & z < a \end{cases}$$

均值为:

$$\bar{z} = \frac{b}{a}$$

方差为:

$$\sigma^2 = \frac{b}{a^2}$$

伽马噪声相对瑞利噪声分布会更加倾斜。

4. 指数噪声

指数噪声的概率密度函数如下:

$$P(z) = \begin{cases} ac^{-az}, & z \geqslant a \\ 0, & z < a \end{cases}$$

概率密度函数的均值为:

$$\bar{z} = \frac{1}{a}$$

概率密度函数的方差为：

$$\sigma^2 = \frac{1}{a^2}$$

指数噪声分布相对伽马噪声又会进一步倾斜。

5. 量化噪声

量化噪声又称均匀噪声，此类噪声是由于将模拟数据转换为数字数据而引起的，因此是幅度量化过程中固有的，其概率密度函数如下。

$$P(z) = \begin{cases} \dfrac{1}{b-a}, & a \leqslant z \leqslant b \\ 0, & \text{其他} \end{cases}$$

6. 椒盐噪声

椒盐噪声又称脉冲噪声、尖峰噪声，在图像上表现为随机分布的黑白点，其概率密度函数如下。

$$P(z) = \begin{cases} P_a, & z = a \\ P_b, & z = b \\ 1 - P_a - P_b, & \text{其他} \end{cases}$$

椒盐噪声可以通过中值滤波器进行消除。

图 6-4 给出了不同的概率密度函数的分布图。

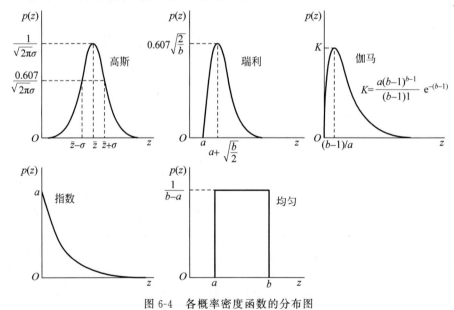

图 6-4　各概率密度函数的分布图

【例 6-3】 椒盐噪声的产生与去噪。

```python
from cv2 import cv2 as cv
import numpy as np
import random

def salt_pepper_noise(image, radio):
    out = np.zeros(image.shape, np.uint8)
```

```
        threshold = 1 - radio
        for i in range(image.shape[0]):
                for j in range(image.shape[1]):
                        rdn = np.random.random()
                        #rdn = random.random()
                        if rdn < radio:
                                out[i][j] = 0
                        elif rdn > threshold:
                                out[i][j] = 255
                        else:
                                out[i][j] = image[i][j]
        return out

img = cv.imread('5.jpg')
out_sp_noise = salt_pepper_noise(img,0.2)
dst_median = cv.medianBlur(out_sp_noise,5)
dst_blur = cv.blur(out_sp_noise,(9,9))
Gaiss_dst = cv.GaussianBlur(out_sp_noise,(9,9),2,2)
pic = np.hstack([out_sp_noise,dst_median,dst_blur,Gaiss_dst])
cv.imshow('out_sp_noise',pic)
cv.waitKey(0)
cv.destroyAllWindows()
```

运行程序,效果如图 6-5 所示。

图 6-5　去噪效果

在图 6-5 中,从左到右依次是椒盐噪声图片、中值模糊、均值模糊、高斯模糊。可以看到中值模糊效果最好。

6.2.2　逆滤波

图像的老化,可以视为如图 6-6 所示的一个过程。一个是退化函数的影响(致使图片模糊、褪色等),一个是可加性噪声的影响。

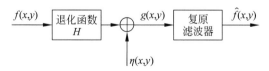

图 6-6　图像的老化过程

对于线性时不变系统而言可表示为:

$$g(x,y) = f(x,y) * h(x,y) + n(x,y)$$

对上式两边进行傅里叶变换得:

$$G(u,v) = F(u,v)H(u,v) + N(u,v)$$

其中，$G(u,v)$、$F(u,v)$、$H(u,v)$和$N(u,v)$分别是$g(x,y)$、$f(x,y)$、$h(x,y)$和$n(x,y)$的二维傅里叶变换。$H(u,v)$是系统滤波函数，从频域角度看，它使得图像发生退化，因而反映了成像系统的性能。

通常在不考虑噪声的情况下，上式可以写为$G(u,v) = F(u,v)H(u,v)$，由此便可得出$F(u,v) = G(u,v)/H(u,v)$，其中，$1/H(u,v)$称为逆滤波器。对该式再进行傅里叶逆变换就可以得到$f(x,y)$。但实际上噪声是在所难免的，因而只能求得$F(u,v)$的估计值$\hat{F}(u,v)$：

$$\hat{F}(u,v) = F(u,v) + \frac{N(u,v)}{H(u,v)}$$

做傅里叶逆变换可得：

$$\hat{f}(u,v) = f(u,v) + \int_{-\infty}^{+\infty} [N(u,v)H^{-1}(u,v)] e^{-j2\pi(ux+vy)} \, du \, dv$$

这就是逆滤波复原的基本原理。

理论上，如果噪声为0，那么采用逆滤波就能完全复原图像，但这其实是不可能的。如果噪声存在，而且在$H(u,v)$很小或者为0时，噪声就会被放大。这意味着当退化图像中$H(u,v)$很小时，即使很小的噪声干扰也会对逆滤波复原的图像产生很大的影响。很有可能使得复原图像$\hat{f}(u,v)$和原始图像$f(u,v)$相关很大，甚至面目全非。这也是逆滤波最突出的弱点。

6.2.3　维纳滤波

维纳滤波试图寻找一个滤波器，使得复原后图像$\hat{f}(x,y)$与原始图像$f(x,y)$的均方误差最小，即$E\{[\hat{f}(x,y) - f(x,y)]^2\} = \min$，所以维纳滤波通常又称为最小均方误差滤波。

$\boldsymbol{R}_f$和$\boldsymbol{R}_n$分别是f和n的相关矩阵，即$E[\boldsymbol{R}_f] = E\{ff^T\}$，$E[\boldsymbol{R}_n] = E\{nn^T\}$。$\boldsymbol{R}_f$的第$i$、$j$个元素是$E\{f_i f_j\}$，代表$f$的第$i$个和第$j$个元素的相关系数。因为$f$和$n$中的元素全部都是实数，所以典型的相关性矩阵只在主对角线方向上有一条带不为零，右上角和左下角都是零。根据两个像素间的相关性，这只是它们彼此之间相互距离而非位置的函数的假设，可将$\boldsymbol{R}_f$和$\boldsymbol{R}_n$用块循环矩阵来表示，则有$\boldsymbol{R}_f = \boldsymbol{WAW}^{-1}$，$\boldsymbol{R}_n = \boldsymbol{WBW}^{-1}$。其中，$\boldsymbol{A}$和$\boldsymbol{B}$中的元素对应$\boldsymbol{R}_f$和$\boldsymbol{R}_n$中相关元素的傅里叶变换，这些相关元素的傅里叶变换称为图像和噪声的功率谱。

如果令$\boldsymbol{Q}^T\boldsymbol{Q} = \boldsymbol{R}_f^{-1}\boldsymbol{R}$，则有：

$$\hat{f} = (\boldsymbol{HH}^T + \gamma\boldsymbol{R}_f^{-1}\boldsymbol{R}_n)^{-1}\boldsymbol{H}^T g = (\boldsymbol{WD} * \boldsymbol{WD}^{-1} + \gamma\boldsymbol{WA}^{-1}\boldsymbol{BW}^{-1})^{-1}\boldsymbol{WD} * \boldsymbol{W}^{-1} g$$

由此可得：

$$\boldsymbol{W}^{-1}\hat{f} = (\boldsymbol{D} * \boldsymbol{D} + \gamma\boldsymbol{A}^{-1}\boldsymbol{B})^{-1}\boldsymbol{D} * \boldsymbol{W}^{-1} g$$

如果$M = N$，则有：

$$\hat{F}(u,v) = \left[\frac{H * (u,v)}{|H(u,v)|^2 + \gamma \dfrac{P_n(u,v)}{P_f(u,v)}} \right] G(u,v)$$

$$= \left[\frac{1}{H(u,v)} \cdot \frac{|H(u,v)|^2}{|H(u,v)|^2 + \gamma \dfrac{P_n(u,v)}{P_f(u,v)}} \right] G(u,v)$$

其中，$H(u,v)$为退化函数，即$H(u,v)^2 = H^*(u,v)H(u,v)$。$H^*(u,v)$表示$H(u,v)$的复共轭；$P_n(u,v) = |H(u,v)|^2$表示噪声的功率谱；$P_f(u,v) = |F(u,v)|^2$表示退化图像的

功率谱；比率 $\dfrac{P_n(u,v)}{P_f(u,v)}$ 称为信噪功率比。如果 $\gamma = 1$，则称其为维纳滤波器，当无噪声影响时，由于 $P_n(u,v)=0$，则退化为逆滤波器，又称为理想的逆滤波器。所以，逆滤波器可以认为是维纳滤波器的一种特殊情况。需要注意的是，$\gamma = 1$ 并非在有约束条件下的最佳解，此时并不满足约束条件 $\|n\|^2 = \|g - H\hat{f}\|^2$。如果 γ 为变参数，则称为变参数维纳滤波器。

维纳去卷积提供了一种在有噪声情况下导出去卷积传递函数的最优方法，但以下三个问题限制了它的有效性。

（1）当图像复原的目的是供人观察时，均方误差准则并不是一个最优的优化准则。这是因为均方误差准则不管其在图像中的位置如何对所有误差都赋予同样的权值，而人眼则对暗处和高梯度区域的误差比其他区域的误差具有更大的容忍性。因为要使均方误差最小化，所以维纳滤波以一种并非最适合人眼的方式对图像进行了平滑。

（2）经典的维纳去卷积不能处理具有空间可变点扩散函数的情形，例如，存在彗差、散差、表面像场弯曲，以及包含旋转的运动模糊等情况。

（3）不能处理非平稳信号和噪声的一般情形。许多图像都是高度非平衡的，有被陡峭边缘分开的大块平坦区域。此外，一些重要的噪声源具有与局部灰度有关的特性。

【例6-4】 对图像进行维纳滤波处理。

```python
from scipy.signal import wiener
import cv2
import numpy as np
import matplotlib.pyplot as plt

def gasuss_noise(image, mean = 0, var = 0.001):
    image = np.array(image/255, dtype = float)
    noise = np.random.normal(mean, var ** 0.5, image.shape)
    out = image + noise
    if out.min() < 0:
        low_clip = -1.
    else:
        low_clip = 0.
    out = np.clip(out, low_clip, 1.0)
    out = np.uint8(out * 255)
    return out
if __name__ == '__main__':
    lena = cv2.imread(r'lena.jpg')
    if lena.shape[-1] == 3:
        lenaGray = cv2.cvtColor(lena, cv2.COLOR_BGR2GRAY)
    else:
        lenaGray = lena.copy()

    plt.title('原图')
    plt.imshow(lenaGray, cmap = 'gray')
    #添加高斯噪声
    lenaNoise = gasuss_noise(lenaGray)
    plt.title('添加高斯噪声后的图像')
    plt.imshow(lenaNoise, cmap = 'gray')
    #维纳滤波
    lenaNoise = lenaNoise.astype('float64')
    lenaWiener = wiener(lenaNoise, [3, 3])
    lenaWiener = np.uint8(lenaWiener / lenaWiener.max() * 255)
    plt.title('经过维纳滤波后的图像')
    plt.imshow(lenaWiener, cmap = 'gray')
    plt.show()
```

运行程序,效果如图 6-7 所示。

原图

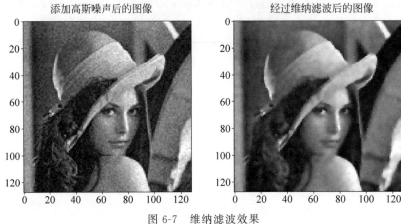

图 6-7　维纳滤波效果

6.2.4　逆滤波与维纳滤波的实现

在实现图像的逆滤波与维纳滤波处理时,首先构建运动模糊模型。现假定相机不动,图像 $f(x,y)$ 在图像面上移动并且图像 $f(x,y)$ 除移动外不随时间变化。令 $x_0(t)$ 和 $y_0(t)$ 分别代表位移的 x 分量和 y 分量,那么在快门开启的时间 T 内,胶片上某点的总曝光量是图像在移动过程中一系列相应像素的亮度对该点作用的总和。也就是说,运动模糊图像是由同一图像在产生距离延迟后与原图像叠加而成。如果快门开启与关闭的时间忽略不计,则有:

$$g(x,y) = \int_0^T f[(x - x_0(t)),(y - y_0(t))]\mathrm{d}t$$

由于各种运动都是匀速直线运动的叠加,因而只需考虑匀速直线运动即可。下面描述一下该模型函数 motion_process(image_size, motion_angle),它包含两个参数:图像的尺寸大小 image_size 以及运动的角度 motion_angle。

【例 6-5】　对图像实现逆滤波与维纳滤波处理。

```
import math
import os
import numpy as np
from numpy import fft
import cv2
import matplotlib.pyplot as plt

plt.rcParams['font.sans-serif'] = ['SimHei']
```

```
plt.rcParams['axes.unicode_minus'] = False

# 仿真运动模糊
def motion_process(image_size, motion_angle):
    PSF = np.zeros(image_size)
    center_position = (image_size[0] - 1) / 2
    slope_tan = math.tan(motion_angle * math.pi / 180)
    slope_cot = 1 / slope_tan
    if slope_tan <= 1:
        for i in range(15):
            offset = round(i * slope_tan)  # ((center_position - i) * slope_tan)
            PSF[int(center_position + offset), int(center_position - offset)] = 1
        return PSF / PSF.sum()                      # 对点扩散函数进行归一化亮度
    else:
        for i in range(15):
            offset = round(i * slope_cot)
            PSF[int(center_position - offset), int(center_position + offset)] = 1
        return PSF / PSF.sum()

# 对图片进行运动模糊
def make_blurred(input, PSF, eps):
    input_fft = fft.fft2(input)                     # 进行二维数组的傅里叶变换
    PSF_fft = fft.fft2(PSF) + eps
    blurred = fft.ifft2(input_fft * PSF_fft)
    blurred = np.abs(fft.fftshift(blurred))
    return blurred

# 逆滤波
def inverse(input, PSF, eps):
    input_fft = fft.fft2(input)
    PSF_fft = fft.fft2(PSF) + eps                   # 噪声功率,这是已知的,考虑epsilon
    result = fft.ifft2(input_fft / PSF_fft)         # 计算F(u,v)的傅里叶反变换
    result = np.abs(fft.fftshift(result))
    return result

# 维纳滤波,K = 0.01
def wiener(input, PSF, eps, K = 0.01):
    input_fft = fft.fft2(input)
    PSF_fft = fft.fft2(PSF) + eps
    PSF_fft_1 = np.conj(PSF_fft) / (np.abs(PSF_fft) ** 2 + K)
    result = fft.ifft2(input_fft * PSF_fft_1)
    result = np.abs(fft.fftshift(result))
    return result

def put(path):
    img = cv2.imread(path, 1)
    img = cv2.cvtColor(img, cv2.COLOR_BGR2GRAY)
    img_h = img.shape[0]
    img_w = img.shape[1]
    # 进行运动模糊处理
    PSF = motion_process((img_h, img_w), 60)
    blurred = np.abs(make_blurred(img, PSF, 1e-3))
    # 逆滤波
    res1 = inverse(blurred, PSF, 1e-3)
    # 维纳滤波
    res2 = wiener(blurred, PSF, 1e-3)
    # 添加噪声,standard_normal产生随机的函数
    blurred_noisy = blurred + 0.1 * blurred.std() * np.random.standard_normal(blurred.shape)
    # 对添加噪声的图像进行逆滤波
```

```
res3 = inverse(blurred_noisy, PSF, 0.2 + 1e-3)
# 对添加噪声的图像进行维纳滤波
res4 = wiener(blurred_noisy, PSF, 0.2 + 1e-3)

plt.subplot(2, 3, 1), plt.axis('off'), plt.imshow(blurred, plt.cm.gray), plt.title('运动模糊')
plt.subplot(2, 3, 2), plt.axis('off'), plt.imshow(res1, plt.cm.gray), plt.title('逆滤波')
plt.subplot(2, 3, 3), plt.axis('off'), plt.imshow(res2, plt.cm.gray), plt.title('维纳滤波(k=
0.01)')
plt.subplot(2, 3, 4), plt.axis('off'), plt.imshow(blurred_noisy, plt.cm.gray), plt.title('有噪
声且运动模糊')
plt.subplot(2, 3, 5), plt.axis('off'), plt.imshow(res3, plt.cm.gray), plt.title('逆滤波')
plt.subplot(2, 3, 6), plt.axis('off'), plt.imshow(res4, plt.cm.gray), plt.title('维纳滤波(k=
0.01)')
plt.show() # 显示图像
```

运行程序,效果如图 6-8 所示。

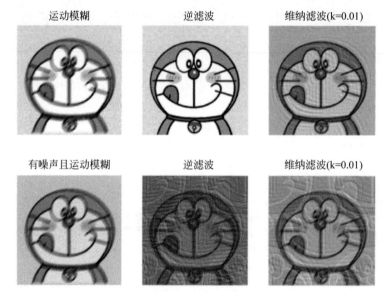

图 6-8　图像的逆滤波与维纳滤波效果

6.3　暗通道去雾处理

图像增强与图像复原二者之间有一定交叉,尽管它们一个强调客观标准,一个强调主观标准,但最终结果都是改善图像的质量。图像去雾就是这两种技术彼此交叉领域中最典型的代表。如果将雾霾看作一种噪声,那么去除雾霾的标准显然是非常客观的,也就是要将图像恢复到没有雾霾时所获取的情况。但是如果将在雾霾环境下拍摄的照片看作一种图像本来的面貌,那么去雾显然就是人们为了改善主观视觉质量而对图像所进行的一种增强。

6.3.1　暗通道的概念

在绝大多数非天空的局部区域中,某些像素总会有至少一个颜色通道具有很低的灰度值。换句话说,该区域光强度的最小值是个很小的数。下面给暗通道一个数学定义。对于任意的输入图像 J,其暗通道可以用下式表达:

$$J^{\text{dark}}(x) = \min_{y \in \Omega(x)} \left[\min_{c \in \{r,g,b\}} J^c(y) \right]$$

式中,J^c 表示彩色图像的每个通道,$\Omega(x)$ 表示以像素 x 为中心的一个窗口。上式的意义用代码表达也很简单,首先求出每个像素 RGB 分量中的最小值,存入一幅和原始图像大小相同的

灰度图中,然后对这幅灰度图进行最小值滤波,滤波的半径由窗口大小决定,一般有WindowSize＝2×Radius＋1。

暗通道先验的理论指出:

$$J^{dark} \to 0$$

在实际生活中,造成暗原色中低通道值的因素有很多。例如,汽车、建筑物和城市中玻璃窗户的阴影,或者树叶、树与岩石等自然景观的投影;色彩鲜艳的物体或表面,在RGB的三个通道中有些通道的值很低(如绿色的草地、树木等植物,红色或黄色的花朵、果实或叶子,或者蓝色、绿色的水面);颜色较暗的物体或表面,例如,灰暗色的树干、石头以及路面。总之,自然景物中到处都是阴影或彩色,这些景物图像的暗原色总是表现出较为灰暗的状态。

下面通过几幅没有雾的风景照来分析一下正常图像暗通道的普遍性质,如图6-9所示。

图6-9　正常图像的暗通道

再来看一些有雾图像的暗通道,如图6-10所示。

图6-10　有雾图像的暗通道

上述暗通道图像使用的窗口大小均为 $15×15$，即最小值滤波的半径为7px。可以发现，有雾的时候会呈现一定的灰色，而无雾的时候会呈现大量的黑色(像素为接近 0)

6.3.2 暗通道去雾的原理

在计算机视觉和计算机图形中，下述方程所描述的雾图形成模型被广泛使用：

$$I(x) = J(x)t(x) + A[1 - t(x)]$$

其中，$I(x)$ 就是现在已经有的图像(也就是待去雾图像)，$J(x)$ 是要恢复的无雾图像，参数 A 是全球大气光成分，$t(x)$ 为透射率。现在的已知条件就是 $I(x)$，要求目标值 $J(x)$。根据基本的代数知识可知，这是一个有无数解的方程，只有在一些先验信息基础上才能求出定解。

将上式变形为：

$$\frac{I^c(x)}{A^c} = t(x)\frac{J^c(x)}{A^c} + 1 - t(x) \tag{6-1}$$

如上所述，上标 c 表示 R、G、B 三个通道。

首先假设在每一个窗口内透射率 $t(x)$ 为常数，将其定义为 $\tilde{t}(x)$，并且 A 值已经给定，然后对式(6-1)两边进行求两次最小值运算，得到式(6-2)：

$$\min_{y \in \Omega(x)}\left[\min_c \frac{I^c(y)}{A^c}\right] = \tilde{t}(x)\min_{y \in \Omega(x)}\left[\min_c \frac{J^c(y)}{A^c}\right] + 1 - \tilde{t}(x) \tag{6-2}$$

式中，J 是待求的无雾图像，根据前述的暗原色先验理论有：

$$J^{dark}(x) = \min_{y \in \Omega(x)}\left\lfloor \min_c J^c(y)\right\rfloor = 0$$

因此，可推导出：

$$\min_{y \in \Omega(x)}\left[\min_c \frac{J^c(y)}{A^c}\right] = 0 \tag{6-3}$$

把式(6-3)的结论代回式(6-2)中，有：

$$\tilde{t}(x) = 1 - \min_{y \in \Omega(x)}\left[\min_c \frac{I^c(y)}{A^c}\right] \tag{6-4}$$

这就是透射率 $\tilde{t}(x)$ 的预估值。

在现实生活中，即使是晴天白云，空气中也存在着一些颗粒，因此，看远处的物体还是能感觉到雾的影响。此外，雾的存在让人类感受到景深的存在，因此，有必要在去雾的时候保留一定程度的雾。这可以通过在上式中引入一个$[0,1]$中的因子来实现，由式(6-4)修改为：

$$\tilde{t}(x) = 1 - \omega\min_{y \in \Omega(x)}\left[\min_c \frac{I^c(y)}{A^c}\right]$$

上述推论中都是假设全球大气光 A 值是已知的，在实际中，可以借助于暗通道图从雾图像中获取该值。具体步骤大致为：首先从暗通道图中按照亮度的大小提取最亮的前 0.1% 像素，然后在原始有雾图像 I 中寻找对应位置上的具有最高亮度的点的值，并以此作为 A 的值。至此，就可以进行无雾图像的恢复了。

考虑到当透射图 t 的值很小时，会导致 J 的值偏大，从而使图像整体向白场过渡，因此一般可以设置一个阈值 t_0，当 t 值小于 t_0 时，令 $t = t_0$，最终的图像恢复公式为：

$$J(x) = \frac{I(x) - A}{\max[t(x), t_0]} + A$$

【例 6-6】 利用暗通道处理法对图像进行去雾处理。

```
import cv2
```

```python
import numpy as np

def zmMinFilterGray(src, r = 7):
    '''最小值滤波,r是滤波器半径'''
    return cv2.erode(src, np.ones((2 * r + 1, 2 * r + 1)))


def guidedfilter(I, p, r, eps):
    height, width = I.shape
    m_I = cv2.boxFilter(I, -1, (r, r))
    m_p = cv2.boxFilter(p, -1, (r, r))
    m_Ip = cv2.boxFilter(I * p, -1, (r, r))
    cov_Ip = m_Ip - m_I * m_p
    m_II = cv2.boxFilter(I * I, -1, (r, r))
    var_I = m_II - m_I * m_I
    a = cov_Ip / (var_I + eps)
    b = m_p - a * m_I
    m_a = cv2.boxFilter(a, -1, (r, r))
    m_b = cv2.boxFilter(b, -1, (r, r))
    return m_a * I + m_b


def Defog(m, r, eps, w, maxV1):                             # 输入 RGB 图像,值范围为[0,1]
    '''计算大气遮罩图像 V1 和光照值 A, V1 = 1 - t/A'''
    V1 = np.min(m, 2)                                        # 得到暗通道图像
    Dark_Channel = zmMinFilterGray(V1, 7)
    cv2.imshow('20190708_Dark', Dark_Channel)               # 查看暗通道
    cv2.waitKey(0)
    cv2.destroyAllWindows()
    V1 = guidedfilter(V1, Dark_Channel, r, eps)             # 使用引导滤波优化
    bins = 2000
    ht = np.histogram(V1, bins)                             # 计算大气光照 A
    d = np.cumsum(ht[0]) / float(V1.size)
    for lmax in range(bins - 1, 0, -1):
        if d[lmax] <= 0.999:
            break
    A = np.mean(m, 2)[V1 >= ht[1][lmax]].max()
    V1 = np.minimum(V1 * w, maxV1)                          # 对值范围进行限制
    return V1, A


def deHaze(m, r = 81, eps = 0.001, w = 0.95, maxV1 = 0.80, bGamma = False):
    Y = np.zeros(m.shape)
    Mask_img, A = Defog(m, r, eps, w, maxV1)                # 得到遮罩图像和大气光照
    for k in range(3):
        Y[:,:,k] = (m[:,:,k] - Mask_img)/(1 - Mask_img/A)  # 颜色校正
    Y = np.clip(Y, 0, 1)
    if bGamma:
        Y = Y ** (np.log(0.5) / np.log(Y.mean()))          # gamma 校正,默认不进行该操作
    return Y


if __name__ == '__main__':
    m = deHaze(cv2.imread('7.png') / 255.0) * 255
    cv2.imwrite('7_2.png', m)
```

运行程序,效果如图 6-11 所示。

原图   暗通道图   去雾效果

图 6-11　图像去雾效果

第 **7** 章

图像视觉几何变换与校正分析

本章将介绍图像视觉的几何变换与几何校正。图像视觉的几何变换是不改变图像的像素值,而改变像素所在位置。从变换的性质划分,图像视觉的几何变换有位置变换(平移、镜像、旋转)、形状变换(比例缩放、错切)和复合变换等。图像视觉的位置变换主要包括图像平移变换、图像镜像变换和图像旋转变换等。

图像校正是指对失真图像进行的复原性处理。引起图像失真的原因有:成像系统的像差、畸变、带宽有限等造成的图像失真;由于成像器件拍摄姿态和扫描非线性引起的图像几何失真;由于运动模糊、辐射失真、引入噪声等造成的图像失真。

图像视觉校正的基本思路是,根据图像失真原因,建立相应的数学模型,从被污染或畸变的图像信号中提取所需要的信息,沿着使图像失真的逆过程恢复图像本来面貌。实际的复原过程是设计一个滤波器,使其能从失真图像中计算得到真实图像的估值,使其根据预先规定的误差准则,最大程度地接近真实图像。

7.1 图像几何变换概述

图像几何变换是建立一种原图像像素与变换后的图像像素之间的映射关系。通过这种映射关系能够知道原图像任意像素点变换后的坐标,或者变换后的图像像素在原图像的坐标位置等。其数学公式为:

$$\begin{cases} x = U(x_0, y_0) \\ y = V(x_0, y_0) \end{cases}$$

其中,x、y 表示输出图像像素的坐标,x_0、y_0 则表示输入图像像素的坐标。而 U、V 表示两种映射关系,它们通过输入的 x_0、y_0 来确定相应的 x、y 映射关系可以是线性关系,例如:

$$\begin{cases} U(x, y) = k_1 x + k_2 y + k_3 \\ V(x, y) = k_4 x + k_5 y + k_6 \end{cases}$$

也可以是如下的多项式关系:

$$\begin{cases} U(x_0, y_0) = k_1 + k_2 x + k_3 y + k_4 x^2 + k_5 xy + k_6 y^2 \\ V(x_0, y_0) = k_7 + k_8 x + k_9 y + k_{10} x^2 + k_{11} xy + k_{12} y^2 \end{cases}$$

可以看到,只要给出图像上任意像素的坐标,都能通过对应的映射关系获得几何变换后的像素坐标位置。这种将输入映射到输出的过程称为"向前映射"。

如图 7-1 所示,通过向前映射能够确定原图像在经过变换后各像素的坐标。由于多个输入坐标可以对应同一个输出坐标,所以向前映射是一个满射。

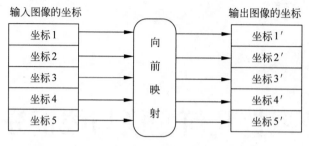

图 7-1 向前映射

下面介绍另一种映射方法——"向后映射"。它解决了向前映射产生的问题,数学表达式为:

$$\begin{cases} x_0 = U'(x, y) \\ y_0 = V'(x, y) \end{cases}$$

同样,x、y 表示输出图像像素的坐标,x_0、y_0 表示输入图像像素的坐标,U'、V' 表示两种映射方式,如图 7-2 所示。

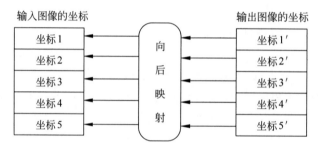

图 7-2 向后映射

总之,向前映射有效率偏低、映射不完全等缺点,但是在一些不改变图像大小的几何变换中,向前映射还是十分有效的。向后映射主要运用在图像的旋转和缩放中,这些几何变换都会改变图像的大小,运用向后映射则可以有效解决大小改变产生的各类映射问题。

7.2 几何变换的数学描述

几何变换用矩阵形式表示为:

$$\begin{bmatrix} x & y & 1 \end{bmatrix} = \begin{bmatrix} x_0 & y_0 & 1 \end{bmatrix} \begin{bmatrix} a_1 & a_2 & 0 \\ a_3 & a_4 & 0 \\ a_5 & a_6 & 1 \end{bmatrix}$$

这是向前映射的矩阵表示法。其中,x、y 表示输出图像像素的坐标,x_0、y_0 则表示输入图像像素的坐标。由矩阵运算可知:

$$\begin{cases} x = a_1 x_0 + a_3 y_0 + a_5 \\ y = a_2 x_0 + a_4 y_0 + a_6 \end{cases}$$

向后映射的矩阵表示为:

$$[x_0 \quad y_0 \quad 1] = [x \quad y \quad 1]\begin{bmatrix} b_1 & b_2 & 0 \\ b_3 & b_4 & 0 \\ b_5 & b_6 & 1 \end{bmatrix}$$

同理有：

$$\begin{cases} x_0 = b_1 x_0 + b_3 y_0 + b_5 \\ y_0 = b_2 x_0 + b_4 y_0 + b_6 \end{cases}$$

可以看到,向后映射的矩阵表示正好是向前映射的逆变换。

7.3 图像的坐标变换

为什么要对图像进行坐标变换？对图像进行几何变换可以从一定程度上消除图像由于角度、透视关系、拍摄等原因造成的几何失真,进而造成计算机模型或者算法无法正确识别图像,所以要对图像进行几何变换。

对图像进行几何变换处理是深度学习中数据增强的一种常用手段,是进行图像识别前的数据预处理工作内容。例如,在很多机器视觉落地项目中,在实际工作中,并不能保证被检测的物体在图像的相同位置和方向,所以首先要解决的就是被检测物体的位置和方向。所以首先要做的就是对图像进行几何变换。

按照人类的视觉效果划分,二维图像的基本几何变换主要有缩放、平移、旋转、镜像、透视等。按照变换的数学原理的不同划分,二维图像的基本几何变换主要有仿射变换、透视变换、重映射变换。

7.3.1 图像的平移

图像的平移变换就是将图像所有的像素坐标分别加上指定的水平偏移量和垂直偏移量。平移变换根据是否改变图像大小分为两种：直接丢弃或者通过加目标图像尺寸的方法使图像能够包含这些点。

图像平移变换示意图如图 7-3 所示。

(a) 原图

(b) 向左平移

(c) 向右平移

(d) 向上平移

(e) 向下平移

图 7-3 图像平移变换示意图

1. 平移变换原理

假设原来的像素的位置坐标为(x_0, y_0)，经过平移量$(\Delta x, \Delta y)$后，坐标变为(x_1, y_1)，如图 7-4 所示。

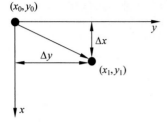

图 7-4 坐标平移

用数学形式可表示为：

$$\begin{cases} x_1 = x_0 + \Delta x \\ y_1 = y_0 + \Delta y \end{cases}$$

用矩阵表示为：

$$\begin{bmatrix} x_1 \\ x_2 \\ 1 \end{bmatrix} = \begin{bmatrix} 1 & 0 & \Delta x \\ 0 & 1 & \Delta y \\ 0 & 0 & 1 \end{bmatrix} \begin{bmatrix} x_0 \\ y_0 \\ 1 \end{bmatrix}$$

式子中，矩阵 $\begin{bmatrix} 1 & 0 & \Delta x \\ 0 & 1 & \Delta y \\ 0 & 0 & 1 \end{bmatrix}$ 称为平移变换矩阵(因子)，Δx 和 Δx 为平移量。

2. 平移变换实战

前面已对图像平移变换的基本原理进行了介绍，下面直接通过实例来演示其应用。

【例 7-1】 图像的平移变换实现。

```python
import os
import numpy as np
import cv2 as cv
import matplotlib.pyplot as plt
from matplotlib import font_manager
#字体实例对象
my_font = font_manager.FontProperties(fname = "C:\Windows\Fonts\simsun.ttc",size = 15)
plt.rcParams['font.sans - serif'] = ['SimHei']                #用来正常显示中文标签
plt.rcParams['axes.unicode_minus'] = False                    #用来正常显示负号


base = r'image'
paths = os.listdir(base)
for path in paths:
    print(path)
    #读取图片 1 是加载彩色图像.任何图像的透明度都会被忽视.它是默认标志
    img = cv.imread(os.path.join(base,path), 1)
    rows, cols = img.shape[0:2]
    M = np.float32([[1,0,100],[0,1,100]])     #此平移相当于向右平移 100px,再向下平移 100px
    new_img = cv.warpAffine(img, M, (cols, rows))  #通过仿射变换函数来进行平移,M 是平移矩阵
    cv.imwrite('messigray.png',new_img)                      #保存图片

    #画图方式 1
    #fig = plt.figure()
    # ax1 = fig.add_subplot(121)    #如 121,指的就是将这块画布分为 1 × 2,然后 1 对应的就是
                                    #1 号区,2 对应的是 2 号区
    # ax1.imshow(img)
    # ax1.set_title('My first matplotlib plot')
    # ax2 = fig.add_subplot(122)
    # ax2.imshow(res)
    # plt.show()                                        #显示图片

    '''方式 2 '''
    plt.figure()
```

```
plt.suptitle('平移变换')
plt.subplot(1,2,1)
plt.title('原图')
plt.imshow(cv.cvtColor(img, cv.COLOR_BGR2RGB))        # 要用 cv.cvtColor 转换 plt 才可以正常显
                                                      # 示彩色图像,灰度图像有另外的命令
plt.subplot(1,2,2)
plt.title('新图')
plt.imshow(cv.cvtColor(new_img, cv.COLOR_BGR2RGB))
plt.savefig('1.new' + path)                           # 保存 plt 的图像
plt.show()
```

运行程序,效果如图 7-5 所示。

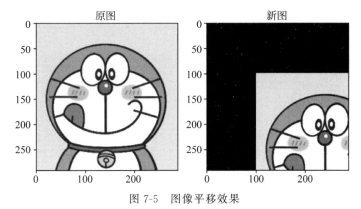

图 7-5　图像平移效果

7.3.2　镜像变换

　　图像镜像变换分为三种——水平镜像、垂直镜像和对角镜像。水平镜像就是以图像垂直中线为轴,将图像的所有像素进行对称变换。换句话说,就是将图像的左半部和右半部对调。

　　垂直镜像变换同样也是对图像进行像素的对称变换,但不同的是垂直镜像变换不再以垂直中线为轴,而是以图像的水平中线为轴进行上半部分和下半部分的对调。

　　对角镜像变换是将图像以图像水平中轴线和垂直中轴线的交点为中心进行的镜像对换。对于对角镜像变换,可以看作是图像先后进行了水平镜像变换和垂直镜像变换。

　　如图 7-6 所示为图像的三种变换效果图。

图 7-6　图像的镜像变换效果

1. 基本原理

设原图高度为 f_H,宽度为 f_W。

1) 水平镜像变换

设原始图像的任意点 $P_0(x_0, y_0)$,沿水平(x方向)镜像后新的位置为 $P(x, y)$,水平镜像不改变 y 坐标。其变换为:

$$\begin{cases} x = f_W - x_0 \\ y = y_0 \end{cases}$$

矩阵表达式为:

$$\begin{bmatrix} x \\ y \\ 1 \end{bmatrix} = \begin{bmatrix} -1 & 0 & f_W \\ 0 & 1 & 0 \\ 0 & 0 & 1 \end{bmatrix} \begin{bmatrix} x_0 \\ y_0 \\ 1 \end{bmatrix}$$

2) 垂直镜像变换

设原始图像的任意点 $P_0(x_0, y_0)$,沿垂直(y方向)镜像后新的位置为 $P(x, y)$,垂直镜像不改变 x 坐标。其变换为:

$$\begin{cases} x = x_0 \\ y = f_H - y_0 \end{cases}$$

矩阵表达式为:

$$\begin{bmatrix} x \\ y \\ 1 \end{bmatrix} = \begin{bmatrix} 1 & 0 & 0 \\ 0 & -1 & f_H \\ 0 & 0 & 1 \end{bmatrix} \begin{bmatrix} x_0 \\ y_0 \\ 1 \end{bmatrix}$$

3) 对角镜像变换

设原始图像的任意点 $P_0(x_0, y_0)$,沿对角镜像后新的位置为 $P(x, y)$,其变换为:

$$\begin{cases} x = f_W - x_0 \\ y = f_H - y_0 \end{cases}$$

矩阵表达式为:

$$\begin{bmatrix} x \\ y \\ 1 \end{bmatrix} = \begin{bmatrix} -1 & 0 & f_W \\ 0 & -1 & f_H \\ 0 & 0 & 1 \end{bmatrix} \begin{bmatrix} x_0 \\ y_0 \\ 1 \end{bmatrix}$$

2. 镜像变换实战

前面已对镜像的几种变换相关原理进行了介绍,下面通过实例来实战镜像变换的应用。

【例 7-2】 对图像实现镜像变换。

```
# encoding:utf-8
import cv2
# 图像镜像变换
image = cv2.imread("lena.jpg")
cv2.imshow("Original",image)
cv2.waitKey(0)

# 图像水平镜像变换
flipped = cv2.flip(image,1)
cv2.imshow("Flipped Horizontally", flipped)
cv2.waitKey(0)
```

```
#图像垂直镜像变换
flipped = cv2.flip(image,0)
cv2.imshow("Flipped Vertically", flipped)
cv2.waitKey(0)

#图像对角镜像变换
flipped = cv2.flip(image, - 1)
cv2.imshow("Flipped Horizontally & Vertically", flipped)
cv2.waitKey(0)
```

运行程序,效果如图 7-7 所示。

原图　　　　　　　　　水平镜像变换

垂直镜像变换　　　　　　　　对角镜像变换

图 7-7　图像镜像变换效果

7.3.3　图像的转置

图像的转置就是将图像像素的横坐标和纵坐标交换位置。图像的转置可以看成水平镜像变换和旋转的组合,即先将图像进行水平镜像变换,然后按逆时针旋转 $90°$。转置操作会改变图像的大小,转置后图像的宽度和高度将互换。

转置的映射关系如下:

$$\begin{cases} x = y_0 \\ y = x_0 \end{cases}$$

用矩阵表示则为:

$$\begin{bmatrix} x & y & 1 \end{bmatrix} = \begin{bmatrix} x_0 & y_0 & 1 \end{bmatrix} \begin{bmatrix} 0 & 1 & 0 \\ 1 & 0 & 0 \\ 0 & 0 & 1 \end{bmatrix}$$

逆运算为：

$$[x_0 \quad y_0 \quad 1] = [x \quad y \quad 1] \begin{bmatrix} 0 & 1 & 0 \\ 1 & 0 & 0 \\ 0 & 0 & 1 \end{bmatrix}$$

可见，逆运算矩阵与原始矩阵相同，因此图像的运算使用向前映射和向后映射都可以。

7.3.4 图像的缩放

图像的缩放主要用于改变图像的大小，图像在缩放后其宽度或高度会发生变化。在图像的缩放中常常提到两个概念——水平缩放系数和垂直缩放系数。水平缩放系数控制水平像素的缩放比例，如果水平缩放系数为1，则图像宽度保持不变；如果水平缩放系数小于1，则图像宽度减小，图像在水平位置上被压缩，如图7-8(b)所示；相反，如果水平缩放系数大于1，则图像宽度增大，图像在水平位置上被拉伸，如图7-8(c)所示。垂直缩放系数与水平缩放系数类似，只不过作用在垂直方向上。

(a) 原始图像　　　　(b) 宽度减小　　　　　　　(c) 宽度增大

图 7-8　图像的缩放

实际运用缩放时，常常需要保持原始图像宽度和高度的比例，即水平缩放系数与垂直缩放系数取值相同，这种缩放方法不会使图像变形。

1. 基本原理

设水平缩放系数为s_x，垂直缩放系数为s_y，则缩放的坐标映射关系如下：

$$\begin{cases} x = s_x \times x' \\ y = s_y \times y' \end{cases}$$

矩阵形式表示为：

$$[x \quad y \quad 1] = [x' \quad y' \quad 1] \begin{bmatrix} s_x & 0 & 0 \\ 0 & s_y & 0 \\ 0 & 0 & 1 \end{bmatrix}$$

这是向前映射的矩阵表示。向后映射的矩阵形式表示为：

$$[x' \quad y' \quad 1] = [x \quad y \quad 1] \begin{bmatrix} 1/s_x & 0 & 0 \\ 0 & 1/s_y & 0 \\ 0 & 0 & 1 \end{bmatrix}$$

向后映射的坐标映射关系为：

$$\begin{cases} x' = \dfrac{x}{s_x} \\ y' = \dfrac{y}{s_y} \end{cases}$$

　　下面对向后映射进行图像缩放的过程进行介绍。首先需要计算新图像的大小,如果设newWidth 和 newHeight 分别表示新图像的宽度和高度,width 和 height 表示原始图像的宽度和高度,则它们之间的关系为:

$$\begin{cases} \text{newWidth} = s_x \times \text{width} \\ \text{newHeight} = s_y \times \text{height} \end{cases}$$

　　然后枚举新图像每个像素的坐标,通过向后映射计算出该像素映射在原始图像的坐标位置,再获取该像素值。

　　映射过程中可能产生浮点数的坐标值。例如,将图像放大一倍,即 $s_x = s_y = 2$,则输出图像坐标为(0,0)的点在原始图像的位置为 $x' = 0/2 = 0$,故对应的原始坐标为(0,0)。同理,(0,1)像素对应原始图像的(0,0.5),(0,2)像素对应原始图像的(0,1)点,以此类推。可以看到,某些像素的坐标出现了浮点数,但是数字图像是以离散型的整数存储数据的,所以无法得到原始图像坐标为(0,0.5)的像素值。这里就需要使用插值算法计算坐标为(0,0.5)的像素的近似值。

2. 实战

　　在 Python 中,图像的缩放可使用 resize()函数实现,直接在输入参数中指定缩放后的尺寸即可。resize()函数的语法格式为:

numpy.resize(a, new_shape):a 为要调整大小的数组.new_shape 为 int 或 int 类型的 tuple.

【例 7-3】 图像的缩放实战。

```
from PIL import Image

# 读取图像
im = Image.open("1.jpg")
im.show()

# 原图像缩放为 128×128
im_resized = im.resize((128, 128))
im_resized.show()
```

运行程序,效果如图 7-9 所示。

(a) 原始图像　　　　　　　(b) 缩放后图像

图 7-9　图像缩放效果

7.3.5　图像的旋转

　　图像的旋转就是让图像按照其中心点旋转指定角度。图像旋转后不会变形,但是其垂直对称轴和水平对称轴都会改变,旋转后像素的坐标已不能通过简单的加减法获得,而需要经过较复杂的数学运算。而且图像在经过旋转变换后,其宽度和高度都要发生改变,所以原始图像中心点和输出图像中心点的坐标是不相同的。这些都是图像的旋转比较难以实现的原因。

1. 旋转公式

将坐标为(x', y')的像素点顺时针旋转β角度后,其坐标变为(x, y),如图 7-10 所示。其中,D 表示像素坐标距离原点的距离,α 表示旋转前像素点与原点连线夹角的度数。

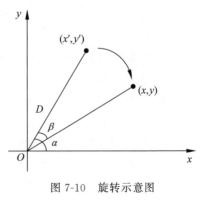

旋转前有如下等式成立:

$$\begin{cases} x' = D\cos(\alpha) \\ y' = D\sin(\alpha) \end{cases}$$

旋转后则有:

$$\begin{cases} x = D\cos(\alpha - \beta) \\ y = D\sin(\alpha - \beta) \end{cases} \quad (7\text{-}1)$$

图 7-10　旋转示意图

由数学知识可知:

$$\cos(\alpha - \beta) = \cos\alpha\cos\beta + \sin\alpha\sin\beta \quad \sin(\alpha - \beta) = \sin\alpha\cos\beta - \cos\alpha\sin\beta$$

代入公式(7-1)有:

$$\begin{cases} x = D\cos\alpha\cos\beta + D\sin\alpha\sin\beta = x'\cos\beta + y'\sin\beta \\ y = D\sin\alpha\cos\beta - D\cos\alpha\sin\beta = -x'\sin\beta + y'\cos\beta \end{cases}$$

矩阵表示为:

$$\begin{bmatrix} x & y & 1 \end{bmatrix} = \begin{bmatrix} x' & y' & 1 \end{bmatrix} \begin{bmatrix} \cos\beta & -\sin\beta & 0 \\ \sin\beta & \cos\beta & 0 \\ 0 & 0 & 1 \end{bmatrix}$$

逆变换为:

$$\begin{bmatrix} x' & y' & 1 \end{bmatrix} = \begin{bmatrix} x & y & 1 \end{bmatrix} \begin{bmatrix} \cos\beta & \sin\beta & 0 \\ -\sin\beta & \cos\beta & 0 \\ 0 & 0 & 1 \end{bmatrix}$$

2. 坐标变换

图像的坐标系与数学中的坐标系不相同。在数字图像的坐标系中,y 轴在下方;而在默认的数学坐标系中,y 轴在上方,如图 7-11 所示。在旋转过程中,需要进行两次坐标变换。

(a) 输入图像的坐标系　　　　　　　　　　(b) 数学坐标系

图 7-11　坐标变换 1

1) 旋转前

图像的旋转是按照图像的中心点旋转指定角度,为了变换方便,需要以图像的中心作为坐标原点,故在进行旋转操作前需要先对坐标进行变换,即将图像坐标系转换为数学默认坐标系,如图 7-11(b)所示。设原始图像的宽度和高度分别是 W 和 H,则第 1 次变换的映射关系为:

$$\begin{cases} x = x' - 0.5W \\ y = -y' + 0.5H \end{cases}$$

矩阵表示如下:

$$[x \quad y \quad 1] = [x' \quad y' \quad 1] \begin{bmatrix} 1 & 0 & 0 \\ 0 & -1 & 0 \\ -0.5W & 0.5H & 1 \end{bmatrix}$$

逆运算为:

$$[x' \quad y' \quad 1] = [x \quad y \quad 1] \begin{bmatrix} 1 & 0 & 0 \\ 0 & -1 & 0 \\ 0.5W & 0.5H & 1 \end{bmatrix}$$

2)旋转后

如图 7-12 所示,图像经过旋转后需要再次进行坐标转换,将数学坐标系转换为数字图像的坐标系。转换方式与第 1 次坐标变换相似,唯一不同的是输出图像的中心已经不再是 $(0.5W, 0.5H)$。如果设 W_{new} 和 H_{new} 分别表示输出图像的宽度和高度,那么输出图像的中心为 $(0.5W_{\text{new}}, 0.5H_{\text{new}})$。

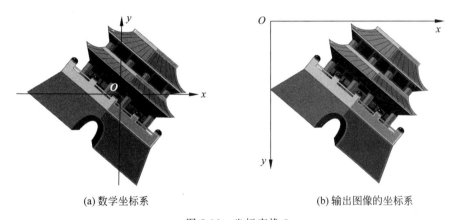

(a) 数学坐标系 (b) 输出图像的坐标系

图 7-12 坐标变换 2

因此第 2 次坐标变换的映射关系为:

$$\begin{cases} x = x' + 0.5W_{\text{new}} \\ y = -y' + 0.5H_{\text{new}} \end{cases}$$

矩阵表示如下:

$$[x \quad y \quad 1] = [x' \quad y' \quad 1] \begin{bmatrix} 1 & 0 & 0 \\ 0 & -1 & 0 \\ -0.5W_{\text{new}} & 0.5H_{\text{new}} & 1 \end{bmatrix}$$

逆运算为:

$$[x' \quad y' \quad 1] = [x \quad y \quad 1] \begin{bmatrix} 1 & 0 & 0 \\ 0 & -1 & 0 \\ 0.5W_{\text{new}} & 0.5H_{\text{new}} & 1 \end{bmatrix}$$

3. 旋转公式

图像的每个像素需要经过如下 3 步完成旋转。

（1）由输入图像的坐标系转换为数学坐标系。

（2）通过数学旋转坐标系计算指定像素旋转后的坐标。

（3）由旋转坐标系转换为输出图像的坐标系。

矩阵表示为：

$$
\begin{bmatrix} x & y & 1 \end{bmatrix} = \begin{bmatrix} x' & y' & 1 \end{bmatrix} \begin{bmatrix} 1 & 0 & 0 \\ 0 & -1 & 0 \\ -0.5W & 0.5H & 1 \end{bmatrix} \begin{bmatrix} \cos\beta & -\sin\beta & 0 \\ \sin\beta & \cos\beta & 0 \\ 0 & 0 & 1 \end{bmatrix} \begin{bmatrix} 1 & 0 & 0 \\ 0 & -1 & 0 \\ 0.5W_{new} & 0.5H_{new} & 1 \end{bmatrix}
$$

$$
= \begin{bmatrix} x' & y' & 1 \end{bmatrix} \begin{bmatrix} \cos\beta & \sin\beta & 0 \\ -\sin\beta & \cos\beta & 0 \\ -0.5W\cos\beta + 0.5H\sin\beta + 0.5W_{new} & -0.5W\sin\beta - 0.5H\cos\beta + 0.5H_{new} & 1 \end{bmatrix}
$$

逆运算为：

$$
\begin{bmatrix} x' & y' & 1 \end{bmatrix} = \begin{bmatrix} x & y & 1 \end{bmatrix} \begin{bmatrix} 1 & 0 & 0 \\ 0 & -1 & 0 \\ -0.5W_{new} & 0.5H_{new} & 1 \end{bmatrix} \begin{bmatrix} \cos\beta & \sin\beta & 0 \\ -\sin\beta & \cos\beta & 0 \\ 0 & 0 & 1 \end{bmatrix} \begin{bmatrix} 1 & 0 & 0 \\ 0 & -1 & 0 \\ 0.5W & 0.5H & 1 \end{bmatrix}
$$

$$
= \begin{bmatrix} x & y & 1 \end{bmatrix} \begin{bmatrix} \cos\beta & \sin\beta & 0 \\ \sin\beta & \cos\beta & 0 \\ -0.5W_{new}\cos\beta - 0.5H_{new}\sin\beta + 0.5W & 0.5W_{new}\sin\beta - 0.5H_{new}\cos\beta + 0.5H & 1 \end{bmatrix}
$$

这就是旋转后映射的矩阵关系。可以将与 x、y 无关的表达式用两个变量表示：

$$
\begin{cases} num_1 = -0.5W_{new}\cos\beta - 0.5H_{new}\sin\beta + 0.5W \\ num_2 = 0.5W_{new}\sin\beta - 0.5H_{new}\cos\beta + 0.5H \end{cases}
$$

则有：

$$
\begin{cases} x' = x\cos\beta + y\sin\beta + num_1 \\ y' = -x\sin\beta + y\cos\beta + num_2 \end{cases}
$$

这就是图像旋转的核心公式，通过该公式能够求得输出图像任意像素映射在原始图像的坐标位置。其实主要还是求新图像的宽高，因为图像旋转之后，需要一个更大的新图像来装原图像，整个图像旋转过程如图 7-13 所示。

4. 插值算法

插值算法主要用于处理在几何变换中出现的浮点坐标像素，它可以通过一系列算法获得浮点坐标像素的近似值。由于浮点数坐标是"插入"在整数坐标之间的，所以这种算法被称为"插值算法"。插值算法被广泛运用在图像的缩放、旋转、卷绕等变换中。

常见的插值算法有最近邻插值法、双线性插值法和二次立方插值法等。一般来说，最近邻插值法效果最差，图像放大后出现了"马赛克"，图像细节十分模糊；而双线性插值法则大大改善了放大图像的质量，避免了马赛克的产生，但是细节体现得同样不够；二次立方插值法效果最好，放大后的图像显得锐利清晰，图像细节较双线性插值法有所改善。当然，良好的效果也会伴随着计算时间增长。二次立方插值法效果最好，但是运算时间最长；而最近邻插值法的处理速度则比后两种算法快上百倍甚至千倍。

1）最近邻插值

最近邻插值法也称为零阶插值法。它的插值算法思想相当简单，通俗地讲，就是"四舍五入"。也即是说，浮点数坐标的像素值等于离该点最近的输入图像像素值。

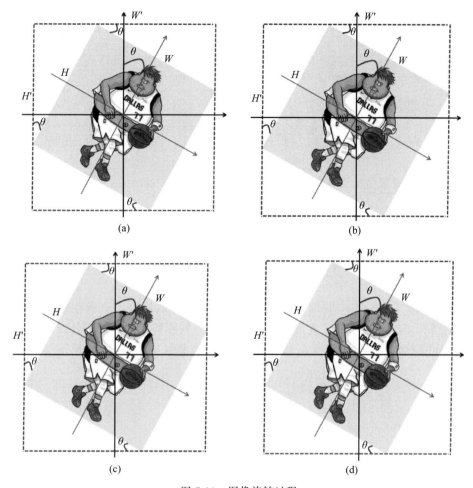

(a)

(b)

(c)

(d)

图 7-13 图像旋转过程

如图 7-14 所示为获得坐标为(6.6,4.3)的像素值。易见,坐标为(6.6,4.3)的像素点周围有 4 个像素,它们的坐标分别是(6,4)、(7,4)、(6,5)和(7,5)。可以发现其中点(6.6,4.3)距离点(7,4)最近,所以点(6.6,4.3)像素的插值结果为原始图像中坐标为点(7,4)的像素值。最近邻像素点坐标可以直接利用四舍五入获得。

正是因为最近邻插值法几乎没有多余的运算,所以速度相当快。但是这种临近取值的方法也造成了图像的马赛克、锯齿等现象。

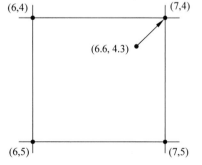

图 7-14 最近邻插值法示意图

2) 双线性插值

双线性插值法又称为二次线性插值法,它的插值效果比最近邻插值法要好很多,但是也慢不少。双线性插值法的主要思想就是计算出浮点坐标像素的近似值。如果要计算出一对浮点坐标对应的颜色应该怎么办呢?这就需要从该坐标周围的 4 个像素值入手,将这 4 个像素值按照一定的比例混合,最终得到该浮点坐标的像素值。比例混合的依据就是离哪个像素越近,哪个像素的比例就越大。

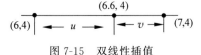

图 7-15 双线性插值

假设现在需要获得坐标为(6.6,4)的像素值 T,从图 7-15 可以知道,该坐标离(6,4)和(7,4)这两个像素点最近。

设$(6,4)$像素值为T_{64},$(7,4)$像素值为T_{74},按照距离越近混合比例越大的原则可以得到:

$$T = T_{64} \times (1-u) + T_{74} \times (1-v)$$

其中,u、v分别表示浮点坐标距离$(6,4)$和$(7,4)$两像素点的距离。很明显,$u=0.6$,$v=0.4$,故有:

$$T = T_{64} \times 0.4 + T_{74} \times 0.6$$

可以看到,点$(6.6,4)$距离点$(7,4)$较近,所以权重为0.6;对应地,点$(6,4)$的权重只有0.4。

下面介绍如何获取坐标为$(6.6,4.3)$的像素值。如图7-16所示,总体思路是先求出$(6.6,4)$和$(6.6,5)$的像素值,然后用一次线性插值求得坐标为$(6.6,4.3)$的像素值。

设坐标为$(6,4)$、$(6,5)$、$(7,4)$、$(7,5)$的像素值分别是T_{64}、T_{65}、T_{74}和T_{75},则有:

- $(6.6,4)$像素值为$T_1 = T_{64} \times 0.4 + T_{74} \times 0.6$。
- $(6.6,5)$像素值为$T_2 = T_{65} \times 0.4 + T_{75} \times 0.6$。
- $(6.6,4.3)$像素值为$T = T_1 \times 0.7 + T_2 \times 0.3$。

这样就得出了$(6.6,4.3)$的像素值。从这个例子中可以推导出双线性插值的一般公式。现在需要获得指定浮点坐标的像素值f,设该浮点坐标周围的4个像素值分别是T_1、T_2、T_3、T_4,u和v分别表示浮点坐标距左上角的横坐标差值和纵坐标差值,如图7-17所示。

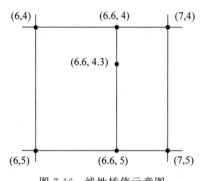

图7-16 线性插值示意图

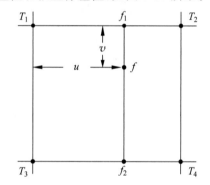

图7-17 双线性插值示意图

可按照如下步骤求得f的值。

$$f_1 = T_1 \times (1-u) + T_2 \times u$$
$$f_2 = T_2 \times (1-u) + T_4 \times u$$
$$f = f_1 \times (1-v) + f_2 \times v$$

这个就是双线性插值法的基本公式。可以看到,每个像素点需要经过6次浮点运算才能获得较为准确的近似值,所以计算速度相对慢一些。分析双线性插值可以发现,浮点坐标的像素值是由周围4个像素值决定的,如果这4个像素值差别较大,插值后的结果为中间值,这就使图像在颜色分界较为明显的部分变得较为模糊。

【例7-4】 利用前向映射、向后映射以及插值法实现图像旋转。

实现步骤如下。

(1)计算新图像的宽高,因为numpy库里面sin和cos的参数是弧度,所以需要进行角度转弧度。

```
if int(angle / 90) % 2 == 0:
    reshape_angle = angle % 90
```

```
else:
    reshape_angle = 90 - (angle % 90)
reshape_radian = math.radians(reshape_angle)              #角度转弧度
#三角函数计算出来的结果会有小数,所以做了向上取整的操作
new_height = math.ceil(height * np.cos(reshape_radian) + width * np.sin(reshape_radian))
new_width = math.ceil(width * np.cos(reshape_radian) + height * np.sin(reshape_radian))
```

（2）使用公式进行前向映射生成新的图像。前向映射就是通过原图像的坐标计算新图像的坐标,再把对应的像素赋值过去,效果如图 7-18 所示。

```
radian = math.radians(angle)
cos_radian = np.cos(radian)
sin_radian = np.sin(radian)
dx = 0.5 * new_width + 0.5 * height * sin_radian - 0.5 * width * cos_radian
dy = 0.5 * new_height - 0.5 * width * sin_radian - 0.5 * height * cos_radian
for y0 in range(height):
    for x0 in range(width):
        x = x0 * cos_radian - y0 * sin_radian + dx
        y = x0 * sin_radian + y0 * cos_radian + dy
        new_img[int(y) - 1, int(x) - 1] = img[int(y0), int(x0)]
                           #因为整体映射的结果会偏移一个单位,所以这里 x,y 做减 1 操作。
```

由图 7-18 可以看到,新图像里面很多像素都没有填充到,因为前向映射算出来的结果有小数,不能一一映射到新图像的每个坐标上。

（3）进行后向映射。后向映射就是通过新图像的每个坐标点找到原始图像中对应的坐标点,再把像素赋值上去,效果如图 7-19 所示。

```
dx_back = 0.5 * width - 0.5 * new_width * cos_radian - 0.5 * new_height * sin_radian
dy_back = 0.5 * height + 0.5 * new_width * sin_radian - 0.5 * new_height * cos_radian
for y in range(new_height):
    for x in range(new_width):
        x0 = x * cos_radian + y * sin_radian + dx_back
        y0 = y * cos_radian - x * sin_radian + dy_back
        if 0 < int(x0) <= width and 0 < int(y0) <= height:
                           #计算结果是这一范围内的 x0,y0 才是原始图像的坐标
            new_img[int(y), int(x)] = img[int(y0) - 1, int(x0) - 1]
                           #因为计算的结果会有偏移,所以这里做减 1 操作
```

图 7-18　前向映射生成图像

图 7-19　向后映射效果图

由图 7-19 可以看到,使用后向映射,新图像的每个坐标都有像素值。

（4）最后使用填充像素的方法是后向映射＋双线性插值法。后向映射得到对应的坐标后,取得坐标最近的四个真实的坐标点,分别乘上不同的权重再求和,就得到了赋值的像素,效

果如图 7-20 所示。

```
if channel:
    fill_height = np.zeros((height, 2, channel), dtype =
np.uint8)
    fill_width = np.zeros((2, width + 2, channel),
dtype = np.uint8)
else:
    fill_height = np.zeros((height, 2), dtype = np.
uint8)
    fill_width = np.zeros((2, width + 2), dtype = np.
uint8)
img_copy = img.copy()
#因为双线性插值需要得到(x+1,y+1)位置的像素,映射的
#结果如果在最边缘会发生溢出,所以给图像的右边和下面
#再填充像素
img_copy = np.concatenate((img_copy, fill_height), axis = 1)
img_copy = np.concatenate((img_copy, fill_width), axis = 0)
dx_back = 0.5 * width - 0.5 * new_width * cos_radian - 0.5 * new_height * sin_radian
dy_back = 0.5 * height + 0.5 * new_width * sin_radian - 0.5 * new_height * cos_radian
for y in range(new_height):
    for x in range(new_width):
        x0 = x * cos_radian + y * sin_radian + dx_back
        y0 = y * cos_radian - x * sin_radian + dy_back
        x_low, y_low = int(x0), int(y0)
        x_up, y_up = x_low + 1, y_low + 1
        u, v = math.modf(x0)[0], math.modf(y0)[0]      # 求 x0 和 y0 的小数部分
        x1, y1 = x_low, y_low
        x2, y2 = x_up, y_low
        x3, y3 = x_low, y_up
        x4, y4 = x_up, y_up
        if 0 < int(x0) <= width and 0 < int(y0) <= height:
            pixel = (1 - u) * (1 - v) * img_copy[y1, x1] + (1 - u) * v * img_copy[y2,
x2] + u * (1 - v) * img_copy[y3, x3] + u * v * img_copy[y4, x4]      #双线性插值法,求像素值
            new_img[int(y), int(x)] = pixel
```

图 7-20　双线性插值效果

7.3.6　图像几何变换实战

前面已对图像的平移、镜像变换、转置、缩放以及旋转进行了介绍,下面通过一个综合的实例来演示这几种方法。

【例 7-5】　图像的翻转、倒置、旋转和平移。

```
#三种方法实现对图片实现旋转、倒置、翻转
import os
import uuid
import cv2 as cv
from PIL import Image
from ffmpy import FFmpeg
import matplotlib.pyplot as plt
import numpy as np
'''方法一'''
#垂直翻转
def vflip(image_path: str, output_dir: str):
    ext = _check_format(image_path)
    result = os.path.join(output_dir, '{}.{}'.format(uuid.uuid4(), ext))
    ff = FFmpeg(inputs = {image_path: None},
```

```
                            outputs = {result: '- vf vflip - y'})
        print(ff.cmd)
        ff.run()
        return result
# 水平翻转
def hflip(image_path: str, output_dir: str):
    ext = _check_format(image_path)
    result = os.path.join(output_dir, '{}.{}'.format(uuid.uuid4(), ext))
    ff = FFmpeg(inputs = {image_path: None},
                    outputs = {result: '- vf hflip - y'})
    print(ff.cmd)
    ff.run()
    return result
# 顺时针旋转
def rotate(image_path: str, output_dir: str, angle: int):
    ext = _check_format(image_path)
    result = os.path.join(output_dir, '{}.{}'.format(uuid.uuid4(), ext))
    ff = FFmpeg(inputs = {image_path: None},
                    outputs = {result: '- vf rotate = PI * {}/180 - y'.format(angle)})
    print(ff.cmd)
    ff.run()
    return result
# 转置
'''
    type:0 逆时针旋转 90°,对称翻转
    type:1 顺时针旋转 90°
    type:2 逆时针旋转 90°
    type:3 顺时针旋转 90°,对称翻转
'''
# 逆时针旋转
def transpose(image_path: str, output_dir: str, type: int):
    ext = _check_format(image_path)
    result = os.path.join(output_dir, '{}.{}'.format(uuid.uuid4(), ext))
    ff = FFmpeg(inputs = {image_path: None},
                    outputs = {result: '- vf transpose = {} - y'.format(type)})
    print(ff.cmd)
    ff.run()
    return result
# 获得图片的后缀
def _check_format(image_path: str):
    ext = os.path.basename(image_path).strip().split('.')[-1]
    if ext not in ['png', 'jpg']:
        raise Exception('format error')
    return ext


'''方法二'''
def method_two():
    path = '7.jpg'
    image = Image.open(path)
    image.show()
    # 左右水平翻转
    # out = image.transpose(Image.FLIP_LEFT_RIGHT)
    # 上下翻转
    # out = image.transpose(Image.FLIP_TOP_BOTTOM)
    # 顺时针旋转 90°
    # out = image.transpose(Image.ROTATE_90)
    # 逆时针旋转 45°
```

```
        out = image.rotate(45)
        out.save('7a.png','png')
'''方法三'''
def method_three():
    path = '7.jpg'
    image = cv.imread(path)
    '''改变图像的大小'''
    image1 = cv.resize(image,(400,400))
    '''图像旋转
    rows, cols, chnl = image.shape
    #旋转参数:旋转中心,旋转角度,scale
    #旋转角度'-'顺时针旋转,'+'逆时针旋转
    M = cv.getRotationMatrix2D((cols / 2, rows / 2), -60, 1)
    #参数:原始图像,旋转参数,元素图像宽高
    rotated = cv.warpAffine(image, M, (cols, rows))
    #图片显示
    cv.imshow("rotated", rotated)
    cv.imshow("image", image)
    #等待窗口
    cv.waitKey(0)
    cv.destroyAllWindows()'''

    '''图像翻转
    #灰度处理
    scr = cv.cvtColor(image, cv.COLOR_BGR2RGB)
    #图像翻转
    # 0 以 X 轴对称翻转,>0 以 Y 轴对称翻转,<0 以 X 轴、Y 轴同时翻转
    image1 = cv.flip(scr, 0)
    image2 = cv.flip(scr, 1)
    image3 = cv.flip(scr, -1)
    #图像显示
    titles = ["image", "image1", "image2", "image3"]
    images = [scr, image1, image2, image3]
    for i in range(4):
        #subplot(2, 2, 1)指的是在一个2行2列共4个子图的图中,定位第1个图来进行操作.最
        #后的数字就是表示第几个子图,此数字的变化用来定位不同的子图
        plt.subplot(2, 2, i + 1), plt.imshow(images[i])
        plt.xticks([]), plt.yticks([])
        plt.title(titles[i])
    plt.show()'''

    '''图像平移'''
    image = cv.cvtColor(image, cv.COLOR_BGR2RGB)
    rows, cols, chnl = image.shape
    #图片下,上,右,左平移
    M = np.float32([[1, 0, 0], [0, 1, 100]])
    image1 = cv.warpAffine(image, M, (cols, rows))
    M = np.float32([[1, 0, 0], [0, 1, -100]])
    image2 = cv.warpAffine(image, M, (cols, rows))
    M = np.float32([[1, 0, 100], [0, 1, 0]])
    image3 = cv.warpAffine(image, M, (cols, rows))
    M = np.float32([[1, 0, -100], [0, 1, 0]])
    image4 = cv.warpAffine(image, M, (cols, rows))
    #图像显示
    tieles = ["image1", "image2", "image3", "image4"]
    images = [image1, image2, image3, image4]
    for i in range(4):
```

```
        plt.subplot(2, 2, i + 1), plt.imshow(images[i])
        plt.xticks([]), plt.yticks([])
        plt.title(tieles[i])
    plt.show()
'''开始'''
if __name__ == '__main__':
    method_three()
```

运行程序,效果如图 7-21 所示。

(a) 原始图像

(b) 处理后图像

图 7-21　图像翻转、转置效果

7.4　图像的几何变换类型

图像的几何变换类型有刚体变换、仿射变换以及透视变换,下面对这几种变换进行介绍。

7.4.1　刚体变换

欧氏空间中,当物体被视为刚体时,不管是该物体的位置或朝向发生变化,还是更换观察的坐标系,其大小和形状都保持不变。

1. 位置和朝向

刚体变换,就是一个可被看作刚体的物体,从一个状态(位置和朝向)转换为另一个状态的过程。

如图 7-22 所示,从世界坐标系到相机坐标系的转换,朝向由旋转矩阵 R 表示,位置则由平移矩阵 T 来表示,有:

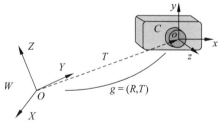

图 7-22　刚体变换过程

$$\boldsymbol{P}_c = \boldsymbol{R} \cdot \boldsymbol{P}_w + \boldsymbol{T}$$

其中,旋转矩阵 $\boldsymbol{R} = \begin{bmatrix} r_{11} & r_{12} & r_{13} \\ r_{21} & r_{22} & r_{23} \\ r_{31} & r_{32} & r_{33} \end{bmatrix}$,平移矩阵 $\boldsymbol{T} = \begin{bmatrix} t_1 \\ t_2 \\ t_3 \end{bmatrix}$。

旋转矩阵 $\boldsymbol{R}$ 为正交矩阵($\boldsymbol{R}\boldsymbol{R}' = \boldsymbol{E}$,$\boldsymbol{E}$ 为单位矩阵),则满足以下 6 个约束条件。

(1) 大小约束:$\begin{cases} r_{11}^2 + r_{12}^2 + r_{13}^2 = 1 \\ r_{21}^2 + r_{22}^2 + r_{23}^2 = 1 \\ r_{31}^2 + r_{32}^2 + r_{33}^2 = 1 \end{cases}$。

$$
(2)\ 方向约束：
\begin{cases}
r_{11} \times r_{21} + r_{12} \times r_{22} + r_{13} \times r_{23} = 0 \\
r_{21} \times r_{31} + r_{22} \times r_{32} + r_{23} \times r_{33} = 0 \\
r_{31} \times r_{21} + r_{32} \times r_{12} + r_{33} \times r_{13} = 0
\end{cases}。
$$

用一个最简单的正交矩阵 $\boldsymbol{E}$ 来理解上面的约束条件：

$$
\begin{bmatrix}
1 & 0 & 0 \\
0 & 1 & 0 \\
0 & 0 & 1
\end{bmatrix}
$$

2. 转换关系

如果已知 $\boldsymbol{R}$ 和 $\boldsymbol{T}$，则可将世界坐标系内的空间点与相机坐标系内的空间点，建立起一一对应的关系。

$$
\begin{bmatrix}
X_c \\
Y_c \\
Z_c
\end{bmatrix}
=
\begin{bmatrix}
\boldsymbol{R} & \boldsymbol{T}
\end{bmatrix}
\begin{bmatrix}
X_w \\
Y_w \\
Z_w
\end{bmatrix}
$$

1）约束分析

$\boldsymbol{R}$ 和 $\boldsymbol{T}$ 共有 12 个未知量，减去正交约束的 6 个方程，则还剩下 6 个未知量。表面上看，似乎只需两组共轭点，就可得到 6 个约束方程，对应求出剩余的 6 个未知量。实际上，这 6 个方程是有冗余信息的（两组共轭点，在各自的坐标系下，两点之间的距离相等），因此，第 2 组共轭点只是提供了 2 个约束方程，加上第 1 组共轭点的 3 个约束，共有 5 个独立的约束方程。显然，还需要第 3 组共轭点，提供了 1 个独立方程，才能求得 $\boldsymbol{R}$ 和 $\boldsymbol{T}$。

2）几何分析

如图 7-23 所示，考虑两个刚体，它们之间存在着相互旋转和平移。

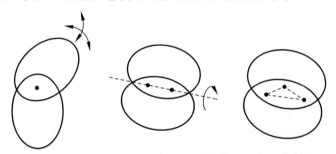

图 7-23　两个刚体的关系

首先，在每个刚体上，各选一个点 L_1 和 R_1，移动其中一个刚体，使得这两个点重合。此时，一个刚体可相对于另一个刚体转动（以三种不同的方式）。

然后，在每个刚体上，再分别取一个点 L_2 和 R_2，并且 $|L_2 - L_1| = |R_2 - R_1|$，移动一个刚体，使得这两对点分别重合。此时，一个刚体可以相对另一个转动（以一种方式）。

最后，在每个刚体上，分别取第三个点 L_3 和 R_3，满足 $|L_3 - L_1| = |R_3 - R_1|$ 且 $|L_3 - L_2| = |R_3 - R_2|$，然后将这三个点对齐。此时，两个刚体便牢牢地连在了一起。

7.4.2　仿射变换

仿射变换是指在向量空间中进行一次线性变换（乘以一个矩阵）和一次平移（加上一个向量），变换到另一个向量空间的过程，如图 7-24 所示。本质上就是一次线性变换。

图 7-24　仿射变换过程

1. 原理

对于二维坐标系的一个坐标点(x,y)，可以使用一个 2×2 矩阵来调整 x,y 的值，而通过调整 x,y 可以实现二维形状的线性变换（旋转，缩放），所以整个转换过程就是对(x,y)的调整过程。

仿射变换可以由一个矩阵 $\boldsymbol{A}$ 和一个向量 $\boldsymbol{B}$ 给出：

$$\boldsymbol{A}=\begin{bmatrix}a_{00}&a_{01}\\a_{10}&a_{11}\end{bmatrix}_{2\times2}, \quad \boldsymbol{B}=\begin{bmatrix}b_{00}\\b_{10}\end{bmatrix}_{2\times1}$$

$$\boldsymbol{M}=\begin{bmatrix}\boldsymbol{A}&\boldsymbol{B}\end{bmatrix}=\begin{bmatrix}a_{00}&a_{01}&b_{00}\\a_{10}&a_{11}&b_{10}\end{bmatrix}_{2\times3}$$

原像素点坐标(x,y)，经过仿射变换后的点的坐标是 T，则矩阵仿射变换基本算法原理为：

$$\begin{bmatrix}u\\v\end{bmatrix}=\boldsymbol{A}\cdot\begin{bmatrix}x\\y\end{bmatrix}+\boldsymbol{B}$$

所以仿射变换是一种二维坐标(x,y)到二维坐标(u,v)的线性变换，其数学表达式为：

$$\begin{cases}u=a_1x+b_1y+c_1\\v=a_2x+b_2y+c_2\end{cases}$$

缩放和旋转通过矩阵乘法来实现，而平移是通过矩阵加法来实现的，为了将这几个操作都通过一个矩阵来实现，所以构造出 2×3 的矩阵。但是这会改变图像的尺寸，如一个 2×2 的图像，乘以 2×3 的矩阵，会得到 2×3 的图像。所以为了解决这个问题，就增加一个维度，也就是构造齐次坐标矩阵。

最终得到的齐次坐标矩阵表示形式为：

$$\begin{bmatrix}u\\v\\1\end{bmatrix}=\begin{bmatrix}a_1&b_1&c_1\\a_2&b_2&c_2\\0&0&1\end{bmatrix}\begin{bmatrix}x\\y\\1\end{bmatrix}$$

仿射变换保持了二维图像的"平直性"和"平行性"。

1）平直性

平直线主要表现在：

（1）直线经仿射变换后还是直线。

（2）圆弧经仿射变换后还是圆弧。

2）平行性

平行性主要表现在：

（1）直线之间的相对位置关系保持不变。

（2）平行线经仿射变换后依然为平行线。

（3）直线上点的位置顺序不会发生变化。

（4）向量间夹角可能会发生变化。

2. 仿射变换实战

非共线的三对对应点确定一个唯一的仿射变换。图像的旋转加上拉升就是图像仿射变换,仿射变换也是需要一个 **M** 矩阵就可以,但是由于仿射变换比较复杂,一般直接找很难找到这个矩阵,OpenCV 提供了根据变换前后三个点的对应关系来自动求解 **M**。这个函数是 **M** = cv2.getAffineTransform(pos1,pos2),其中两个位置就是变换前后的对应位置关系。输出的就是仿射矩阵 **M**。然后再使用函数 cv2.warpAffine()。函数的语法格式为:

M = cv2.getAffineTransform(post1, post2):post1 表示变换前的位置;post2 表示变换后的位置。

cv2.warpAffine(src, M, (cols, rows)):src 表示原始图像;M 表示仿射变换矩阵;(rows, cols) 表示变换后的图像大小,rows 表示行数,cols 表示列数。

前面对仿射变换的基本原理进行了介绍,下面直接通过一个实战例子来演示利用 Python 实现图像的仿射变换。

【例 7-6】 实现围绕原点处旋转(图片左上角),正方向为逆时针。

```python
import numpy as np
import cv2
import math
from matplotlib import pyplot as plt

img = cv2.imread('lena1.jpg')
height, width, channel = img.shape
def getRotationMatrix2D(theta):
    # 角度值转换为弧度值
    # 因为图像的左上角是原点 需要 × ( -1)
    theta = math.radians( -1 * theta)
    M = np.float32([
        [math.cos(theta), - math.sin(theta), 0],
        [math.sin(theta), math.cos(theta), 0]])
    return M
# 进行 2D 仿射变换
# 围绕原点顺时针旋转 30°
M = getRotationMatrix2D(30)
rotated_30 = cv2.warpAffine(img, M, (width, height))
# 围绕原点顺时针旋转 45°
M = getRotationMatrix2D(45)
rotated_45 = cv2.warpAffine(img, M, (width, height))
# 围绕原点顺时针旋转 60°
M = getRotationMatrix2D(60)
rotated_60 = cv2.warpAffine(img, M, (width, height))
plt.subplot(221)
plt.title("Src Image")
plt.imshow(img[:,:,:: - 1])
plt.subplot(222)
plt.title("Rotated 30 Degree")
plt.imshow(rotated_30[:,:,:: - 1])
plt.subplot(223)
plt.title("Rotated 45 Degree")
plt.imshow(rotated_45[:,:,:: - 1])
plt.subplot(224)
plt.title("Rotated 60 Degree")
plt.imshow(rotated_60[:,:,:: - 1])
plt.show()
```

运行程序,效果如图 7-25 所示。

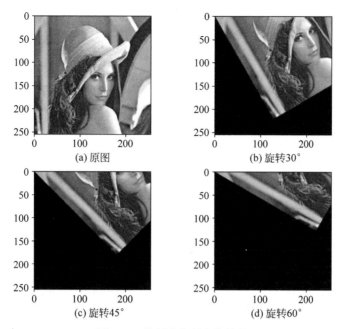

图 7-25　绕原点仿射变换效果

【例 7-7】 实现围绕画面中的任意一点旋转。

```python
import numpy as np
import cv2
from math import cos, sin, radians
from matplotlib import pyplot as plt

img = cv2.imread('lena1.jpg')
height, width, channel = img.shape
theta = 45
def getRotationMatrix2D(theta, cx = 0, cy = 0):
    #角度值转换为弧度值
    #因为图像的左上角是原点需要×(-1)
    theta = radians(-1 * theta)
    M = np.float32([
        [cos(theta), -sin(theta), (1-cos(theta)) * cx + sin(theta) * cy],
        [sin(theta), cos(theta), -sin(theta) * cx + (1-cos(theta)) * cy]])
    return M
#求得图片中心点,作为旋转的轴心
cx = int(width / 2)
cy = int(height / 2)
#进行 2D 仿射变换
#围绕原点逆时针旋转 30°
M = getRotationMatrix2D(30, cx = cx, cy = cy)
rotated_30 = cv2.warpAffine(img, M, (width, height))

#围绕原点逆时针旋转 45°
M = getRotationMatrix2D(45, cx = cx, cy = cy)
rotated_45 = cv2.warpAffine(img, M, (width, height))

#围绕原点逆时针旋转 60°
M = getRotationMatrix2D(60, cx = cx, cy = cy)
rotated_60 = cv2.warpAffine(img, M, (width, height))

plt.subplot(221)
plt.title("Src Image")
```

```
plt.imshow(img[:,:,::-1])
plt.subplot(222)
plt.title("Rotated 30 Degree")
plt.imshow(rotated_30[:,:,::-1])
plt.subplot(223)
plt.title("Rotated 45 Degree")
plt.imshow(rotated_45[:,:,::-1])
plt.subplot(224)
plt.title("Rotated 60 Degree")
plt.imshow(rotated_60[:,:,::-1])
plt.show()
```

运行程序,效果如图7-26所示。

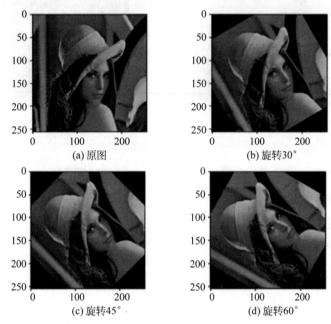

图7-26　绕任意点仿射变换效果

7.4.3　透视变换

透视矩阵实际上是一个3×3维的矩阵,图像经过它的变换后(即用图像像素矩阵乘以该透视矩阵),可以呈现出各种透视和仿射效果,如图7-27所示。

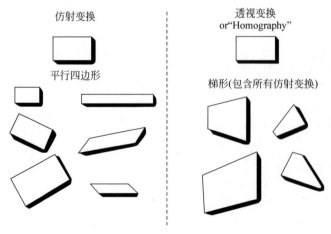

图7-27　仿射与透视变换效果

从图 7-27 基本可以看出仿射变换和透视变换的区别：仿射变换可以把图像放大、缩小、旋转或者是变成平行四边形，而透视变换除了获得仿射变换的这些效果之外，还能将图片变成梯形。

透视变换(Perspective Transformation)通用的变换公式为：

$$[x',y',w'] = [u,v,w]\begin{bmatrix} a_{11} & a_{12} & a_{13} \\ a_{21} & a_{22} & a_{23} \\ a_{31} & a_{32} & a_{33} \end{bmatrix}$$

u,v 是原始图片坐标，对应得到变换后的图片坐标 x,y。其中，变换矩阵 $\begin{bmatrix} a_{11} & a_{12} & a_{13} \\ a_{21} & a_{22} & a_{23} \\ a_{31} & a_{32} & a_{33} \end{bmatrix}$ 可以分成 4 部分，$\begin{bmatrix} a_{11} & a_{12} \\ a_{21} & a_{22} \end{bmatrix}$ 表示线性变换，如缩放、剪切和旋转。$[a_{31} \quad a_{32}]$ 用于平移，$[a_{13} \quad a_{23}]^{\mathrm{T}}$ 产生透视变换。所以理解成仿射是透视变换的特殊形式。经过透视变换后的图片通常不是平行四边形(除非映射视平面和原来平面平行的情况)。

即变换公式可变为：

$$x = \frac{x'}{w'} = \frac{a_{11}u + a_{21}v + a_{31}}{a_{13}u + a_{23}v + a_{33}}$$

$$y' = \frac{y'}{w'} = \frac{a_{12}u + a_{22}v + a_{32}}{a_{13}u + a_{23}v + a_{33}}$$

所以，已知变换对应的几个点就可以求取变换公式。反之，特定的变换公式也能求取变换后的图片。下面看一个正方形到四边形的变换。

变换的 4 组对应点可以表示成：

$$(0,0) \rightarrow (x_0,y_0), (1,0) \rightarrow (x_1,y_1), (1,1) \rightarrow (x_2,y_2), (0,1) \rightarrow (x_3,y_3)$$

根据变换公式得到：

$$a_{31} = x_0$$
$$a_{11} + a_{31} - a_{13}x_1 = x_1$$
$$a_{11} + a_{21} + a_{31} - a_{13}x_2 - a_{23}x_2 = x_2$$
$$a_{21} + a_3 - a_{23}x_3 = x_3$$
$$a_{32} = y_0$$
$$a_{12} + a_{32} - a_{13}y_1 = y_1$$
$$a_{12} + a_{22} - a_{23}y_2 - a_{32}y_2 = y_2$$
$$a_{22} + a_{32} - a_{23}y_3 = y_3$$

定义几个辅助变量：

$$\Delta x_1 = x_1 - x_2 \quad \Delta x_2 = x_3 - x_2 \quad \Delta x_3 = x_0 - x_1 + x_2 - x_3$$
$$\Delta y_1 = y_1 - y_2 \quad \Delta y_2 = y_3 - y_2 \quad \Delta y_3 = y_0 - y_1 + y_2 - y_3$$

$\Delta x_3,\Delta y_3$ 都为 0 时，变换平面与原来是平行的，得到：

$$a_{11} = x_1 - x_0$$
$$a_{21} = x_2 - x_1$$
$$a_{31} = x_0$$

$$a_{12} = y_1 - y_0$$

$$a_{22} = y_2 - y_1$$

$$a_{32} = y_0$$

$$a_{13} = 0$$

$$a_{12} = 0$$

$\Delta x_3, \Delta y_3$ 不为 0 时,得到:

$$a_{11} = x_1 - x_0 + a_{12}x_1$$

$$a_{21} = x_3 - x_0 + a_{12}x_2$$

$$a_{31} = x_0$$

$$a_{12} = y_1 - y_0 + a_{13}y_1$$

$$a_{22} = y_3 - y_0 + a_{23}y_3$$

$$a_{32} = y_0$$

$$a_{13} = \begin{vmatrix} \Delta x_3 & \Delta x_2 \\ \Delta y_3 & \Delta y_2 \end{vmatrix} \bigg/ \begin{vmatrix} \Delta x_1 & \Delta x_2 \\ \Delta y_1 & \Delta y_2 \end{vmatrix}$$

$$a_{12} = \begin{vmatrix} \Delta x_1 & \Delta x_3 \\ \Delta y_1 & \Delta y_3 \end{vmatrix} \bigg/ \begin{vmatrix} \Delta x_1 & \Delta x_2 \\ \Delta y_1 & \Delta y_2 \end{vmatrix}$$

求解出的变换矩阵就可以将一个正方形变换到四边形。反之,四边形变换到正方形也是一样的。于是,通过两次变换:四边形变换到正方形+正方形变换到四边形,就可以将任意一个四边形变换到另一个四边形。

【例 7-8】 对图像实现透视变换。

```python
import cv2
import math
import random
import numpy as np
import matplotlib.pyplot as plt

def perspective_transformation(Image, total_points_list):
    '''透视变换'''
    h, w, ch = Image.shape                  #获取行数(高)和列数(宽)
    #原图四个角坐标
    p1 = np1 = [0, 0]                        #左上
    p2 = np2 = [w - 1, 0]                    #右上
    p3 = np3 = [w - 1, h - 1]               #右下
    p4 = np4 = [0, h - 1]                    #左下
    pts1 = np.float32([p1, p2, p3, p4])
    np_list = [np1, np2, np3, np4]
    # print('原来的四角坐标:%s' % np_list)
    #期望得到的图四角坐标,随机一个或多个角坐标变换,可能是放大也可能是缩小
    for i in range(0, random.randint(1, 4)):
        np_list[i][0] = np_list[i][0] + random.randint(0, 50)
        np_list[i][1] = np_list[i][1] + random.randint(0, 50)

    nw = max(np1[0], np2[0], np3[0], np4[0])
    nh = max(np1[1], np2[1], np3[1], np4[1])
    pts2 = np.float32([np1, np2, np3, np4])
    #获得透视变换矩阵
    M = cv2.getPerspectiveTransform(pts1, pts2)
```

```
#应用
dst = cv2.warpPerspective(Image, M, (nw, nh))
total_points_list = get_points_tran(total_points_list, M)
return dst, total_points_list


def get_points_tran(points_list, M):
    '''透视变换坐标转换'''
    for i in points_list:
        i[0],i[1] = cvt_pos([i[0],i[1]],M)
        i[2],i[3] = cvt_pos([i[2],i[3]],M)
        i[4],i[5] = cvt_pos([i[4],i[5]],M)
        i[6],i[7] = cvt_pos([i[6],i[7]],M)
    return points_list


def cvt_pos(pos,cvt_mat_t):
    u = pos[0]
    v = pos[1]
    x = (cvt_mat_t[0][0] * u + cvt_mat_t[0][1] * v + cvt_mat_t[0][2])/(cvt_mat_t[2][0] * u +
cvt_mat_t[2][1] * v + cvt_mat_t[2][2])
    y = (cvt_mat_t[1][0] * u + cvt_mat_t[1][1] * v + cvt_mat_t[1][2])/(cvt_mat_t[2][0] * u +
cvt_mat_t[2][1] * v + cvt_mat_t[2][2])
    return (int(x),int(y))


if __name__ == '__main__':
    image = cv2.imread('1.png')
    #图片原来的固有字段的坐标及值
    points_list = []
    with open('gt_5.txt', 'r', encoding = 'utf - 8') as f:
        for line in f.readlines():
            #获取前8个元素,也就是四点坐标,后面的是文本内容,可以不用变
            data_line = line.split(',')
            #将列表中坐标元素变成int
            data = [int(i) if data_line.index(i) < = 7 else i for i in data_line]
            points_list.append(data)
    print(points_list)
    #调用透视变换函数
    new_image,points_list = perspective_transformation(image,points_list)
    #也可以在窗口中查看效果
    plt.subplot(121), plt.imshow(image)
    plt.subplot(122), plt.imshow(new_image)
    plt.show()
```

运行程序,效果如图 7-28 所示。

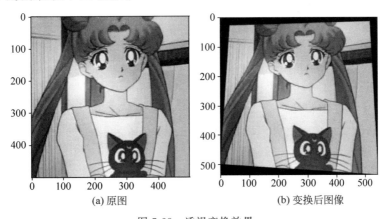

(a) 原图　　　　　　(b) 变换后图像

图 7-28　透视变换效果

第 **8** 章

图像视觉分割技术分析

图像视觉分割技术是计算机视觉领域的一个重要的研究方向。图像视觉分割是指将图像分成若干具有相似性质的区域的过程,从数学角度来看,图像视觉分割是将图像划分成互不相交的区域的过程。近些年来随着深度学习技术的逐步深入,图像视觉分割技术有了突飞猛进的发展,该技术相关的场景为:物体分割、人体前背景分割、人脸人体解析、三维重建等,这些技术已经在无人驾驶、增强现实、安防监控等行业都得到了广泛的应用。

8.1　图像视觉分割的意义

人类感知外部世界的两大途径是听觉和视觉,尤其是视觉,同时视觉信息是人类从自然界中获得信息的主要来源,约占人类获得外部世界信息量的80%以上。人眼获得的信息是连续的图像,在实际应用中,为了便于计算机等对图像进行处理,人们对连续图像进行采样和量化等处理,得到了计算机能够识别的数字图像。数字图像具有信息量大、精度高、内容丰富、可进行复杂的非线性处理等优点,成为计算机视觉和图像处理的重要研究对象。

在数字图像处理中,图像分割作为早期处理是一个非常重要的步骤。为便于研究图像分割,使其在实际的图像处理中得到有效的应用,严格定义图像分割的概念是十分必要的。图像分割的数学描述通常为:对图像 I 的整个图像域 R,根据相似性测量逻辑准则划分为 N 个不相关的子,其中:

(1) 保证所有分割区域的总和与整幅图像区域相等。

(2) 保证不同区域之间不重叠。

(3) 保证在同一区域的图像特征具有一致性。

(4) 保证不同分割区域的图像特征不同。

图像分割是图像处理和计算机视觉中重要的一环,近年来它不仅一直是计算机视觉领域的热门话题,在实际生活中也得到广泛的应用。例如,在医学上,用于测量医学图像中组织体积、三维重建、手术模拟等;在遥感图像中,分割合成孔径雷达图像中的目标、提取遥感云图中不同云系与背景等、定位卫星图像中的道路和森林等。图像分割也可作为预处理将最初的图像转换为若干个更加抽象、更加便于计算机处理的形式,既保留了图像中的重要特征信息,又有效地减少了图像中的无用数据、提高了后续图像处理的准确率和效率。例如,在通信方面,可事先提取目标的轮廓结构、区域内容等,保证不失有用信息的同时,有针对性地压缩图像,以提高网络传输效率;在交通领域可用来对车辆进行轮廓提取、识别或跟踪,行人检测等。总的来说,凡是与目标的检测、提取和识别等相关的内容,都需要利用图像分割技术。

无论是从图像分割的技术和算法,还是从对图像处理、计算机视觉的影响以及实际应用等各个方面来深入研究和探讨图像分割,都具有十分重要的意义。

8.2 边缘分割法

边缘总是以强度突变的形式出现,可以定义为图像局部特性的不连续性,如灰度的突变、纹理结构的突变等。边缘常常意味着一个区域的终结和另一个区域的开始。对于边缘的检测常常借助空间微分算子进行,通过将其模板与图像卷积完成,两个具有不同灰度值的相邻区域之间总存在灰度边缘,而这正是灰度值不连续的结果,这种不连续可以利用求一阶和二阶导数检测。现有的边缘检测方法中,主要有一次微分、二次微分和模板操作等。这些边缘检测器对边缘灰度值过渡比较尖锐且噪声较小等不太复杂的图像可以取得较好的效果。但对于边缘复杂的图像效果不太理想,如边缘模糊、边缘丢失、边缘不连续等。噪声的存在使基于导数的边缘检测方法效果明显降低,在噪声较大的情况下所用的边缘检测算子通常都是先对图像进行适当的平滑,抑制噪声,然后求导数,或者对图像进行局部拟合,再用拟合光滑函数的导数来代替直接的数值导数,如 Canny 算子等。在未来的研究中,用于提取初始边缘点的自适应阈值选取、用于图像层次分割的更大区域的选取以及如何确认重要边缘以去除假边缘将变得非常重要。

8.2.1 边缘模型

边缘模型根据它们的灰度剖面分为:台阶模型、斜坡模型和屋顶模型,如图 8-1 所示。

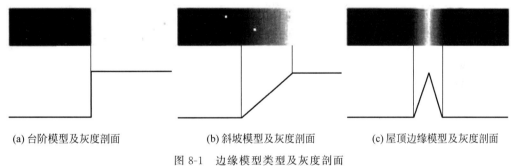

(a) 台阶模型及灰度剖面   (b) 斜坡模型及灰度剖面   (c) 屋顶边缘模型及灰度剖面

图 8-1 边缘模型类型及灰度剖面

(1)台阶边缘是指在 1px 的距离上出现两个灰度级间的理想过渡。

(2)实际中,数字图像都存在被模糊且带有噪声的边缘,模糊的程度主要取决于聚焦机理(如光学成像中的镜头)中的限制,而噪声水平主要取决于成像系统的电子元件。在这种情况下,边缘被建模为一个更接近灰度斜坡的剖面。斜坡的斜度与边缘的模糊程度成反比。

(3)屋顶边缘是通过一个区域的线的模型,屋顶边缘的基底(宽度)由该线的宽度和尖锐度组成。

8.2.2 基本边缘检测

1. 图像梯度及性质

图像 f 在 (x,y) 位置处寻找边缘的强度和方向用梯度表征,用 ∇f 表示,并用向量来定义:

$$\nabla f = \mathrm{grad}(f) = \begin{bmatrix} gx \\ gy \end{bmatrix} = \begin{bmatrix} \dfrac{\partial f}{\partial x} \\ \dfrac{\partial f}{\partial y} \end{bmatrix}$$

该向量有一个重要的几何性质，即指出了 f 在位置(x,y)处的最大变化率的方向。

向量∇f 的大小(长度)表示为 $M(x,y)$，即

$$M(x,y) = \mathrm{mag}(\nabla f) = \sqrt{g_x^2 + g_y^2}$$

梯度向量的方向由下列对于 x 轴度量的角度给出：

$$\alpha(x,y) = \arctan\left[\frac{gy}{gx}\right]$$

任意点(x,y)处一个边缘的方向与该点处梯度向量的方向 $\alpha(x,y)$正交。

2. 梯度算子

罗伯特交叉梯度算子(Roberts)：

$$g_x = \frac{\partial f}{\partial x} = (z_9 - z_5)$$

$$g_y = \frac{\partial f}{\partial y} = (z_8 - z_6)$$

Prewitt 算子检测水平和竖直方向：

$$g_x = \frac{\partial f}{\partial x} = (z_7 + z_8 + z_9) - (z_1 + z_2 + z_3)$$

$$g_y = \frac{\partial f}{\partial y} = (z_3 + z_6 + z_9) - (z_1 + z_4 + z_7)$$

Sobel 算子检测水平和数值方向，但是中心系数上使用一个权值 2：

$$g_x = \frac{\partial f}{\partial x} = (z_7 + 2z_8 + z_9) - (z_1 + 2z_2 + z_3)$$

$$g_y = \frac{\partial f}{\partial y} = (z_3 + 2z_6 + z_9) - (z_1 + 2z_4 + z_7)$$

图 8-2 展示了一幅图像的 3×3 区域(z 项是灰度值)和用于计算标记点 z_5 处的梯度的不同模板。

z_1	z_2	z_3
z_4	z_5	z_6
z_7	z_8	z_9

(a) 原图

-1	-1	-1	-1	0	1
0	0	0	-1	0	1
1	1	1	-1	0	1

(b) Prewitt

-1	-1	-1	0
0	0	-1	0

(c) Roberts

-1	-1	-1	-1	0	1
0	0	0	-1	0	1
1	1	1	-1	0	1

(d) Sobel

图 8-2　梯度的不同模板效果

图 8-3 为检测对角边缘的 Prewitt 和 Sobel 模板。

0	1	1		−1	−1	0
−1	0	1		−1	0	1
−1	−1	0		0	1	1

(a) Prewitt

0	1	2		−2	−1	0
−1	0	1		−1	0	1
−2	−1	0		0	1	2

(b) Sobel

图 8-3 对角边缘的模板

8.2.3 边缘检测实战

前面对边缘检测的模型、图像梯度及性质、梯度算子进行了介绍,下面通过一个实例来演示边缘检测的实现。

【例 8-1】 分别用 Roberts、Prewitt、Sobel 三种边缘检测算子,对图像 wire.bmp 进行水平、垂直及各个方向的边界检测,并将检测结果转换为白底黑线条的方式显示出来。

```python
import numpy as np
import matplotlib.pyplot as plt
import cv2 as cv

src = cv.imread("wire.bmp", 0)
img = src.copy()
title = ["原图", "水平", "垂直", "各个方向"]
suptitle = ["Sobel 算子", "Prewitt 算子", "Roberts 算子"]

def showImg(pic, flag):
    for i in range(4):
        plt.subplot(2, 2, i + 1)
        plt.title(title[i])
        plt.imshow(pic[i], cmap = plt.cm.gray)
        plt.axis("off")
    plt.suptitle(suptitle[flag])
    plt.show()

'''Sobel 算子'''
# 计算 Sobel 卷积结果
x = cv.Sobel(img, cv.CV_16S, 1, 0)                          # 水平方向
y = cv.Sobel(img, cv.CV_16S, 0, 1)                          # 垂直方向
# 转换数据并合成
Scale_absX = cv.convertScaleAbs(x)                          # 格式转换函数
Scale_absY = cv.convertScaleAbs(y)
Scale_absXY = cv.addWeighted(Scale_absX, 0.5, Scale_absY, 0.5, 0)    # 图像混合
# 阈值化
ret, Scale_absX = cv.threshold(Scale_absX, 0, 255, cv.THRESH_BINARY_INV)
ret, Scale_absY = cv.threshold(Scale_absY, 0, 255, cv.THRESH_BINARY_INV)
ret, Scale_absXY = cv.threshold(Scale_absXY, 0, 255, cv.THRESH_BINARY_INV)
# 显示图像
pic = [img, Scale_absX, Scale_absY, Scale_absXY]
showImg(pic, 0)

'''Prewitt 算子'''
```

```
kernel_X = np.array([[-1, 0, 1], [-1, 0, 1], [-1, 0, 1]])
kernel_Y = np.array([[-1, -1, -1], [0, 0, 0], [1, 1, 1]])
x = cv.filter2D(img, cv.CV_16S, kernel_X)
x = cv.convertScaleAbs(x)
y = cv.filter2D(img, cv.CV_16S, kernel_Y)
y = cv.convertScaleAbs(y)
xy = cv.addWeighted(x, 0.5, y, 0.5, 0)
xy = cv.convertScaleAbs(xy)
ret, x = cv.threshold(x, 0, 255, cv.THRESH_BINARY_INV)
ret, y = cv.threshold(y, 0, 255, cv.THRESH_BINARY_INV)
ret, xy = cv.threshold(xy, 0, 255, cv.THRESH_BINARY_INV)

pic = [img, x, y, xy]
showImg(pic, 1)

'''Roberts算子'''
kernel_X = np.array([[-1, 0], [0, 1]])
kernel_Y = np.array([[0, -1], [1, 0]])
x = cv.filter2D(img, cv.CV_16S, kernel_X)
x = cv.convertScaleAbs(x)
y = cv.filter2D(img, cv.CV_16S, kernel_Y)
y = cv.convertScaleAbs(y)
xy = cv.addWeighted(x, 0.5, y, 0.5, 0)
xy = cv.convertScaleAbs(xy)
ret, x = cv.threshold(x, 0, 255, cv.THRESH_BINARY_INV)
ret, y = cv.threshold(y, 0, 255, cv.THRESH_BINARY_INV)
ret, xy = cv.threshold(xy, 0, 255, cv.THRESH_BINARY_INV)

pic = [img, x, y, xy]
showImg(pic, 2)
```

运行程序,效果如图 8-4～图 8-6 所示。

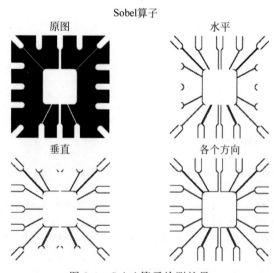

图 8-4　Sobel 算子检测效果

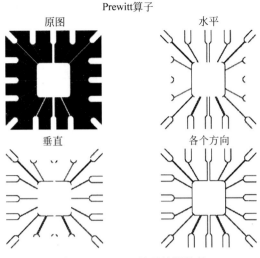

图 8-5　Prewitt 算子检测效果

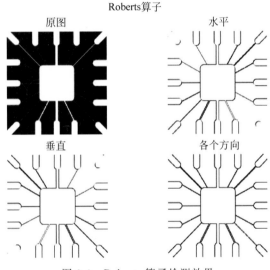

图 8-6　Roberts 算子检测效果

8.3　Hough 变换

　　理想情况下,边缘检测应该仅产生位于边缘上的像素集合。实际上,由于噪声、不均匀照明引起的边缘间断,以及其他引入灰度值虚假的不连续的影响,这些像素并不能完全描述边缘特性。因此,一般是在边缘检测后紧跟连接算法,将边缘像素组合成有意义的边缘或区域边界。

　　Hough 变换是一个非常重要的检测间断点边界形状的方法。通过将图像坐标空间变换到参数空间,来实现直线和曲线的拟合。

1. 原理

　　在 x-y 坐标空间中,经过点 (x_i, y_i) 的直线表示为 $y_i = ax_i + b$, a 为斜率, b 为截距。通过点 (x_i, y_i) 的直线有无数条,对应的 a 和 b 也不尽相同。如果将 x_i 和 y_i 看作常数,将 a 和 b 看作变量,从 x-y 空间变换到 a-b 参数空间,则点 (x_i, y_i) 处的直线变为 $b = -x_i a + y_i$。 x-y 空间的另一点 (x_j, y_j) 处的直线变为 $b = -x_j a + y_j$。 x-y 空间中的点在 a-b 空间中对应

一条直线,如果点(x_i,y_i)和(x_j,y_j)在x-y空间共线,则在a-b空间对应的两直线相交于一点(a',b')。反之,在a-b空间相交于同一点的所有直线,在x-y空间都有共线的点与之对应,效果如图8-7所示。

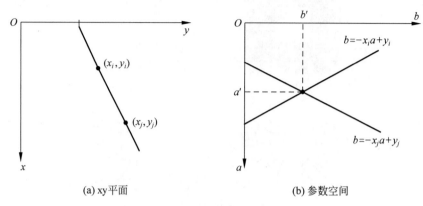

(a) xy平面　　　　　　　　(b) 参数空间

图8-7　xy平面与参数空间效果

将a-b空间视为离散的。建立二维累加数组$A(a,b)$,第一维是x-y空间中直线斜率的范围,第二维是直线截距范围。二维累加数组A也常被称为Hough矩阵。

初始化$A(a,b)$为0。对x-y空间的每个前景点(x_i,y_i),将a-b空间的每个a代入$b=-x_ia+y_i$,计算对应的b。每计算出一对(a,b),对应的$A(a,b)=A(a,b)+1$。所有计算结束后,在a-b空间找最大的$A(a,b)$,即峰值。峰值所对应的(a',b')参考点就是原图像中共线点数目最多的直线方程的参数,如图8-8所示。

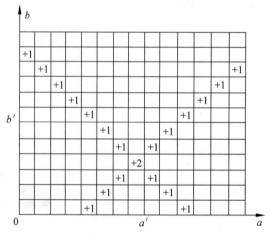

图8-8　共线点数目

使用直角坐标表示直线时,当直线为一条垂直直线或接近垂直直线时,该直线的斜率为无限大或接近无限大,故在a-b空间中无法表示,因此要在极坐标参考空间解决这一问题。

直线的法线表示为:

$$x\cos\theta + y\sin\theta = \rho$$

其中,ρ为直线到原点的垂直距离,取值范围为$[-D,D]$,D为一幅图像中对角间的最大距离;θ为x轴到直线垂直线的角度,取值范围为$[-90°,90°]$。

极坐标中的Hough变换,是将图像x-y空间坐标变换到ρ-θ参数空间中。x-y空间中共线的点变换到ρ-θ空间后,都相交于一点。不同于直角坐标的是,x-y空间共线的点(x_i,y_i)和(x_j,y_j)映射到ρ-θ空间是两条正弦曲线,相交于点(ρ',θ')。

具体计算时,也要在ρ-θ空间建立一个二维数组累加器A。除了ρ和θ的取值范围不同,其余与直角坐标类似,最后得到的最大的A所对应的(ρ,θ)。

2. Hough 的实战

前面已对 Hough 的概念及原理进行了介绍,下面将通过实例来演示 Hough 对图像检测的实战。

【例 8-2】 利用 Hough 变换实现图像检测。

```
import numpy as np
import cv2
from PIL import Image, ImageEnhance


def img_processing(img):
    #灰度化
    gray = cv2.cvtColor(img, cv2.COLOR_BGR2GRAY)
    ret, binary = cv2.threshold(gray, 0, 255, cv2.THRESH_OTSU) #阈值变换,cv2.THRESH_OTSU 适合
    #用于双峰值图像,ret 是阈值,binary 是变换后的图像
    # canny 边缘检测
    edges = cv2.Canny(binary, ret - 30, ret + 30, apertureSize = 3)    #图像,最小阈值,最大阈值,
                                                                       #Sobel 算子的大小

    return edges


def line_detect(img):
    img = Image.open(img)
    img = ImageEnhance.Contrast(img).enhance(3)    #对比度增强类,用于调整图像的对比度,3 表
                                                   #示增强 3 倍

    img = np.array(img)
    result = img_processing(img)                   #返回来的是一个矩阵
    #Hough 检测
    lines = cv2.HoughLinesP(result,1,1 * np.pi/180,10,minLineLength = 10, maxLineGap = 5) #统计
    #概率 Hough 变换函数:图像矩阵,极坐标两个参数,一条直线所需最少的曲线交点,组成一条直线的
    #最少点的数量,被认为在一条直线上的亮点的最大距离
    print("Line Num : ", len(lines))
    #画出检测的线段
    for line in lines:
        for x1, y1, x2, y2 in line:
            cv2.line(img, (x1, y1), (x2, y2), (255, 0, 0),2)
        pass
    img = Image.fromarray(img, 'RGB')
    img.show()


if __name__ == "__main__":
    line_detect("road.jpg")
    pass
```

运行程序,效果如图 8-9 所示。

图 8-9 Hough 变换效果

8.4 阈值分割法

图像阈值化分割是一种传统的最常用的图像分割方法,因其实现简单、计算量小、性能较稳定而成为图像分割中最基本和应用最广泛的分割技术。它特别适用于目标和背景占据不同灰度级范围的图像。

8.4.1 灰度阈值与双阈值

1. 灰度阈值

一般情况下,我们将图像划分为前景和背景,感兴趣的一般是前景部分,所以用阈值将前

景和背景分割开。

$$g(x,y) = \begin{cases} 1, & f(x,y) > T \\ 0, & f(x,y) \leqslant T \end{cases} \tag{8-1}$$

当 T 是一个适用于整个图像的常数时,式(8-1)给出的处理称为全局阈值处理。当 T 值在一幅图像上改变时,使用可变阈值进行处理。

2. 双阈值

双阈值处理的算式为:

$$g(x,y) = \begin{cases} a, & f(x,y) > T_2 \\ b, & T_1 < f(x,y) \leqslant T_2 \\ c, & f(x,y) \leqslant T_1 \end{cases}$$

式中,a, b, c 是任意三个不同的灰度值。图 8-10 为单阈值与双阈值的灰度直方图。

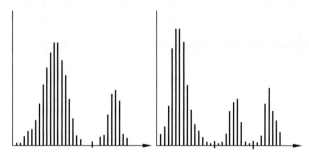

图 8-10 被 a 单阈值和 b 双阈值分隔的灰度直方图

由图 8-10 可看出,影响波谷特性的关键因素如下。

(1) 波峰间的间隔(波峰离得越远,分离这些模式的机会越大)。

(2) 图像中的噪声内容(模式随噪声的增加而展宽)。

(3) 物体和背景的相对尺寸。

(4) 光源的均匀性。

(5) 图像反射特性的均匀性。

8.4.2 全局阈值处理

当物体和背景像素的灰度分布十分明显时,可以用适用于整个图像的单个(全局)阈值。下面的迭代算法可用于这一目的。

(1) 为全局阈值 T 选择一个初始估计值。

(2) 用 T 分割图像。这将产生两组像素:G_1 由灰度值大于 T 的所有像素组成,G_2 由所有小于或等于 T 的像素组成。

(3) 对 G_1 和 G_2 的像素分别计算平均灰度值(均值)m_1 和 m_2。

(4) 计算一个新的阈值:

$$T = \frac{1}{2}(m_1 + m_2)$$

(5) 重复步骤(2)~(4),直到连续迭代中的 T 值间的差小于一个预定义的参数 ΔT 为止。

实现的 Python 代码如下。

```python
import numpy as np
import cv2
import matplotlib.pyplot as plt
```

```
img = cv2.imread(r'12.jpg', 0)
#精度
eps = 1
iry = np.array(img)
r, c = img.shape
avg = 0
for i in range(r):
    for j in range(c):
        avg += iry[i][j]
T = int(avg/(r * c))
while 1:
    G1, G2, cnt1, cnt2 = 0, 0, 0, 0
    for i in range(r):
        for j in range(c):
            if iry[i][j] >= T: G1 += iry[i][j]; cnt1 += 1
            else: G2 += iry[i][j]; cnt2 += 1
    u1 = int(G1 / cnt1)
    u2 = int(G2 / cnt2)
    T2 = (u1 + u2) / 2
    dis = abs(T2 - T)
    if(dis <= eps): break
    else :T = T2
new_img = np.zeros((r, c),np.uint8)
for i in range(r):
    for j in range(c):
        if iry[i][j] >= T: new_img[i][j] = 255
        else: new_img[i][j] = 0
cv2.imshow('2', new_img)
cv2.waitKey()
```

运行程序,效果如图 8-11 所示。

(a) 原图   (b) 阈值分割

图 8-11 全局阈值分割效果

显示直方图的 Python 代码为:

```
from PIL import Image
from pylab import *
import cv2
from tqdm import tqdm
def Rgb2gray(image):
    h = image.shape[0]
    w = image.shape[1]
    grayimage = np.zeros((h,w),np.uint8)
    for i in tqdm(range(h)):
```

```
        for j in range(w):
            grayimage[i,j] = 0.144 * image[i,j,0] + 0.587 * image[i,j,1] + 0.299 * image[i,j,1]
    return grayimage
#读取图像到数组中,并灰度化
image = cv2.imread(r"12.jpg")
im = array(Image.open(r'12.jpg').convert('L'))
#直方图图像
# flatten可将二维数组转换为一维
hist(image.flatten(), 128)
#显示
show()
```

运行程序,效果如图 8-12 所示。

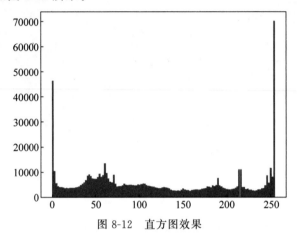

图 8-12　直方图效果

8.4.3　OTSU 算法

大津法(OTSU)是一种确定图像二值化分割阈值的算法,该方法又称作最大类间方差法,是一种基于全局的二值化算法,它是根据图像的灰度特性,将图像分为前景和背景两个部分。当取最佳阈值时,两部分之间的差别应该是最大的。OTSU 被认为是图像分割中阈值选取的最佳算法,计算简单,不受图像亮度和对比度的影响,因此在数字图像处理上得到了广泛的应用。

记 T 为前景与背景的分割阈值,前景点数占图像比例为 w_0,平均灰度为 u_0;背景点数占图像比例为 w_1,平均灰度为 u_1,图像的总平均灰度为 u,前景和背景图像的方差为 g,则有:

$$u = w_0 \times u_0 + w_1 \times u_1$$

$$g = w_0 \times (u_0 - u)^2 + w_1 \times (u_1 - u)^2$$

联合上式得:

$$g = w_0 \times w_1 \times (u_0 - u_1)^2$$

或:

$$g = \frac{w_0}{1 - w_0} \times (u_0 - u)^2$$

当方差 g 最大时,可以认为此时前景和背景差异最大,此时的灰度 T 是最佳阈值。类间方差法对噪声以及目标大小十分敏感,它仅对类间方差为单峰的图像产生较好的分割效果。当目标与背景的大小比例悬殊时(例如,受光照不均、反光或背景复杂等因素影响),类间方差准则函数可能呈现双峰或多峰,此时效果不好。

【例 8-3】　利用 OTSU 算法对图像进行分割处理。

```python
#彩色图像转换成灰度图像
import numpy as np
from matplotlib import pyplot as plt
from PIL import Image
#将一个 RGB 颜色转换成灰度值,结果保留整数
def RGBtoGray(r, g, b):
    gray = round(r * 0.299 + g * 0.587 + b * 0.114)
    return gray
#将真彩色图像转换成灰度图
#真彩色和灰度图的文件路径分别为 path1 和 path2
def toGrayImage(path1, path2):
    img1 = Image.open(path1)                      #真彩色图像,像素中是 RGB 颜色
    w, h = img1.size
    img2 = Image.new('L', (w, h))                 #新建一个灰度图像,像素中是灰度值
    #此部分功能:依次取出 img1 中每个像素的 RGB 颜色,转换成灰度值,再放到 img2 的对应位置
    for x in range(w):
        for y in range(h):
            r, g, b = img1.getpixel((x, y))       #取出颜色
            gray = RGBtoGray(r, g, b)             #转换成灰度值
            img2.putpixel((x, y), gray)           #放回像素
    img2.save(path2)
# OTSU 算法
def otsu(gray):
    pixel_number = gray.shape[0] * gray.shape[1]
    mean_weigth = 1.0/pixel_number
    #统计各灰度级的像素个数,灰度级分为 256 级
    # bins 必须写到 257,否则 255 这个值只能分到[254,255]区间
    his, bins = np.histogram(gray, np.arange(0,257))
    #绘制直方图
    plt.figure(figsize = (12,8))
    plt.hist(gray,256,[0,256],label = '灰度级直方图')   #运行比较慢,如果计算机卡顿,可以去
                                                       #除本行代码注释
    plt.show()
    final_thresh = -1
    final_value = -1
    intensity_arr = np.arange(256) #灰度分为 256 级:0～255 级
    for t in bins[1:-1]: #遍历 1～254 级 (一定不能有超出范围的值)
        pcb = np.sum(his[:t])
        pcf = np.sum(his[t:])
        Wb = pcb * mean_weigth                       #像素被分类为背景的概率
        Wf = pcf * mean_weigth                       #像素被分类为目标的概率
        mub = np.sum(intensity_arr[:t] * his[:t]) / float(pcb)   #分类为背景的像素均值
        muf = np.sum(intensity_arr[t:] * his[t:]) / float(pcf)   #分类为目标的像素均值
        value = Wb * Wf * (mub - muf) ** 2           #计算目标和背景类间方差

        if value > final_value:
            final_thresh = t
            final_value = value
    final_img = gray.copy()
    print(final_thresh)
    final_img[gray > final_thresh] = 255
    final_img[gray < final_thresh] = 0
    return final_img
path1 = r'12.jpg'               #真彩色图像
path2 = r'huidu.jpg'            #灰度图像
```

```
toGrayImage(path1, path2)
imgcolor = plt.imread(path1)
imggray = plt.imread(path2)
plt.imshow(imgcolor)
plt.show()
plt.imshow(imggray,cmap = 'gray')
plt.show()
plt.imshow(otsu(imggray),cmap = 'gray')
print(otsu(imggray))
plt.show()
```

运行程序,效果如图 8-13 所示。

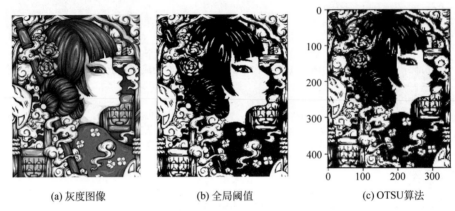

(a) 灰度图像　　　　　　　(b) 全局阈值　　　　　　　(c) OTSU算法

图 8-13　全局阈值与 OTSU 分割效果

8.4.4　自适应动态阈值

在不均匀照明或者灰度值分布不均的情况下,如果使用全局阈值分割,那么得到的分割效果往往会很不理想。显然得到的结果只是将光照较强的区域分割出来了,而阴影部分或者光照较弱的区域却没有分割出来。既然全局阈值不合适,那么想到的策略是针对每一个位置的灰度值设置一个对应的阈值,而该位置阈值的设置也和其邻域有必然的关系。

在对图像进行平滑处理时,均值平滑、高斯平滑、中值平滑用不同规则计算出以当前像素为中心的邻域内的灰度"平均值",所以可以使用平滑处理后的输出结果作为每个像素设置阈值的参考值。

在自适应阈值处理中,平滑算子的尺寸决定了分割出来的物体的尺寸,如果滤波器尺寸太小,那么估计出的局部阈值将不理想。凭经验,平滑算子的宽度必须大于被识别物体的宽度,平滑算子的尺寸越大,平滑后的结果越能更好地作为每个像素的阈值的参考,当然也不能无限大。

具体操作步骤如下。

(1) 对某个像素值,原来为 S,取其周围的 $n \times n$ 的区域,求区域均值或高斯加权值,记为 T。

(2) 对 8 位图像,如果 $S > T$,则该像素点二值化为 255,否则为 0。

自适应阈值的优化过程如下。

(1) 在实际操作中,通过卷积操作,即均值模糊或高斯模糊,实现求区域均值或高斯加权值。

(2) 上面步骤中,增加超参数 C,C 可以为任何实数,当 $S > T - C$ 时,把原像素二值化为 255。

（3）也可以设置超参数 $\alpha \in [0,1]$，当 $S > (1-\alpha)T$ 时把原像素点二值化为 255，通常取 $\alpha = 0.15$。

【例 8-4】 利用自适应动态阈值法实现图像分割处理。

```python
import cv2
import numpy as np
from matplotlib import pyplot as plt
plt.rcParams['font.sans-serif'] = ['SimHei']
plt.rcParams['axes.unicode_minus'] = False

# 自适应动态阈值分割
def adaptiveThresh(I, winSize, ratio = 0.15):
    # 第一步:对图像矩阵进行均值平滑
    I_mean = cv2.boxFilter(I, cv2.CV_32FC1, winSize)
    # 第二步:原图像矩阵与平滑结果做差
    out = I - (1.0 - ratio) * I_mean
    # 第三步:当差值大于或等于 0 时,输出值为 255;反之,输出值为 0
    out[out >= 0] = 255
    out[out < 0] = 0
    out = out.astype(np.uint8)
    return out


def put(path):
    # 0 是表示直接读取灰度图
    image = cv2.imread(path, 0)
    ad_img = adaptiveThresh(image, (5, 5))
    plt.subplot(121), plt.imshow(image, "gray")
    plt.title("灰度图"), plt.axis('off')
    plt.subplot(122), plt.imshow(ad_img, "gray")
    plt.title("自适应动态阈值 "), plt.axis('off')
    plt.show()
# 图像处理函数,要传入路径
put(r'6.jpg')
```

运行程序，效果如图 8-14 所示。

灰度图　　　　　　　　　自适应动态阈值

图 8-14　自适应动态阈值分割效果

8.5　区域生长分割法

数字图像分割算法一般是基于灰度值的两个基本特性之一：不连续性和相似性。前一种性质的应用途径是基于图像灰度的不连续变化分割图像，如图像的边缘。第二种性质的主要应用途径是依据实现指定的准则将图像分割为相似的区域。区域生长算法就是基于图像的第二种性质,即图像灰度值的相似性。

8.5.1　区域生长原理

区域生长也称为区域增长,它的基本思想是将具有相似性质的像素集合起来构成一个区域。实质上就是将具有相似特性的像素元素连接成区域。这些区域是互不相交的,每一个区域都满足特定区域的一致性。具体实现时,先在每个分割的区域找一个种子像素作为生长的起始点,再将种子像素周围邻域中与种子像素有相同或相似性质的像素合并到种子像素所在的区域中。将这些新像素当作新的种子像素继续进行上面的过程,直到再没有满足条件的像素可被包括进来,通过区域生长,一个区域就长成了。其过程如图 8-15 所示。

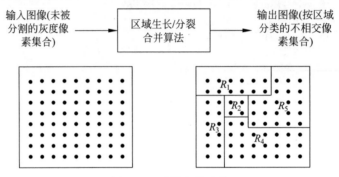

图 8-15　区域生长过程

在实际应用区域生长法时需要解决以下三个问题。

(1) 选择或确定一组正确代表所需区域的种子像素。

(2) 确定在生长过程中能将相邻像素包括进来的准则。

(3) 制定生长过程停止的条件或规则。

生长准则的选取不仅依赖于具体问题本身,也和所用图像数据的种类有关。例如,当图像是彩色的时候,仅用单色的准则效果就会受到影响。另外,还要考虑像素间的连通性和邻近性,否则有时会出现无意义的结果。

一般生长过程在进行到再没有满足生长准则的像素时停止,但常用的基于灰度、纹理、彩色的准则大都基于图像的局部性质,并没有充分考虑生长的"历史"。为增加区域生长的性能常需考虑一些与尺寸、形状等图像和目标的全局性质有关的准则。在这种情况下,常需对分割结果建立一定的模型或辅以一定的先验知识。

8.5.2　区域生长准则

区域生长的一个关键是选择合适的生长相似准则,大部分区域生长准则使用图像的局部性质。生长准则可根据不同原则制定,而使用不同的生长准则会影响区域生长的过程,下面介绍三种基本的生长准则和方法。

(1) 基于区域灰度差。基于区域灰度差的方法主要有以下步骤。

① 对像素进行扫描,找出尚没有归属的像素。

② 以该像素为中心检查它的领域像素,即将领域中的像素逐个与它比较,如果灰度差小于预先确定的阈值,将它们合并。

③ 以新合并的像素为中心,返回到步骤②,检查新像素的领域,直到区域不能进一

步扩张。

④ 返回到步骤①,继续扫描,直到所有像素都归属,则结束整个生长过程。

采用上述方法得到的结果对区域生长起点的选择有较大的依赖性。为克服这个问题可以对方法做以下改进:将灰度差的阈值设为零,这样具有相同灰度值的像素便合并到一起,然后比较所有相邻区域之间的平均灰度差,合并灰度差小于某一阈值的区域。这种改进仍然存在一个问题,即当图像中存在缓慢变化的区域时,有可能会将不同区域逐步合并而产生错误分割结果。一个比较好的做法是:在进行生长时,不用新像素的灰度值与邻域像素的灰度值比较,而是用新像素所在区域平均灰度值与各领域像素的灰度值进行比较,将小于某一阈值的像素合并进来。

(2) 基于区域内灰度分布统计性质。这里考虑以灰度分布相似性作为生长准则来决定区域的合并,具体步骤如下。

① 把像素分成互不重叠的小区域。

② 比较邻接区域的累积灰度直方图,根据灰度分布的相似性进行区域合并。

③ 设定终止准则,通过反复进行步骤②中的操作将各个区依次合并直到满足终止准则。

为了检测灰度分布情况的相似性,采用下面的方法。这里设 $h_1(X)$ 和 $h_2(X)$ 为相邻的两个区域的灰度直方图,X 为灰度值变量,从这个直方图求出累积灰度直方图 $H_1(X)$ 和 $H_2(X)$,根据以下两个准则。

① Kolomogorov-Smirnov 检测:

$$\max_X |H_1(X) - H_2(X)| \qquad (8-2)$$

② Smoothed-Difference 检测:

$$\sum_X |H_1(X) - H_2(X)| \qquad (8-3)$$

如果检测结果小于给定的阈值,就把两个区域合并。这里灰度直方图 $h(X)$ 的累积灰度直方图 $H(X)$ 被定义为:

$$H(X) = \int_0^X h(x)\,\mathrm{d}x$$

在离散情况下

$$H(X) = \sum_{i=0}^X h(i), \quad i = 0, 1, \cdots, X \qquad (8-4)$$

对上述两种方法有以下两点值得说明。

① 小区域的尺寸对结果影响较大,尺寸太小时检测可靠性降低,尺寸太大时则得到的区域形状不理想,小的目标可能漏掉。

② 式(8-3)比式(8-2)在检测直方图相似性方面较优,因为它考虑了所有灰度值。

(3) 基于区域形状。在决定对区域的合并时也可以利用对目标形状的检测结果,常用方法为:把图像分割成灰度固定的区域,设两相邻区域的周长 p_1 和 p_2,把两区域共同边界线两侧灰度差小于给定值的那部分设为 L,如果(T_2 为预定阈值)

$$\frac{L}{\min\{p_1, p_2\}} > T_2 \qquad (8-5)$$

则合并两区域。

【例 8-5】 根据鼠标单击确定种子点进行区域生长的算法。

```
import matplotlib.pyplot as plt
```

```python
from PIL import Image
import cv2
import numpy as np
def get_x_y(path, n):                          # path 表示图片路径, n 表示要获取的坐标个数
    im = Image.open(path)
    plt.imshow(im, cmap = plt.get_cmap("gray"))
    pos = plt.ginput(n)
    return pos                                  # 得到的 pos 是列表中包含多个坐标元组
# 区域生长
def regionGrow(gray, seeds, thresh, p):         # thresh 表示与领域的相似距离, 小于该距离就合并
    seedMark = np.zeros(gray.shape)
    # 八邻域
    if p == 8:
        connection = [(-1, -1), (-1, 0), (-1, 1), (0, 1), (1, 1), (1, 0), (1, -1), (0, -1)]
    # 四邻域
    elif p == 4:
        connection = [(-1, 0), (0, 1), (1, 0), (0, -1)]
    # seeds 内无元素时生长停止
    while len(seeds) != 0:
        # 栈顶元素出栈
        pt = seeds.pop(0)
        for i in range(p):
            tmpX = int(pt[0] + connection[i][0])
            tmpY = int(pt[1] + connection[i][1])
            # 检测边界点
            if tmpX < 0 or tmpY < 0 or tmpX >= gray.shape[0] or tmpY >= gray.shape[1]:
                continue

            if abs(int(gray[tmpX, tmpY]) - int(gray[pt])) < thresh and seedMark[tmpX, tmpY] == 0:
                seedMark[tmpX, tmpY] = 255
                seeds.append((tmpX, tmpY))
    return seedMark


path = r"7.jpg"
img = cv2.imread(path)
gray = cv2.cvtColor(img, cv2.COLOR_BGR2GRAY)
seeds = get_x_y(path = path, n = 3)             # 获取初始种子
print("选取的初始点为:")
new_seeds = []
for seed in seeds:
    print(seed)
    # 下面是需要注意的
    # 第一: 用鼠标选取的坐标为 float 类型, 需要转为 int 型
    # 第二: 用鼠标选取的坐标为(W, H), 而使用函数读取到的图片是(行, 列), 而这对应到原图是(H, W),
    # 所以这里需要调换一下坐标位置, 这是很多人容易忽略的一点
    new_seeds.append((int(seed[1]), int(seed[0])))
result = regionGrow(gray, new_seeds, thresh = 3, p = 8)
result = Image.fromarray(result.astype(np.uint8))
result.show()
```

运行程序, 效果如图 8-16 所示。

区域生长与之前区域分割算法不同, 能够通过选取不同的种子点, 将具有相似像素的点拼接起来, 分割出复杂图像中想要的信息。

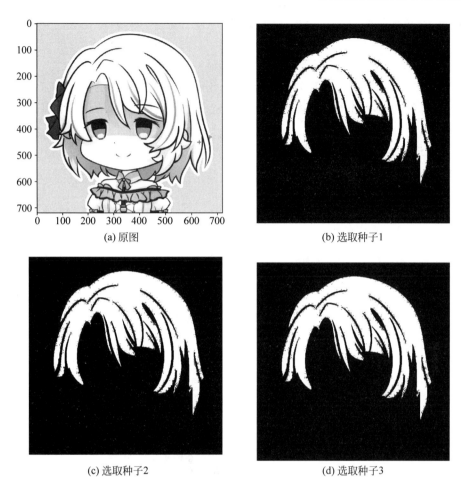

(a) 原图　　　　　　　　　　　(b) 选取种子1

(c) 选取种子2　　　　　　　　　(d) 选取种子3

图 8-16　区域生长效果

8.5.3　区域分割与聚合

将一幅图像细分为一组任意的不相交区域,然后聚合和/或分裂这些区域,过程如图 8-17 所示。

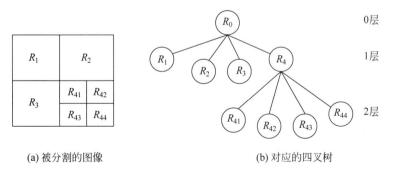

(a) 被分割的图像　　　　　　　　(b) 对应的四叉树

图 8-17　分裂-合并基本数据结构

令 R 表示整幅图像区域,选择一个属性 Q,对 R 进行分割就是依次将它细分为越来越小的四象限区域,以便任何区域 R_i 都有 $Q(R_i) = \text{TRUE}$。从整个区域开始,若 $Q(R) = \text{FALSE}$,则将其分割为四个象限区域,如果分割后象限区域 Q 依旧为 FALSE,则将对应的象限再次细分为四个子象限区域,以此类推。分割的过程可以用一个四叉树形式直观地表示。

细分完成后,对满足属性 Q 的组合像素的邻接区域进行聚合,即 $Q(R_j \bigcup R_k) = \text{TRUE}$ 时,对两区域进行聚合。

总结如下:

(1) 把满足 $Q(R_i) = \text{FALSE}$ 的任何区域 R_i 分裂为 4 个不相交的象限区域。

(2) 不可能进一步分裂时,对满足条件 $Q(R_j \bigcup R_k) = \text{TRUE}$ 的任意两个邻接区域 R_j 和 R_k 进行聚合。

(3) 无法进一步聚合时,停止操作。

【例 8-6】 利用区域生长法分割图像。

```python
import numpy as np
import cv2
import matplotlib.pyplot as plt  # plt 用于显示图片


# 判断方框是否需要再次拆分为四个
def judge(w0, h0, w, h):
    a = img[h0: h0 + h, w0: w0 + w]
    ave = np.mean(a)
    std = np.std(a, ddof = 1)
    count = 0
    total = 0
    for i in range(w0, w0 + w):
        for j in range(h0, h0 + h):
            if abs(img[j, i] - ave) < 1 * std:
                count += 1
            total += 1
    if (count / total) < 0.95:               # 合适的点还是比较少,接着拆
        return True
    else:
        return False


## 将图像根据阈值二值化处理,在此默认为 125
def draw(w0, h0, w, h):
    for i in range(w0, w0 + w):
        for j in range(h0, h0 + h):
            if img[j, i] > 125:
                img[j, i] = 255
            else:
                img[j, i] = 0


def function(w0, h0, w, h):
    if judge(w0, h0, w, h) and (min(w, h) > 5):
        function(w0, h0, int(w / 2), int(h / 2))
        function(w0 + int(w / 2), h0, int(w / 2), int(h / 2))
        function(w0, h0 + int(h / 2), int(w / 2), int(h / 2))
        function(w0 + int(w / 2), h0 + int(h / 2), int(w / 2), int(h / 2))
    else:
        draw(w0, h0, w, h)


img = cv2.imread(r'7.jpg', 0)
img_input = cv2.imread(r'7.jpg', 0)          # 备份
height, width = img.shape
```

```
function(0, 0, width, height)
cv2.imshow('input', img_input)
cv2.imshow('output', img)
cv2.waitKey()
cv2.destroyAllWindows()
```

运行程序,效果如图 8-18 所示。

(a)原图   (b)分割效果

图 8-18   区域生长法分割效果

在图 8-18 中,由于图像比较简单,可以看出分割效果很好,将人物轮廓完整分割了出来。

8.5.4   分水岭图像分割法

分水岭变换是图像分割中的一种经典有效的方法,它与经典的边缘检测算法相比,计算精度高,可有效地生成封闭的单像素轮廓,它以快速、有效、准确的分割结果越来越得到人们的重视。

分水岭图像分割方法采用的原理主要有以下两种。

第一种是模拟浸水过程。首先把一幅图像视为跌宕起伏的地形曲面,图像中每个像素的灰度值对应于地形中的高度,代表了该点在地形中的海拔。在这样的地形中,有盆地(图像中的局部极小区域)、山脊(分水岭)以及盆地和山脊之间的山坡。初始把图像这个有盆地也有山脊的地形模型垂直浸入湖水中,然后在各个盆地的最低处刺上各个洞,使水慢慢均匀地浸入各个洞中,当水快要填满盆地,即某两个或多个盆地中的水将要相交融时,就在将要相交的两盆地之间修建堤坝。随着水位的逐渐上涨,最后各个盆地完全被水淹没,只有各个堤坝没被水淹没,而各个盆地又完全被堤坝所包围时,从而可以得到各个堤坝(分水岭)和一个个被堤坝分开的盆地(目标:物体),从而达到使粘连物体分割的目的。

第二种是模拟降水过程。这种方法也是基于地形学中的地貌特征,同样把一幅图像视为跌宕起伏的地貌模型。在模拟降水过程中,当雨滴落到山地模型上时,必将沿着山坡流入谷底,雨滴所经过的路线就是一个连通分支,也是雨滴到谷底的最陡峭路径,而通往同一谷底的所有连通分支就形成了一个蓄水盆地。

【例 8-7】   利用分水岭分割方法分割图像。

```
import numpy as np
import cv2
import matplotlib.pyplot as plt
```

```python
plt.rcParams['font.sans-serif'] = ['SimHei']
plt.rcParams['axes.unicode_minus'] = False


def put(path):
    src = cv2.imread(path)
    img = src.copy()
    gray = cv2.cvtColor(img, cv2.COLOR_BGR2GRAY)
    ret, thresh = cv2.threshold(gray, 0, 255, cv2.THRESH_BINARY_INV + cv2.THRESH_OTSU)
                                                    # Otsu's 二值化
    # 消除噪声
    kernel = np.ones((3, 3), np.uint8)
    opening = cv2.morphologyEx(thresh, cv2.MORPH_OPEN, kernel, iterations=2)
    # 膨胀
    sure_bg = cv2.dilate(opening, kernel, iterations=3)
    # 距离变换
    dist_transform = cv2.distanceTransform(opening, 1, 5)
    ret, sure_fg = cv2.threshold(dist_transform, 0.7 * dist_transform.max(), 255, 0)
    # 获得未知区域获得边界区域
    sure_fg = np.uint8(sure_fg)
    unknown = cv2.subtract(sure_bg, sure_fg)
    # 标记
    ret, markers1 = cv2.connectedComponents(sure_fg)
    # 确保背景是 1 不是 0
    markers = markers1 + 1
    # 未知区域标记为 0
    markers[unknown == 255] = 0
    markers3 = cv2.watershed(img, markers)
    img[markers3 == -1] = [0, 0, 255]


    plt.subplot(241), plt.imshow(cv2.cvtColor(src, cv2.COLOR_BGR2RGB)),
    plt.title('原图'), plt.axis('off')
    plt.subplot(242), plt.imshow(thresh, cmap='gray'),
    plt.title('Otsu 二值化'), plt.axis('off')
    plt.subplot(243), plt.imshow(sure_bg, cmap='gray'),
    plt.title('膨胀'), plt.axis('off')
    plt.subplot(244), plt.imshow(dist_transform, cmap='gray'),
    plt.title('距离变换'), plt.axis('off')
    plt.subplot(245), plt.imshow(sure_fg, cmap='gray'),
    plt.title('距离变换二值化'), plt.axis('off')
    plt.subplot(246), plt.imshow(unknown, cmap='gray'),
    plt.title('边界区域'), plt.axis('off')
    plt.subplot(247), plt.imshow(np.abs(markers), cmap='jet'),
    plt.title('标记区域'), plt.axis('off')
    plt.subplot(248), plt.imshow(cv2.cvtColor(img, cv2.COLOR_BGR2RGB)),
    plt.title('分割图像'), plt.axis('off')
    plt.show()
# 图像处理函数,要传入路径
put(r'8.jpg')
```

运行程序,效果如图 8-19 所示。

图 8-19 分水岭分割图像效果

第 **9** 章

图像视觉描述与特征提取分析

随着信息技术的发展，人们获取图像视觉的种类和数量急剧增加，让计算机自动完成图像的分析和理解成为一项重要并且紧迫的任务。其中，图像视觉特征的提取与表达，作为图像视觉分析和理解的第一步，是解决图像匹配、分类和检索等诸多视觉任务的基础和关键步骤。由于局部特征对于背景干扰、物体遮挡和成像视角等具有一定的鲁棒性，并且提供了一种具有统计意义的图像视觉内容表示，研究局部特征具有重要意义。

9.1　图像特征

大多数人都玩过拼图游戏。首先拿到完整图像的碎片，然后把这些碎片以正确的方式排列起来从而重建这幅图像。如果把拼图游戏的原理写成计算机程序，那计算机就也会玩拼图游戏了。

在拼图时，要寻找一些唯一的特征，这些特征要适于被跟踪，容易被比较。我们在一幅图像中搜索这样的特征，找到它们，而且也能在其他图像中找到这些特征，然后再把它们拼接到一起。那这些特征是什么呢？我们希望这些特征也能被计算机理解。

例如，深入地观察一些图像并搜索不同的区域，以图 9-1 为例。

图 9-1　搜索图像不同的区域

图 9-1 的上方给出了 6 个小图。找到这些小图在原始图像中的位置。能找到多少正确结果呢？

（1）A 和 B 是平面,而且它们的图像中很多地方都存在。很难找到这些小图的准确位置。

（2）C 和 D 也很简单。它们是建筑的边缘。可以找到它们的近似位置,但是准确位置还是很难找到。这是因为:沿着边缘,所有的地方都一样。所以边缘是比平面更好的特征,但是还不够好。

（3）E 和 F 是建筑的一些角点。它们能很容易被找到。因为在角点的地方,无论向哪个方向移动小图,结果都会有很大的不同。所以可以把它们当成一个好的特征。为了更好地理解这个概念,下面再举个更简单的例子。

如图 9-2 所示,框 2 中的区域是一个平面,很难被找到和跟踪。无论向哪个方向移动蓝色框,都是一样的。对于框 3 中的区域,它是一个边缘。如果沿垂直方向移动,它会改变。但是如果沿水平方向移动就不会改变。而框 1 中的角点,无论向哪个方向移动,得到的结果都不同,这说明它是唯一的。所以,角点是一个好的图像特征。

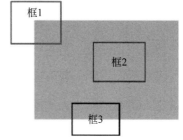

图 9-2 三个平面图区域

9.2 角点特征

角点是图像很重要的特征,对图像图形的理解和分析有很重要的作用。角点在三维场景重建、运动估计、目标跟踪、目标识别、图像配准与匹配等计算机视觉领域起着非常重要的作用。在现实世界中,角点对应于物体的拐角,道路的十字路口、丁字路口等,常见的角点类型如图 9-3 所示。

图 9-3 角点类型

那怎样找到这些角点呢? 接下来使用各种算法来查找图像的特征,并对它们进行描述。

9.2.1 Harris 角点检测

Harris 角点检测是通过图像的局部的小窗口观察图像,角点的特征是窗口沿任意方向移动都会导致图像灰度的明显变化,如图 9-4 所示。

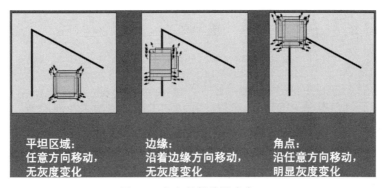

图 9-4 角点局部检测小窗口

转换为数学形式,即将局部窗口向各个方向移动(u,v)并计算所有灰度差异的总和,表达式为:

$$E(u,v)=\sum_{x,y}w(x,y)[I(x+u,y+v)-I(x,y)]^2$$

其中,$I(x,y)$是局部窗口的图像灰度,$I(x+u,y+v)$是平移后的图像灰度,$w(x,y)$是窗口函数,它可以是矩阵窗口,也可以是对每一个像素赋予不同权重的高斯窗口,如图 9-5 所示。

图 9-5 不同权重的高斯窗口

角点检测中使 $E(u,v)$ 的值最大。利用一阶泰勒展开有:

$$I(x+u,y+v)=I(x,y)+I_xu+I_yv$$

其中,I_x 和 I_y 是沿 x 和 y 方向的导数,可用 Sobel 算子计算。推导为:

$$
\begin{aligned}
E(u,v)&=\sum_{x,y}w(x,y)[I(x+u,y+v)-I(x,y)]^2\\
&=\sum_{x,y}w(x,y)[I(x+u,y+v)+I_xu+I_yv-I(x,y)]^2\\
&=\sum_{x,y}w(x,y)[I_x^2u^2+2I_xI_yuv+I_y^2v^2]\\
&=\sum_{x,y}w(x,y)[u,v]\begin{bmatrix}I_x^2 & I_xI_y\\ I_xI_y & I_y^2\end{bmatrix}\begin{bmatrix}u\\ v\end{bmatrix}\\
&=[u,v]\sum_{x,y}w(x,y)\begin{bmatrix}I_x^2 & I_xI_y\\ I_xI_y & I_y^2\end{bmatrix}\begin{bmatrix}u\\ v\end{bmatrix}\\
&=[u,v]M\begin{bmatrix}u\\ v\end{bmatrix}
\end{aligned}
$$

M 矩阵决定了 $E(u,v)$ 的取值,下面利用 M 来求角点,M 是 I_x 和 I_y 的二次项函数,可以表示成椭圆的形状,椭圆的长短半轴由 M 的特征值 λ_1 和 λ_2 决定,方向由特征矢量决定,如图 9-6 所示。

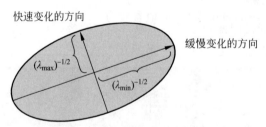

图 9-6 椭圆的长短半轴

椭圆函数特征值与图像中的角点、直线(边缘)和平面之间的关系如图 9-7 所示。

图 9-7 共可分为以下三种情况。

(1)图像中的直线。一个特征值大,另一个特征值小,即 $\lambda_1 \gg \lambda_2$ 或 $\lambda_2 \gg \lambda_1$。椭圆函数值在某一方向上大,在其他方向上小。

(2)图像中的平面。两个特征值都小,且近似相等;椭圆函数数值在各个方向上都小。

(3)图像中的角点。两个特征值都大,且近似相等,椭圆函数在所有方向都增大。

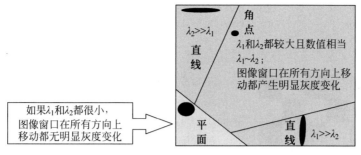

图 9-7　角点、直线和平面间的关系

Harris 给出的角点计算方法并不需要计算具体的特征值，而是计算一个角点响应值 R 来判断角点。R 的计算公式为：

$$R = \det M - \alpha (\mathrm{trace} M)^2$$

式中，detM 为矩阵 $\boldsymbol{M}$ 的行列式；traceM 为矩阵 $\boldsymbol{M}$ 的迹；α 为常数，取值范围为 $0.04 \sim 0.06$。事实上，特征是隐含在 detM 和 traceM 中，因为：

$$\det M = \lambda_1 \lambda_2$$
$$\mathrm{trace} M = \lambda_1 + \lambda_2$$

那角点是怎样判断的呢？

在图 9-8 中，

（1）当 R 为大数值的正数时是角点。

（2）当 R 为大数值的负数时是边界。

（3）当 R 为小数时认为是平坦区域。

在 OpenCV 中实现 Harris 检测使用的 API 是 cornerHarris()函数，函数的语法格式为：

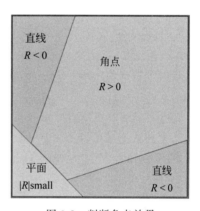

```
dst = cv.cornerHarris(src, blockSize, ksize, k)
```

各参数的含义如下。

（1）img：数据类型为 float32 的输入图像。

（2）blockSize：角点检测中要考虑的邻域大小。

（3）ksize：Sobel 求导使用的核大小。

图 9-8　判断角点效果

（4）k：角点检测方程中的自由参数，取值参数为 $[0.04, 0.06]$。

【例 9-1】　利用 cornerHarris()函数实现角点检测。

```
import cv2 as cv
import numpy as np
import matplotlib.pyplot as plt
'''读取图像，并转换成灰度图像'''
img = cv.imread('./image/chessboard.jpg')
gray = cv.cvtColor(img, cv.COLOR_BGR2GRAY)
'''角点检测'''
#输入图像必须是 float32
gray = np.float32(gray)
#最后一个参数在 0.04~0.05 之间
dst = cv.cornerHarris(gray,2,3,0.04)
'''设置阈值，将角点绘制出来，阈值根据图像进行选择'''
img[dst>0.001*dst.max()] = [0,0,255]
'''图像显示'''
```

```
plt.figure(figsize = (10,8),dpi = 100)
plt.imshow(img[:,:,::-1]),plt.title('Harris 角点检测')
plt.xticks([]), plt.yticks([])
plt.show()
```

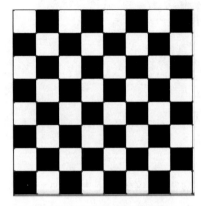

图 9-9　角点检测效果

运行程序,效果如图 9-9 所示。

接下来总结一下 Harris 角点检测的优缺点。

优点主要表现在:

(1) 旋转不变性,椭圆转过一定角度但是其形状保持不变(特征值保持不变)。

(2) 对于图像灰度的仿射变化具有部分的不变性,由于仅使用了图像的一阶导数,对于图像灰度平移变化不变;对于图像灰度尺度变化不变。

缺点主要表现在:

(1) 对尺度很敏感,不具备几何尺度不变性。

(2) 提取的角点是像素级的

9.2.2　Shi-Tomasi 角点检测

Shi-Tomasi 算法是 Harris 算法的改进。Harris 算法最原始的定义是将矩阵 M 的行列式值与 M 的迹相减,再将差值同预先给定的阈值进行比较。后来 Shi 和 Tomasi 提出改进的方法,若两个特征值中较小的一个大于最小阈值,则会得到强角点,即

$$R = \min(\lambda_1, \lambda_2)$$

从图 9-10 中可以看出来只有当 λ_1 和 λ_2 都大于最小值时,才被认为是角点。

在 OpenCV 中实现 Shi-Tomasi 角点检测使用 API 的 goodFeaturesToTrack()函数,函数的语法格式为:

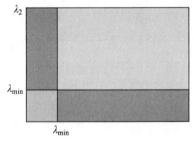

图 9-10　角点

```
corners = cv.goodFeaturesToTrack ( image, maxCorners,
qualityLevel, minDistance[, corners[, mask[, blockSize
[, useHarrisDetector[, k]]]]])
```

各参数的含义如下。

- Image:输入灰度图像。
- maxCorners:获取角点数的数目。
- qualityLevel:该参数指出最低可接受的角点质量水平,范围为 0~1。
- minDistance:角点之间最小的欧氏距离,避免得到相邻特征点。
- corners:搜索到的角点,在这里所有低于质量水平的角点被排除掉,然后把合格的角点按质量排序,然后将质量较好的角点附近(小于最小欧式距离)的角点删掉,最后找到 maxCorners 个角点返回。

【例 9-2】　利用 Shi-Tomasi 角点检测实现角点检测。

```
import os
import cv2
import numpy as np

# 读取图片
img = cv2.imread('HaLiSi.jpg')
```

```
#缩放图片
img = cv2. resize(src = img, dsize = (450,450))
#转灰度图
gray = cv2. cvtColor(src = img, code = cv2. COLOR_RGB2GRAY)
tomasiCorners = cv2. goodFeaturesToTrack ( image = gray, maxCorners = 1000, qualityLevel = 0. 01,
minDistance = 10)
#转换为整型
tomasiCorners = np. int0(tomasiCorners)
#遍历所有的角点
for corner in tomasiCorners:
    #获取角点的坐标
    x, y = corner. ravel()
    cv2. circle( img = img, center = (x, y), radius = 3, color =
    (0,255,0), thickness = - 1)
#显示图像
cv2. imshow('img', img)
cv2. waitKey(0)
cv2. destroyAllWindows()

if __name__ == '__main__':
    print('Pycharm')
```

运行程序,效果如图 9-11 所示。

图 9-11　Shi-Tomasi 角点检测效果

9.2.3　SUSAN 角点检测

SUSAN(Small Univalue Segment Assimilating Nucleus)算子是一种基于灰度的特征点获取方法,适用于图像中边缘和角点的检测,可以去除图像中的噪声,它具有简单、有效、抗噪声能力强、计算速度快的特点。

为了介绍和分析的需要,首先来看图 9-12。

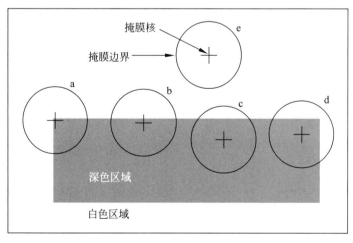

图 9-12　区域图

图 9-12 是在一个白色的背景上,有一个深度颜色的区域,用一个圆形模板在图像上移动,如果模板内的像素灰度与模板中心的像素(被称为核)灰度值小于一定的阈值,则认为该点与核具有相同的灰度,满足该条件的像素组成的区域就称为 USAN(Univalue Segment Assimilating Nucleus)。

下面一起来分析图 9-12 中的五个圆形模的 USAN 值。对于图中的 e 圆形模板,它完全处于白色的背景中,该模板处的 USAN 值是最大的;随着模板 c 和 d 的移动,USAN 值逐渐减少;当圆形模板移动到 b 处时,其中心位于边缘直线上,此时其 USAN 值逐渐减少为最大值的一半;而圆形模板运行到角点处 a 时,此时的 USAN 值最小。因此通过上面的描述可以推导出:边缘处的点的 USAN 值小于或等于最大值的一半。由此,可以得出 SUSAN 提取边缘和角点算法的基本原理:在边缘或角点处的 USAN 值最小,可以根据 USAN 区域的大小来检测边缘、角点等特征的位置和方向信息。

SUSAN 算子通过用一个圆形模板在图像上移动,一般这个圆形模板的半径是(3.4px),包含 37 个像素。模板内的每一个像素与中心像素进行比较,比较方式如下:

$$c(r,r_0) = \begin{cases} 1, & |I(r) - I(r_0)| \leqslant t \\ 0, & |I(r) - I(r_0)| > t \end{cases}$$

其中,$I(r)$ 为中心像素,$I(r_0)$ 为掩膜内的其他像素,t 是一个像素差异阈值(通常对于对比度比较低的区域,选取较小的 t;反之,则 t 的阈值可以选择大些)。对上式进行统计,方式为:

$$n(r_0) = \sum c(r,r_0)$$

得到的 n 值就是 USAN 的大小。

通过阈值化就可以得到初步的边缘响应,如下。

$$R(r_0) = \begin{cases} g - n(r_0), & n(r_0) < g \\ 0, & \text{其他} \end{cases}$$

其中,$g = 3n_{max}/4$,也即 g 取值为 USAN 最大值的 3/4。USAN 值越小,边缘的响应就越强。

通过上面对 a、b、c、d、e 等几个圆形模板的 USAN 值的分析,当模板的中心位于角点处时,USAN 的值最小。下面简单叙述下利用 SUSAN 算子检测角点的步骤。

(1) 利用圆形模板遍历图像,计算每点处的 USAN 值。

(2) 设置一阈值 g,一般取值为 $1/2\text{Max}(n)$,也即取值为 USAN 最大值的一半,进行阈值化,得到角点响应。

(3) 使用非极大值抑制来寻找角点。

通过上面的方式得到的角点,存在很大的伪角点。为了去除伪角点,SUSAN 算子可以由以下方法实现。

① 计算 USAN 区域的重心,然后计算重心和模板中心的距离,如果距离较小则不是正确的角点。

② 判断 USAN 区域的重心和模板中心的连线所经过的像素都是否属于 USAN 区域的像素,如果属于,那么这个模板中心的点就是角点。

总而言之,SUSAN 算子是一个非常难得的算子,不仅具有很好的边缘检测性能;而且对角点检测也具有很好的效果。

【例 9-3】 利用 SUSAN 算子对图像实现角点检测。

```python
import matplotlib.pyplot as plt
from skimage.data import camera
import numpy as np

# 中文显示工具函数
def set_ch():
    from pylab import mpl
    mpl.rcParams['font.sans - serif'] = ['FangSong']
```

```
mpl.rcParams['axes.unicode_minus'] = False

def susan_mask():
    mask = np.ones((7, 7))
    mask[0, 0] = 0
    mask[0, 1] = 0
    mask[0, 5] = 0
    mask[0, 6] = 0
    mask[1, 0] = 0
    mask[1, 6] = 0
    mask[5, 0] = 0
    mask[5, 6] = 0
    mask[6, 0] = 0
    mask[6, 1] = 0
    mask[6, 5] = 0
    mask[6, 6] = 0
    return mask

def susan_corner_detection(img):
    img = img.astype(np.float64)
    g = 37 / 2
    circularMask = susan_mask()
    output = np.zeros(img.shape)
    for i in range(3, img.shape[0] - 3):
        for j in range(3, img.shape[1] - 3):
            ir = np.array(img[i - 3:i + 4, j - 3:j + 4])
            ir = ir[circularMask == 1]
            ir0 = img[i, j]
            a = np.sum(np.exp(-((ir - ir0) / 10) ** 6))
            if a <= g:
                a = g - a
            else:
                a = 0
            output[i, j] = a
    return output
set_ch()
image = camera()
out = susan_corner_detection(image)
plt.imshow(out, cmap = 'gray')
plt.show()
```

图 9-13　SUSAN 算子的角点检测
响应效果

运行程序,效果如图 9-13 所示。

9.3　SIFT/SURF 算法

图像的特征点检测是图像配准的第一步,下面介绍尺度不变特征检测(SIFT)和加速鲁棒特征检测(SURF)两种算法。

9.3.1　SIFT 算法

SIFT 算法是一种高精度的特征点检测算法。运用此算法检测出的特征点包含尺度、灰度和方向信息,具有很高的鲁棒性。SIFT 算法的特征点检测需要在图像的尺度空间上进行,而该尺度空间是由图像和高斯函数卷积生成的。高斯函数的定义为:

$$G(x,y,\sigma) = \frac{1}{2\pi\sigma^2} e^{\frac{(x^2+y^2)}{2\sigma^2}}$$

则图像尺度空间 $L(x,y)$ 的计算公式为：

$$L(x,y,\sigma) = G(x,y,\sigma) * I(x,y)$$

1. 创建尺度空间

金字塔底部的图像是最清晰的,且它是原图像大小的二倍,底部图像被标记为第 1 组第 1 层,越往上越模糊。构建的第一步就是对最底部的图像进行高斯滤波之后作为该组的第 2 层,对新生成的图像重复进行该操作,几次操作之后的图像集构成一个组,然后对该组中最模糊的图像进行二倍下采样处理,即该图像的长度和宽度缩减为原来的一半。则图像的大小就变为原图像大小的四分之一。将新生成的图像作为下一组的初始图像,重复上面的步骤,从而完成高斯金字塔的构建,如图 9-14 所示。同一组中图像的大小一致。假设构建的高斯金字塔的组数和层数分别为 m,n。那么 (m,n) 就是它所表示的尺度空间。

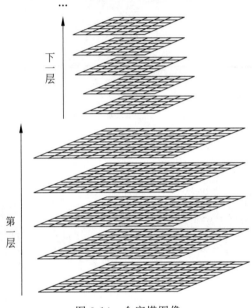

下一层

第一层

图 9-14　金字塔图像

基于高斯金字塔进一步构建差分高斯金字塔。高斯金字塔第 1 组的第 2 层与第 1 层的差形成的图像作为差分高斯金字塔的第 1 组第 1 层,高斯金字塔第 1 组的第 3 层与第 2 层的差形成的图像作为差分高斯金字塔的第 1 组第 2 层……依照此规律生成的图像就构成了差分高斯金字塔,故差分高斯金字塔每一组的层数要比高斯金字塔相应组的层数少 1,如图 9-15 所示。计算公式如下。

$$D(x,y,\sigma) = (G(x,y,k\sigma) - G(x,y,\sigma)) * I(x,y)$$
$$= L(x,y,k\sigma) - L(x,y,\sigma)$$

2. 极值点检测

在完成 DOG 的构建之后,由于其内部的极值点性质较稳定,需要采用一种算法策略将其找出并作为特征点的候选。即对 DOG 中的每一个点进行搜索,判断它是否满足作为极值点的条件。判断依据是让这个点与它三维空间里的相邻像素点进行比较(即本层周围的 8 个像素点加上下两层分别相邻的 9 个像素点一共 26 个),看这个点是不是在这个尺度空间中为最大值或者最小值。若通过比较该点是这 26 个点中的最值,那么该点就是检测到的一个极值点,过程如图 9-16 所示。

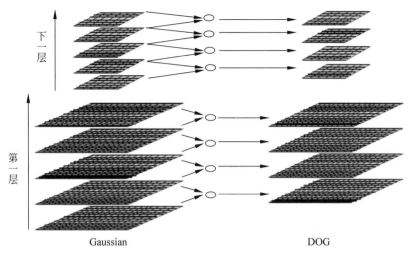

Gaussian　　　　　　　　　DOG

图 9-15　差分高斯金字塔

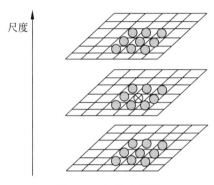

图 9-16　极值点检测

3. 特征点定位

特征点的定位剔除边缘上定位不准确的点或去除易受到噪声干扰的点,对检测到的极值点通过一个拟合三维二次函数模型来确定关键点的位置和尺度。插值需要将离散的图像表达式,表达为连续的函数,所以对高斯差分函数做泰勒级数展开:

$$D(x,y,\sigma)=D(x_0,y_0,\sigma)+\frac{\partial D^{\mathrm{T}}}{\partial x_0}+\frac{1}{2}x^{\mathrm{T}}\frac{\partial^2 D}{\partial x^2}x$$

对 D 求导可得到极值点的精确位置,令导数为零可得:

$$x_{\max}=\frac{\partial^2 D^{-1}}{\partial x_0^2}\frac{\partial D}{\partial x_0}$$

如果 $D(x_{\max})\leqslant 0.03$,则表明其为易受到噪声干扰的低对比度点,将其易除,反之,将其保留。为了剔除图像边缘响应点,需要采用 2×2 的 Hessian 矩阵来计算主曲率。

$$\boldsymbol{H}=\begin{bmatrix}D_{xx} & D_{YY}\\ D_{xy} & D_{yy}\end{bmatrix}$$

因为 D 的主曲率和 $\boldsymbol{H}$ 的特征值成正比,可以根据 $\boldsymbol{H}$ 矩阵的秩 T 和行列式 $\mathrm{Det}(\boldsymbol{H})$ 的比值来判定是否为边缘响应点。设 α、β 分别为 Hessian 矩阵 $\boldsymbol{T}$ 的两个特征值,则:

$$T_r(\boldsymbol{H})=D_{xx}+D_{yy}=\alpha+\beta$$

$$\mathrm{Det}(\boldsymbol{H})=D_{xx}D_{yy}-(D_{yy})^2=\alpha\beta$$

$$\frac{T_r(\boldsymbol{H})^2}{\mathrm{Det}(\boldsymbol{H})} = \frac{(\alpha+\beta)^2}{\alpha\beta} = \frac{(\gamma\beta+\beta)}{\gamma\beta^2} = \frac{(\gamma+1)^2}{\gamma}$$

可通过检测式(9-1)是否成立,来判断主曲率和阈值的大小关系。

$$\frac{T_r(\boldsymbol{H})^2}{\mathrm{Det}(\boldsymbol{H})} < \frac{(\gamma+1)^2}{\gamma} \tag{9-1}$$

4. 确定极值点梯度方向

为了满足检测到的特征点具有旋转不变性的需求,需要赋予特征点一个方向。这个方向通过特征点所在的局部图像结构使用图像梯度求得。特征点(x,y)处的梯度值$m(x,y)$和梯度方向$\theta(x,y)$通过下式求得:

$$m(x,y) = \sqrt{(L(x+1,y)-L(x-1,y))^2 + (L(x,y+1)-L(x,y-1))^2}$$

$$\theta(x,y) = \tan^{-1}\left(\frac{L(x,y+1)-L(x,y-1)}{L(x+1,y)-L(x-1,y)}\right)$$

其中,$L(x,y)$表示特征点(x,y)的尺度。

经过上述公式计算得到的邻域像素特征点梯度值$m(x,y)$和梯度方向(x,y)用直方图进行统计。如图 9-17 所示,横坐标表示方向区间,如 $0°\sim45°$,$45°\sim90°$,纵坐标为该区间内特征点的梯度值之和。其构造方法是将圆周 $360°$ 等分成 8 柱,每 $45°$ 一柱。梯度直方图中最高一柱的值就代表这个特征点的主方向。另外,当存在另一柱的值相当于最高值的八成或以上时,就把这个柱所在的方向设定为这个特征点的辅助方向。

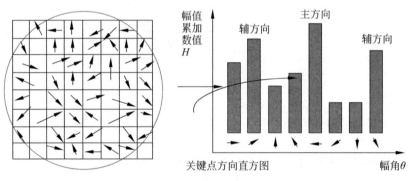

图 9-17 直方图统计

5. 生成特征点描述子

将特征点所在的邻域图像旋转一个角度,使得特征点的主方向与坐标轴的方向一致以保证特征向量的旋转不变性,过程如图 9-18 所示。

将特征点邻域内的像素划分为边长为 16 的子域,包含 16 个子域的正方形为一个块,共 4×4 个块。分别计算每个块内的梯度直方图(8 个方向)。经过处理得到一个 $4\times4\times8=128$ 维的特征描述子。

在 OpenCV 中利用 SIFT 检测关键点的流程如下。

(1) 实例化 SIFT。

```
sift = cv.xfeatures2d.SIFT_create()
```

(2) 利用 sift.detectAndCompute()检测关键点并计算。

```
kp,des = sift.detectAndCompute(gray,None)
```

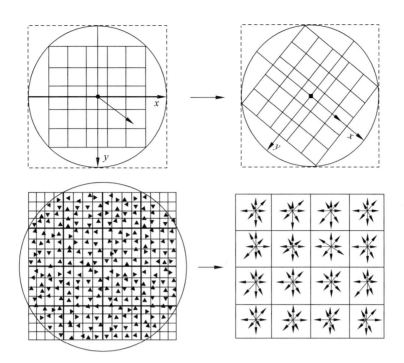

图 9-18　特征向量的旋转不变性过程

其中,各参数的含义如下。

- gray:进行关键点检测的图像,注意是灰度图像。
- kp:关键点信息,包括位置、尺度、方向信息。
- des:关键点描述符,每个关键点对应 128 个梯度信息的特征向量。

(3) 将关键点检测结果绘制在图像上。

```
cv.drawKeypoints(image, keypoints, outputimage, color, flags)
```

其中,各参数的含义如下。

- image:原始图像。
- keypoints:关键点信息,将其绘制在图像上。
- outputimage:输出图片,可以是原始图像。
- color:颜色设置,通过修改(b,g,r)的值,更改画笔的颜色,b=蓝色,g=绿色,r= 红色。
- flags:绘图功能的标识设置。

【例 9-4】　利用 SIFT 算法在中央电视台的图片上检测关键点,并将其绘制出来。

```
import cv2 as cv
import numpy as np
import matplotlib.pyplot as plt
'''读取图像'''
img = cv.imread('tv.jpg')
gray = cv.cvtColor(img,cv.COLOR_BGR2GRAY)
'''SIFT 关键点检测'''
#实例化 sift 对象
sift = cv.xfeatures2d.SIFT_create()
```

```
# 关键点检测:kp关键点信息包括方向、尺度、位置信息,des
# 是关键点的描述符
kp,des = sift.detectAndCompute(gray,None)
# 在图像上绘制关键点的检测结果
cv.drawKeypoints(img, kp, img, flags = cv.DRAW_MATCHES_
FLAGS_DRAW_RICH_KEYPOINTS)
'''图像显示'''
plt.figure(figsize = (8,6),dpi = 100)
plt.imshow(img[:,:,::-1]),plt.title('SIFT 检测')
plt.xticks([]), plt.yticks([])
plt.show()
```

图 9-19　检测关键点效果

运行程序,效果如图 9-19 所示。

9.3.2 SURF 特征检测

SURF 是在 SIFT 算法基础上进行改进升级的一种特征检测算法,兼具 SIFT 算法准确性高、鲁棒性强的优点。它的算法流程和 SIFT 相似。

1. 特征点的定位

由于海森检测器有更加稳定和具有可重复性的优点,SURF 算法首先采用该检测器来检测特征点。对图像的滤波处理可以通过高斯函数的高阶微分与离散的图像函数 $f(x,y)$ 做卷积来实现。和 SIFT 算法关键点定位相似,SURF 通过将像素点与三维空间中周围 26 个海森行列式值进行比较,若周围的海森行列式的值全部小于它,那么这个点就是一个特征点。

2. 特征点方向的确定

为了获得良好的旋转不变性,通过划定一个区域,统计该区域内的 Harr 小波响应计算得出这个特征点的主方向。该区域的范围是以这个特征点为圆心,半径是 6 倍尺度的圆。Haar 小波的模板如图 9-20 所示。

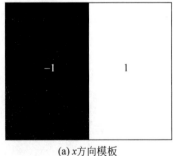
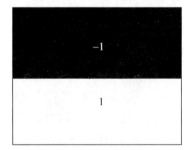

(a) x 方向模板　　　　　　　　　　　　　　(b) y 方向模板

图 9-20　Haar 小波的模板

图 9-21 模板为不同方向上的 Harr 响应。其中,黑白两种颜色分别代表-1 和 1。用上面的模板对划定区域内的点做处理,会得到其中每一个特征点的两个方向的响应。

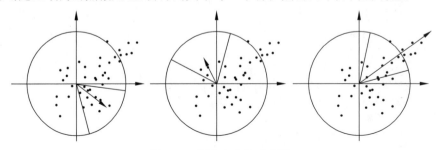

图 9-21　两个方向的响应图

然后对模板处理后的响应进行高斯加权。最后在该划定的圆形区域中,使用60°的扇形统计其中的 x 和 y 方向的 Harr 小波特征的总数。该扇形以一定的间隔旋转并进行重复的统计操作,最后统计值最大的扇形的方向就是该特征点的主方向。

3. 生成特征点描述符

SURF 算法最终生成的特征描述符需要经过以下过程:在特征点附近选取一个正方形,并将其均分为16个小正方形区域(每个小正方形的边长是 $5s$),选取正方形的方向和特征点的方向一致。然后在这 4×4 的正方形区域内对其中像素的 Harr 小波特性做统计,像素的个数是25,统计的内容包括 dx、$|dx|$、dy 以及 $|dy|$。每个区域就会有4个统计值,因此这个边长为 $20s$ 的正方形区域就会有 $4 \times 4 \times 4 = 64$ 维,如图9-22所示。

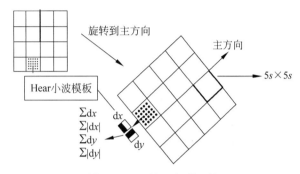

图9-22 64维正方形区域

【例 9-5】 利用 SURF 算法对图像实现点匹配。

```
import cv2
import numpy as np
import logging as log
from torchvision.transforms import Resize
import glob

img2 = cv2.imread('test_04.jpg',cv2.IMREAD_GRAYSCALE)
# 提取特征点
# 创建 SURF 对象
surf = cv2.xfeatures2d.SURF_create(10000)          # 返回关键点信息和描述符
image2 = img2.copy()
keypoint2,descriptor2 = surf.detectAndCompute(image2,None)
# 在图像上绘制关键点(关键点利用 Hessian 算法找到)
# DRAW_MATCHES_FLAGS_DRAW_RICH_KEYPOINTS 绘制特征点的时候绘制一个个带方向的圆
image1 = cv2.drawKeypoints( image = image1,keypoints = keypoint1,outImage = image1,color = (255,
0,255),flags = cv2.DRAW_MATCHES_FLAGS_DRAW_RICH_KEYPOINTS)
cv2.imshow('surf_keypoints2',image2)
# 特征点匹配
matcher = cv2.FlannBasedMatcher()
matchePoints = matcher.match(descriptor1,descriptor2)
print(type(matchePoints),len(matchePoints),matchePoints[0])
# 提取最强匹配
minMatch = 1
maxMatch = 0
# queryIdx 为查询点索引,trainIdx 为被查询点索引
for i in range(len(matchePoints)):
    if minMatch > matchePoints[i].distance:
        minMatch = matchePoints[i].distance
    if maxMatch < matchePoints[i].distance:
        maxMatch = matchePoints[i].distance
```

```
goodMatchePoints = []
for i in range(len(matchePoints)):
    if matchePoints[i].distance < minMatch + (maxMatch - minMatch)/16:
        goodMatchePoints.append(matchePoints[i])
outImg = None
outImg = cv2.drawMatches(img1, keypoint1, img2, keypoint2, goodMatchePoints, outImg, matchColor =
(0,0,255), flags = cv2.DRAW_MATCHES_FLAGS_NOT_DRAW_SINGLE_POINTS)
# 打印最匹配点
for i in range(len(goodMatchePoints)):
    print('goodMatch 输出', goodMatchePoints[i].queryIdx)
    print('x 坐标', keypoint2[goodMatchePoints[i].queryIdx].pt[0])
    print('y 坐标', keypoint2[goodMatchePoints[i].queryIdx].pt[1])
    match = cv2.circle(image2, (int(keypoint2[goodMatchePoints[i].trainIdx].pt[0]),

int(keypoint2[goodMatchePoints[i].trainIdx].pt[1])), 4, (0,255,0), - 1)
    cv2.imshow('query', image2) # 在 image2 上打印关键点位置
    cv2.waitKey(0)
    cv2.destroyAllWindows()
```

运行程序,效果如图 9-23 所示。

图 9-23　匹配点位置(绿色)效果

9.4　FAST 和 ORB 算法

前面已经介绍过几个特征检测器,它们的效果都很好,特别是 SIFT 和 SURF 算法,但是从实时处理的角度来看,效率还是太低了。为了解决这个问题,Edward Rosten 和 Tom Drummond 在 2006 年提出了 FAST 算法,并在 2010 年对其进行了修正。

FAST(Features from Accelerated Segment Test)是一种用于角点检测的算法,该算法的原理是取图像中的检测点,以该点为圆心的周围邻域内像素点判断检测点是否为角点,通俗地讲,就是若一个像素周围有一定数量的像素与该点像素值不同,则认为其为角点。

9.4.1　FAST 特征点检测

1. 原始检测方法

判别特征点 p 是否是一个特征点,可以通过判断以该点为中心画圆,该圆过 16 个像素点。设在圆周上的 16 个像素点中是否最少有 n 个连续的像素点满足都比 $I_p + t$ 大,或者都比 $I_p - t$ 小(此处 I_p 指的是点 p 的灰度值,t 是一个阈值)。如果满足这样的要求,则判断 p 是一个特征点,否则 p 不是,如图 9-24 所示。

由于在检测特征点时需要对图像中所有的像素点进行检测,然而图像中的绝大多数点都不是特征点,如果对每个像素点都进行上述检测过程,那显然会浪费许多时间,因此此处采用了一种进行非特征点判别的方法。如图 9-24 中,对于每个点都检测第 1、5、9、13 号像素点,如

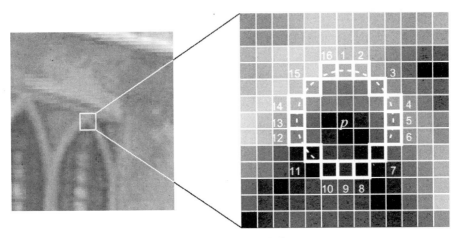

图 9-24　特征点的判断

果这 4 个点中至少有 3 个满足都比 I_p+t 大或者都比 I_p-t 小,则继续对该点进行 16 个邻域像素点都检测的方法,否则判定该点是非特征点,直接剔除即可。

这种方法大幅减少了判断特征点的运算量,提升了算法的运行速度,但是还是存在一些问题。

(1) 当使用的 $n<12$ 时就不能通过上面说明的方法对非角点进行快速过滤。

(2) 这样检测出来的特征点不是最优的,因为这种检测方法暗含对特征周围的像素分布的假定。

(3) 忽略了上述前 4 个检测的结果分析。

(4) 检测得到的特征点容易挤在一起。

针对以上存在的问题下面提出一种基于学习的特征点检测方法,这种检测方法解决了上面的前 3 个问题。

2. 特征点检测方法

这种基于学习的特征点检测方法分成两个步骤。

(1) 对于需要检测的场景的多张图像进行角点提取,在提取的过程中,使用给定的 n 和一个合适的阈值进行检测,同时这里不使用上面提出的先检测 4 个像素点的方法(因为选择的 n 可能小于 12)。这样就提取到了许多的特征点,作为训练数据。

对于圆上的 16 个像素点位置 $x\in\{1,\cdots,16\}$,如果选择一个位置 x 对上面得到的特征点集进行划分,划分为 3 个部分:

$$S_{p\to x}=\begin{cases}d, & I_{p\to x}\leqslant I_p-t \\ s, & I_p-t<I_{p\to x}<I_p+t \\ b, & I_p+t<I_{p\to x}\end{cases}$$

另外,对每个特征点设一个布尔值变量 K_p,用来表示是否为角点,$K_p=\text{true}$ 为角点。

(2) 对上面得到的特征点集进行训练,使用 ID3 算法建立一棵决策树,假设通过使用第 x 个像素点进行决策树的划分,那么对集合 P 得到的熵 K 是:

$$H(P)=(c+\overline{c})\log_2(c+\overline{c})-c\log_2 c-\overline{c}\log_2\overline{c}$$

其中,c 为角点的数目,$\overline{c}$ 为非角点的数目。

由此得到的信息增益为:

$$H(P)-H(P_d)-H(P_s)-H(P_b)$$

然后选择信息增益最大的位置进行分割,最终得到这棵决策树。以后再有类似的场景进行特征点检测时,则使用该决策树进行检测。

3. 非最大值抑制

那如何解决特征点容易挤在一起的问题呢?本节提出了一种非最大值抑制的方法,给每个已经检测到的角点一个量化的 V 值,然后比较相邻的角点的 V 值,然后删除 V 值较小的角点。

下面使用两种不同的方法定义 V 值。

(1) 把角点的灰度与它邻近的 16 个点的灰度值的差值的绝对值的和作为 V 的值。

(2) 为了计算速度的提升,在(1)的基础上更改为:

$$V = \max\left(\sum_{x \in S_{\text{bright}}} \mid I_{p \to x} - I_p \mid - t, \sum_{x \in S_{\text{dark}}} \mid I_p - I_{p \to x} \mid - t \right)$$

在此处的 S_{bright} 是 16 个邻域像素点中灰度值大于 $I_p + t$ 的像素点的集合,而 S_{dark} 表示的是那些灰度值小于 $I_p - t$ 的像素点。

OpenCV 中的 FAST 检测算法是用传统方法实现的。

(1) 实例化 fast。

```
fast = = cv.FastFeatureDetector_create(threshold, nonmaxSuppression)
```

各参数的含义如下。

- threshold:阈值 t,默认值为 10。
- nonmaxSuppression:是否进行非极大值抑制,默认值为 True。
- fast:创建 FastFeatureDetector 对象。

(2) 利用 fast.detect 检测关键点,没有对关键点进行描述。

```
kp = fast.detect(grayImg, None)
```

各参数的含义如下。

- gray:进行关键点检测的图像,注意是灰度图像。
- kp:关键点信息,包括位置、尺度、方向信息。

(3) 将关键点检测结果绘制在图像上,与在 SIFT 中是一样的。

```
cv.drawKeypoints(image, keypoints, outputimage, color, flags)
```

【例 9-6】 利用 FAST 算法获取图像中的检测点。

```
import numpy as np
import cv2 as cv
from matplotlib import pyplot as plt

'''读取图像'''
img = cv.imread('niao.jpg');
#非极大值抑制
fast = cv.FastFeatureDetector_create(threshold = 30)      #实例化,非极大值抑制
kp = fast.detect(img,None)                                #利用 fast.detect 检测关键点
img2 = cv.drawKeypoints(img,kp,img,color = (0,0,255))     #将关键点检测结果绘制在图像上
plt.imshow(img2[:,:,::-1])
'''设置极大值抑制'''
fast.setNonmaxSuppression(0)                              #设置极大值抑制
kp = fast.detect(img,None)                                #利用 fast.detect 检测关键点
im3 = cv.drawKeypoints(img,kp,img,color = (0,0,255))      #将关键点检测结果绘制在图像上
plt.imshow(img3[:,:,::-1])
```

运行程序,效果如图 9-25 所示。

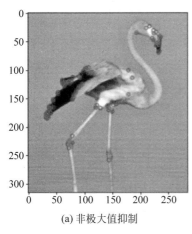
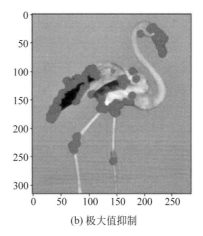

(a) 非极大值抑制   (b) 极大值抑制

图 9-25 FAST 算法获取的检测点效果

9.4.2 ORB 算法

SIFT 和 SURF 算法是受专利保护的,在使用它们时是要付费的,但是 ORB(Oriented Fast and Rotated Brief)不需要,它可以用来对图像中的关键点快速创建特征向量,并用这些特征向量来识别图像中的对象。

ORB 算法结合了 FAST 和 BRIEF 算法,提出了构造金字塔,为 FAST 特征点添加了方向,从而使得关键点具有了尺度不变性和旋转不变性。具体流程描述如下。

(1) 构造尺度金字塔,金字塔共有 n 层,与 SIFT 不同的是,每一层仅有一幅图像。第 s 层的尺度为: $\sigma_s = \sigma_0^s$。

σ_0 为初始尺度,默认为 1.2,原图在第 0 层,如图 9-26 所示。

第 s 层图像的大小: $\text{SIZE} = \left(H \times \dfrac{1}{\sigma_s}\right) \times \left(W \times \dfrac{1}{\sigma_s}\right)$。

(2) 在不同的尺度上利用 FAST 算法检测特征点,采用 Harris 角点响应函数,根据角点的响应值排序,选取前 N 个特征点,作为本尺度的特征点。

(3) 计算特征点的主方向,计算以特征点为圆心,半径为 r 的圆形邻域内的灰度质心位置,将从特征点位置到质心位置的方向作为特征点的主方向。

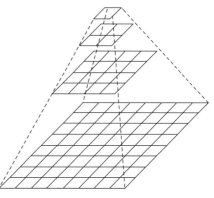

图 9-26 尺度金字塔

计算方法如下:

$$m_{pq} = \sum_{x,y} x^p x^q I(x,y)$$

质心位置:

$$C = \left(\frac{m_{10}}{m_{00}}, \frac{m_{01}}{m_{10}}\right)$$

主方向:

$$\theta = \arctan(m_{01}, m_{10})$$

(4) 为了解决旋转不变性,将特征点的邻域转到主方向上,利用 BRIEF 算法构建特征描述符,至此就得到了 ORB 的特征描述向量。

ORB 算法实现步骤如下。

（1）实例化 ORB。

orb＝cv.orb_create(nfeatures)：nfeatures 为特征点的最大数量。

（2）利用 orb.detectAndComputer()检测关键点并计算。

kp,des = orb.detectAndComputer(gray,None)

各参数的含义如下。

- gray：进行关键点检测的图像，注意是灰度图像。
- kp：关键点信息，包括位置、尺度、方向信息。
- des：关键点描述符。

（3）将关键点检测结果绘制在图像上。

cv.drawKeypoints(img,keypoints,outputimg,color,flags)

【**例 9-7**】 利用 ORB 算法实现图像关键点检测。

```
import numpy as np
import cv2 as cv
from matplotlib import pyplot as plt

'''读取图像'''
img = cv.imread('niao.jpg');
orb = cv.ORB_create(nfeatures = 5000)                    # 实例化 ORB
kp,des = orb.detectAndCompute(img,None)                  # 利用 orb.detectAndComputer()检测关键点
img2 = cv.drawKeypoints(img,kp,img,flags = 0)            # 将关键点检测结果绘制在图像上
plt.imshow(img2[:,:,::-1])
```

运行程序，效果如图 9-27 所示。

图 9-27　ORB 算法实现关键检测点效果

9.5　LBP 和 HOG 特征算子

9.5.1　LBP 算法

LBP(Local Binary Pattern)指局部二值模式，是一种用来描述图像局部特征的算子。LBP 特征具有灰度不变性和旋转不变性等显著优点。它是由 T. Ojala，M. Pietikäinen 和 D. Harwood 在 1994 年提出的，由于 LBP 特征计算简单、效果较好，因此 LBP 特征在计算机视觉的许多领域都得到了广泛的应用。

1. LBP 特征描述

原始的 LBP 算子定义在 3×3 的窗口内,以窗口中心像素为阈值,将相邻的 8 个像素的灰度值与其进行比较,如果周围像素值大于中心像素值,则该像素点的位置被标记为 1,否则为 0。这样,3×3 邻域内的 8 个点经比较可产生 8 位二进制数(通常转换为十进制数即 LBP 码,共 256 种),即得到该窗口中心像素点的 LBP 值,并用这个值来反映该区域的纹理信息,如图 9-28 所示。

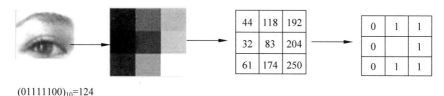

$$(01111100)_{10}=124$$

图 9-28　区域的纹理信息

LBP 值是从左上角像素顺时针旋转得到的结果,如图 9-29 所示。

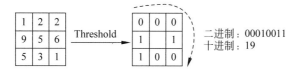

图 9-29　顺时针得到的 LBP 值

用公式来进行定义如下:

$$\mathrm{LBP}(x_c,y_c)=\sum_{p=0}^{p-1}2^p s(i_p-i_c)$$

其中,(x_c,y_c) 表示 3×3 邻域内的中心元素,它的像素值为 i_c,i_p 代表邻域内其他像素的值。$s(x)$ 是符号函数,定义如下。

$$s(x)=\begin{cases}1, & x>0\\0, & \text{其他}\end{cases}$$

对于一幅大小为 $W\times H$ 的图像,因为边缘的像素无法计算 8 位的 LBP 值,所以将 LBP 值转换为灰度图像时,它的大小是 $(W-2)\times(H-2)$。

LBP 算子利用了周围点与该点的关系对该点进行量化。量化后可以更有效地消除光照对图像的影响。只要光照的变化不足以改变两个点像素值之间的大小关系,那么 LBP 算子的值不会发生变化,所以一定程度上,基于 LBP 的识别算法解决了光照变化的问题,但是当图像光照变化不均匀时,各像素间的大小关系被破坏,对应的 LBP 模式也就发生了变化。

2. 圆形 LBP 算子

原始 LBP 特征使用的是固定邻域内的灰度值,当图像的尺度发生变化时,LBP 特征的编码将会发生变换,LBP 特征将不能正确地反映像素点周围的纹理信息,因此研究人员对其进行了改进。基本的 LBP 算子的最大缺陷在于它只覆盖了一个固定半径范围内的小区域,只局限在 3×3 的邻域内,对于较大图像大尺度的结构不能很好地提取需要的纹理特征,因此研究者们对 LBP 算子进行了扩展。

新的 LBP 算子 LBP_p^R 计算不同半径邻域大小和不同像素点数的特征值,其中,p 表示周围像素点个数,R 表示邻域半径,同时把原来的方形邻域扩展到了圆形,图 9-30 给出了三种扩展后的 LBP 例子,其中,R 可以是小数。

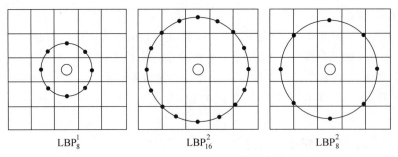

图 9-30　三种扩展后的 LBP 例子

对于没有落到整数位置的点,根据轨道内离其最近的两个整数位置像素灰度值,利用双线性插值的方法可以计算它的灰度值。

该算子的计算公式与原始的 LBP 描述算子计算方法相同,区别在于邻域的选择上。

3. 旋转不变 LBP 特征

从 LBP 的定义可以看出,LBP 算子不是旋转不变的。图像的旋转就会得到不同的 LBP 值。所以 Maenpaa 等人又将 LBP 算子进行了扩展,提出了具有旋转不变性的 LBP 算子,即不断旋转圆形邻域得到一系列初始定义的 LBP 值,取其最小值作为该邻域的 LBP 值。即

$$\text{LBP}_p^{r_i}, R = \min\{\text{ROR}(\text{LBP}_p^R, i) \mid i = 0, 1, \cdots, p-1\}$$

其中,$\text{ROR}(x, i)$ 指沿顺时针方向旋转 LBP 算子 i 次,如图 9-31 所示。

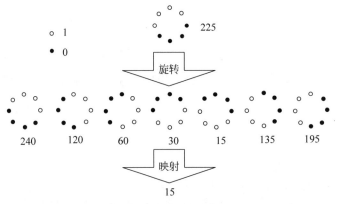

图 9-31　旋转 LBP 算子 i

图 9-31 给出了求取旋转不变的 LBP 的过程示意图,算子下方的数字表示该算子对应的 LBP 值,图中所示的 8 种 LBP 模式,经过旋转不变的处理,最终得到的具有旋转不变性的 LBP 值为 15。也就是说,图中的 8 种 LBP 模式对应的旋转不变的 LBP 模式都是 00001111。

4. Uniform Pattern LBP 特征

Uniform Pattern 也被称为等价模式或均匀模式,由于一个 LBP 特征有多种不同的二进制形式,对于半径为 R 的圆形区域内含有 P 个采样点的 LBP 算子将会产生 2^P 种模式。很显然,随着邻域集内采样点数的增加,二进制模式的种类是以指数形式增加的。例如,5×5 邻域内有 20 个采样点,则有 $2^{20} = 1\,048\,576$ 种二进制模式。这么多的二进制模式不利于纹理的提取、分类、识别及存取。例如,将 LBP 算子用于纹理分类或人脸识别时,常采用 LBP 模式的统计直方图来表达图像的信息,而较多的模式种类将使得数据量过大,且直方图过于稀疏。因此,需要对原始的 LBP 模式进行降维,使得在数据量减少的情况下能最好地表示图像的信息。

为了解决二进制模式过多的问题,提高统计性,Ojala 提出了采用"等价模式"(Uniform Pattern)来对 LBP 算子的模式种类进行降维。Ojala 等认为,在实际图像中,绝大多数 LBP 模式最多只包含两次从 1 到 0 或从 0 到 1 的跳变。因此,Ojala 将"等价模式"定义为:当某个 LBP 所对应的循环二进制数从 0 到 1 或从 1 到 0 最多有两次跳变时,该 LBP 所对应的二进制就称为一个等价模式类。如 00000000(0 次跳变),00000111(只含一次从 0 到 1 的跳变),10001111(先由 1 跳到 0,再由 0 跳到 1,共两次跳变)都是等价模式类。除等价模式类以外的模式都归为另一类,称为混合模式类,例如 10010111(共四次跳变)。

如图 9-32 所示的 LBP 值属于等价模式类。

图 9-32 等价模式类

图 9-33 中包含四次跳变,属于非等价模式。

通过这样的改进,二进制模式的种类大大减少,而不会丢失任何信息。模式数量由原来的 2^P 种减少为 $P(P-1)+2$ 种,其中,P 表示邻域集内的采样点数。对于 3×3 邻域内的 8 个采样点来说,二进制模式由原始的 256 种减少为 58 种,即:它把值分为 59 类,58 个 Uniform Pattern 为一类,其他的所有值为第 59 类。这样直方图就从原来的 256 维变成 59 维。这使得特征向量的维数更少,并且可以减少高频噪声带来的影响。

图 9-33 非等价模式

等价特征的具体实现:采样点数目为 8 个,即 LBP 特征值有 2^8 种,共 256 个值,正好对应灰度图像的 0~255,因此原始的 LBP 特征图像是一幅正常的灰度图像,而等价模式 LBP 特征,根据 0-1 跳变次数,将这 256 个 LBP 特征值分为 59 类,从跳变次数上划分:跳变 0 次——2 个,跳变 1 次——0 个,跳变 2 次——56 个,跳变 3 次——0 个,跳变 4 次——140 个,跳变 5 次——0 个,跳变 6 次——56 个,跳变 7 次——0 个,跳变 8 次——2 个。共 9 种跳变情况,将这 256 个值进行分配,跳变小于 2 次的为等价模式类,共 58 个,它们对应的值按照从小到大分别编码为 1~58,即它们在 LBP 特征图像中的灰度值为 1~58,而除了等价模式类之外的混合模式类被编码为 0,即它们在 LBP 特征中的灰度值为 0,因此等价模式 LBP 特征图像整体偏暗。

5. 实现

在 OpenCV 中实现了 LBP 特征的计算,但没有提供一个单独的计算 LBP 特征的接口,所以下面使用 skimage 演示该算法。

skimage 即 Scikit-Image。Scikit-Image 是基于 SciPy 的一款图像处理包,它将图片作为 NumPy 数组进行处理。安装方法:

```
pip install scikit-image
```

skimage 包的全称是 scikit-image SciKit(toolkit for SciPy),它对 scipy.ndimage 进行了扩展,提供了更多的图片处理功能。它是由 Python 语言编写的,由 SciPy 社区开发和维护。skimage 包由许多的子模块组成,各个子模块提供不同的功能。其中,feature 模块用于进行特征检测与提取,使用的 API 是:

```
skimage.feature.local_binary_pattern(image, P, R, method = 'default')
```

函数的各参数含义如下。

- image：输入的灰度图像。
- P,R：进行 LBP 算子计算时的半径和像素点数。
- method：算法类型{'default', 'ror', 'nri-uniform', 'var'}。

default：默认，原始的 LBP 特征。

ror：圆形 LBP 算子。

nri-uniform：等价 LBP 算子。

var：旋转不变 LBP 算子。

【例 9-8】 对给定的原始图像提取 LBP 特征。

```python
import cv2 as cv
from skimage.feature import local_binary_pattern
import matplotlib.pyplot as plt
'''读取图像'''
img = cv.imread("face.jpeg")
face = cv.cvtColor(img,cv.COLOR_BGR2GRAY)
'''特征提取'''
#需要的参数
#LBP算法中范围半径的取值
radius = 1
#领域像素点数
n_points = 8 * radius
#原始 LBP 特征
lbp = local_binary_pattern(face, 8, 1)
#圆形 LBP 特征
clbp = local_binary_pattern(face,n_points,radius,method = "ror")
#旋转不变 LBP 特征
varlbp = local_binary_pattern(face,n_points,radius,method = "var")
#等价特征
uniformlbp = local_binary_pattern(face,n_points,radius,method = "nri-uniform")

fig,axes = plt.subplots(nrows = 2,ncols = 2,figsize = (10,8))
axes[0,0].imshow(lbp,'gray')
axes[0,0].set_title("原始的 LBP 特征")
axes[0,0].set_xticks([])
axes[0,0].set_yticks([])
axes[0,1].imshow(clbp,'gray')
axes[0,1].set_title("圆形 LBP 特征")
axes[0,1].set_xticks([])
axes[0,1].set_yticks([])
axes[1,0].imshow(varlbp,'gray')
axes[1,0].set_title("旋转不变 LBP 特征")
axes[1,0].set_xticks([])
axes[1,0].set_yticks([])
axes[1,1].imshow(uniformlbp,"gray")
axes[1,1].set_title("等价特征")
axes[1,1].set_xticks([])
axes[1,1].set_yticks([])
plt.show()
```

运行程序，效果如图 9-34 所示。

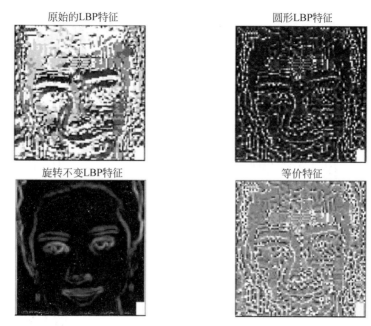

原始的LBP特征　　　　圆形LBP特征

旋转不变LBP特征　　　　等价特征

图 9-34　提取 LBP 特征效果

9.5.2　HOG 算法

HOG(Histogram of Oriented Gridients)特征检测算法,最早是由法国研究员 Dalal 等在 CVPR-2005 上提出来的一种解决人体目标检测的图像描述子,是一种用于表征图像局部梯度方向和梯度强度分布特性的描述符。其主要思想是:在边缘具体位置未知的情况下,边缘方向的分布也可以很好地表示行人目标的外形轮廓。

HOG 特征检测算法的几个步骤:颜色空间归一化→计算梯度→梯度方向直方图→重叠块直方图归一化→HOG 特征,如图 9-35 所示。

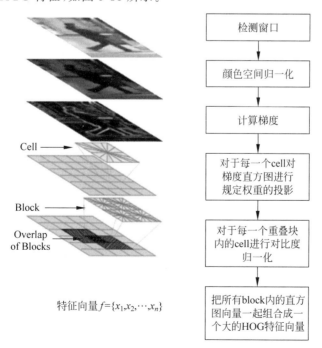

Cell

Block

Overlap of Blocks

特征向量 $f=\{x_1, x_2, \cdots, x_n\}$

检测窗口

↓

颜色空间归一化

↓

计算梯度

↓

对于每一个cell对梯度直方图进行规定权重的投影

↓

对于每一个重叠块内的cell进行对比度归一化

↓

把所有block内的直方图向量一起组合成一个大的HOG特征向量

图 9-35　HOG 特征检测的步骤

HOG 特征检测的整个算法流程如下。

（1）将输入图像（要检测的目标或者扫描窗口）灰度化，即将彩色图转换为灰度图。

（2）颜色空间归一化：采用 Gamma 校正法对输入图像进行颜色空间的标准化（归一化），目的是调节图像的对比度，降低图像局部的阴影和光照变化所造成的影响，同时可以抑制噪声的干扰。

（3）梯度计算：计算图像每个像素的梯度（包括大小和方向）；主要是为了捕获轮廓信息，同时进一步弱化光照的干扰。

（4）梯度方向直方图：将图像划分成小 cell（如 $8×8$px/cell），统计每个 cell 的梯度直方图（不同梯度的个数），即可形成每个 cell 的描述符。

（5）重叠直方图归一化：将每几个 cell 组成一个 block（如 $3×3$ 个 cell/block），一个 block 内所有 cell 的特征串联起来便得到该 block 的 HOG 特征描述符。

（6）HOG 特征：将图像内的所有 block 的 HOG 特征描述符串联起来就可以得到该图像（要检测的目标）的 HOG 特征描述符，就得到最终的可供分类使用的特征向量了。

1. 颜色空间归一化

由于图像的采集环境、装置等因素，采集到的人脸图像效果可能不是很好，容易出现误检或漏检的情况，所以需要对采集到的人脸进行图像预处理，主要是处理光线太暗或太强的情况，这里有两次处理：图像灰度化、伽马（Gamma）校正。

1）图像灰度化

对于彩色图像，将 RGB 分量转换成灰度图像，其转换公式为：

$$\text{Gray} = 0.3 × R + 0.59 × G + 0.11 × B$$

2）Gamma（伽马）校正

在图像照度不均匀的情况下，可以通过 Gamma 校正，将图像整体亮度提高或降低。在实际中可以采用两种不同的方式进行 Gamma 标准化、平方根、对数法。这里采用平方根的办法，公式如下（其中 $\gamma = 0.5$）：

$$Y(x,y) = I(x,y)^{\gamma}$$

其中，$I(x,y)$ 是图像在伽马校正前像素点 (x,y) 处的灰度值，$Y(x,y)$ 为标准化的像素点 (x,y) 处的灰度值。伽马校正如图 9-36 所示。

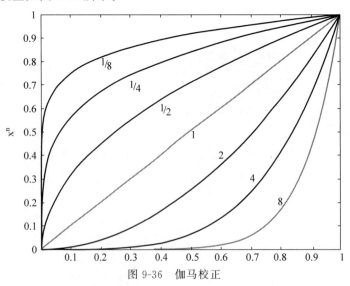

图 9-36 伽马校正

从图 9-36 中可以看出：

（1）当 $\gamma < 1$ 时，输入图像的低灰度值区域动态范围变大，进而图像低灰度值区域对比度

得以增强；在高灰度值区域,动态范围变小,进而图像高灰度值区域对比度得以降低。最终,图像整体的灰度变亮。

（2）当 $\gamma>1$ 时,输入图像的高灰度值区域动态范围变小,进而图像低灰度值区域对比度得以降低；在高灰度值区域,动态范围变大,进而图像高灰度值区域对比度得以增强。最终,图像整体的灰度变暗。

2. 图像梯度计算

图像梯度基本是利用一阶微分求导处理,这样不仅能够捕获轮廓、人影以及一些纹理信息,还能进一步弱化光照的影响。很多一阶微分算子最终结果表明 $[-1,0,1]$ 和 $[1,0,-1]^{\mathrm{T}}$ 算子效果最好,而由此可以给出梯度在 $[-1,0,1]$ 和 $[-1,0,1]^{\mathrm{T}}$ 算子下的定义:

$$G_x(x,y)=I(x+1,y)-I(x-1,y)$$
$$G_y(x,y)=I(x,y+1)-I(x,y-1)$$

此处 $I(x,y)$ 为图像在像素点 (x,y) 处的灰度值, $G_x(x,y)$ 和 $G_y(x,y)$ 分别是图像在像素点 (x,y) 处的水平梯度和垂直梯度。由此可给出像素点 (x,y) 处的梯度幅值及梯度方向定义:

$$G(x,y)=\sqrt{G_x(x,y)^2+G_y(x,y)^2} \tag{9-2}$$

$$\alpha(x,y)=\tan^{-1}\left(\frac{G_y(x,y)}{G_x(x,y)}\right) \tag{9-3}$$

其中, $G_x(x,y)$ 为像素点 (x,y) 处的梯度幅值, $\alpha(x,y)$ 为像素点 (x,y) 处的梯度方向。利用该算子计算梯度不仅效果好,而且运算量低。

3. 梯度直方图计算

Dalal 的结果表明,梯度方向为无符号且通道数为 9 时能得到最好的检测结果,此时梯度方向的一个通道即为 $180°\div9=20°$,所有的梯度方向通道示意图如图 9-37 所示。

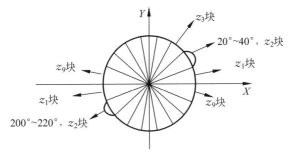

图 9-37 梯度直方图

4. 双重块直方图归一化

由于图像的局部曝光度以及前景与背景之间的对比度存在多样化的情况,所以梯度值的变化范围非常广,引进归一化的直方图对于检测结果的提高有着非常重要的作用。

在上一步中,在每一个 cell 中创建了梯度方向直方图,在这一步中,将在 block 中进行梯度直方图的归一化,每一个 block 是由 $2\times2=4$ 个 cell 构成,如图 9-38 所示。图中的每个 block 中梯度直方图应该是 $4\times9=36$ 维的。

在解释直方图是如何进行归一化之前,先来看看长度为 3 的向量是如何进行归一化的:假设一个像素向量为 $[128,64,32]$,向量的长度则为 sqrt$\{128^2+64^2+32^2\}=146.64$,这也被称为向量的 L2 范

图 9-38 构建的单元格

数。将向量的每一个元素除以 146.64 得到归一化向量 $[0.87, 0.43, 0.22]$。

将一个 block 中的梯度直方图串联成一个 $36×1$ 维向量,并进行归一化,就得到了该 block 内的特征,因为 block 之间是有重叠的,也就是说,每个 cell 中的特征会多次出现在不同的 block 中。

5. 收集 HOG 特征

上一步中,得到一个 block 的归一化后的梯度方向直方图,现在只需遍历检测图像中所有的 block 便可以得到整个图像的梯度方向直方图,这就要求解 HOG 的特征向量。

如图 9-39 所示,block 与 block 之间是可以重叠的。假设检测图像大小为 $(64×128)$,其 x 方向有 $(64-8×x)/8=7$ 个 block,其中,64 为检测图像的宽度,第一个 8 为 cell 宽度,2 为一个 block 块中的 cell 单元宽度,第二个 8 为 block 的滑动增量。同理,y 方向有 $(128-8×2)/8+1=15$ 个 block,其中,128 为检测图像的高度,第一个 8 为 cell 高度,2 为一个 block 中的 cell 单元高度,第二个 8 为 block 的滑动增量。因此一共有 $7×15=105$ 个 block,每一个 block 中梯度直方图的维数为 36,那么检测图像为 $(64×128)$ 的 HOG 特征向量的维数为 $105×36=3780$。将其显示在图像上如图 9-40 所示。

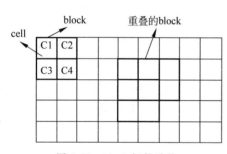

图 9-39　block 间的重叠　　　　　图 9-40　HOG 特征向量的维数

从图 9-40 中可以发现,直方图的主要方向捕捉了人的外形,尤其是躯干和腿的部位。得到归一化的 HOG 特征之后,就可以使用分类器对行人进行检测,例如,使用支持向量机(SVM)进行人与背景的分类,如图 9-41 所示。

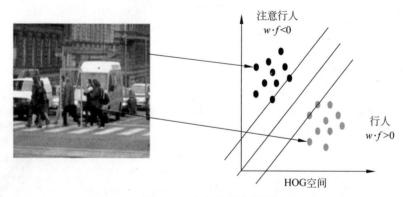

图 9-41　人与背景的分类

6. HOG 实现

OpenCV 提供了计算 HOG 特征的 API,实现 HOG 特征提取的流程如下。

(1) 实例化 HOG 特征提取算子,使用的 API 是:

```
hog = cv2.HOGDescriptor(winSize,blockSize,blockStride,cellSize,nbins)
```

各参数的含义如下。

- winSize：检测窗口的大小。
- blockSize：block 的大小。
- blockStride：block 的滑动步长。
- cellSize：cell 的大小。
- nbins：统计梯度的方向的数目，一般取为 9，即在一个 cell 中计算 9 个方向的梯度直方图。
- hog：实例化后的 HOG 特征检测对象。

(2) 搜索整个图像，计算图像的 HOG 特征，调用 compute()函数。

```
hogDes = hog.compute(img, winStride, padding)
```

各参数的含义如下。

- img：输入图像。
- winStride：检测窗口的滑动步长。
- padding：填充，在图像的周围填充点对边界进行处理。
- hogDes：整幅图像的 HOG 特征描述符，当 padding 为默认的(0,0)时，特征向量的维数为：$\big[(\text{img\_size-window\_size})/\text{window\_stride}+1\big]\times$（每个检测窗口中的特征维数）。

【例 9-9】 提取图像的 HOG 特征。

```
import cv2
import numpy as np
import math
import matplotlib.pyplot as plt

class Hog_descriptor():
    def __init__(self, img, cell_size = 16, bin_size = 8):
        self.img = img
        self.img = np.sqrt(img / np.max(img))
        self.img = img * 255
        self.cell_size = cell_size
        self.bin_size = bin_size
        self.angle_unit = 360 / self.bin_size

    def extract(self):
        height, width = self.img.shape
        # 计算图像的梯度大小和方向
        gradient_magnitude, gradient_angle = self.global_gradient()
        gradient_magnitude = abs(gradient_magnitude)
        cell_gradient_vector = np.zeros((int(height / self.cell_size), int(width / self.cell_
size), self.bin_size))
        for i in range(cell_gradient_vector.shape[0]):
            for j in range(cell_gradient_vector.shape[1]):
                # cell 内的梯度大小
                cell_magnitude = gradient_magnitude[i * self.cell_size:(i + 1) * self.
cell_size,
                                         j * self.cell_size:(j + 1) * self.cell_size]
                # cell 内的梯度方向
                cell_angle = gradient_angle[i * self.cell_size:(i + 1) * self.cell_size,
```

```
                                       j * self.cell_size:(j + 1) * self.cell_size]
                    #转换为梯度直方图格式
                    cell_gradient_vector[i][j] = self.cell_gradient(cell_magnitude, cell_
angle)
        #绘制梯度直方图
        hog_image = self.render_gradient(np.zeros([height, width]), cell_gradient_vector)
        # block 组合、归一化
        hog_vector = []
        for i in range(cell_gradient_vector.shape[0] - 1):
            for j in range(cell_gradient_vector.shape[1] - 1):
                block_vector = []
                block_vector.extend(cell_gradient_vector[i][j])
                block_vector.extend(cell_gradient_vector[i][j + 1])
                block_vector.extend(cell_gradient_vector[i + 1][j])
                block_vector.extend(cell_gradient_vector[i + 1][j + 1])
                mag = lambda vector: math.sqrt(sum(i ** 2 for i in vector))
                magnitude = mag(block_vector)
                if magnitude != 0:
                    normalize = lambda block_vector, magnitude: [element / magnitude for
element in block_vector]
                    block_vector = normalize(block_vector, magnitude)
                hog_vector.append(block_vector)
        return hog_vector, hog_image

    def global_gradient(self):
        gradient_values_x = cv2.Sobel(self.img, cv2.CV_64F, 1, 0, ksize = 5)
        gradient_values_y = cv2.Sobel(self.img, cv2.CV_64F, 0, 1, ksize = 5)
        gradient_magnitude = cv2.addWeighted(gradient_values_x, 0.5, gradient_values_y, 0.5, 0)
        gradient_angle = cv2.phase(gradient_values_x, gradient_values_y, angleInDegrees = True)
        return gradient_magnitude, gradient_angle

    def cell_gradient(self, cell_magnitude, cell_angle):
        orientation_centers = [0] * self.bin_size
        for i in range(cell_magnitude.shape[0]):
            for j in range(cell_magnitude.shape[1]):
                gradient_strength = cell_magnitude[i][j]
                gradient_angle = cell_angle[i][j]
                min_angle, max_angle, mod = self.get_closest_bins(gradient_angle)
                orientation_centers[min_angle] += (gradient_strength * (1 - (mod / self.
angle_unit)))
                orientation_centers[max_angle] += (gradient_strength * (mod / self.angle_
unit))
        return orientation_centers
    def get_closest_bins(self, gradient_angle):
        idx = int(gradient_angle / self.angle_unit)
        mod = gradient_angle % self.angle_unit
        return idx, (idx + 1) % self.bin_size, mod
    def render_gradient(self, image, cell_gradient):
        cell_width = self.cell_size / 2
        max_mag = np.array(cell_gradient).max()
        for x in range(cell_gradient.shape[0]):
            for y in range(cell_gradient.shape[1]):
                cell_grad = cell_gradient[x][y]
                cell_grad /= max_mag
                angle = 0
                angle_gap = self.angle_unit
                for magnitude in cell_grad:
```

```
                        angle_radian = math.radians(angle)
                        x1 = int(x * self.cell_size + magnitude * cell_width * math.cos
(angle_radian))
                        y1 = int(y * self.cell_size + magnitude * cell_width * math.sin
(angle_radian))
                        x2 = int(x * self.cell_size - magnitude * cell_width * math.cos
(angle_radian))
                        y2 = int(y * self.cell_size - magnitude * cell_width * math.sin
(angle_radian))
                        cv2.line(image, (y1, x1), (y2, x2), int(255 * math.sqrt(magnitude)))
                        angle += angle_gap
            return image
img = cv2.imread('1.jpg', cv2.IMREAD_GRAYSCALE)
hog = Hog_descriptor(img, cell_size = 8, bin_size = 9)
vector, image = hog.extract()
#输出图像的特征向量 shape
print(np.array(vector).shape)
plt.imshow(image, cmap = plt.cm.gray)
plt.show()
```

运行程序,效果如图 9-42 所示。

(a) 原图   (b) HOG特征图

图 9-42　HOG 特征提取效果

9.6　颜色特征

颜色特征是一种全局特征,描述了图像或图像区域所对应的景物的表面性质。一般颜色特征是基于像素点的特征,此时所有属于图像或图像区域的像素都有各自的贡献。由于颜色对图像或图像区域的方向、大小等变化不敏感,所以颜色特征不能很好地捕捉图像中对象的局部特征。另外,仅使用颜色特征查询时,如果数据库很大,常会将许多不需要的图像也检索出来。颜色直方图是最常用的表达颜色特征的方法,其优点是不受图像旋转和平移变化的影响,进一步借助归一化还可不受图像尺度变化的影响,其缺点是没有表达出颜色空间分布的信息。

9.6.1　直方图特征

对颜色特征的表达方式有许多种,我们采用直方图进行特征描述。常见的直方图有两种:统计直方图,累积直方图。下面将分别实验两种直方图在图像聚类和检索中的性能。

1. 统计直方图

为利用图像的特征描述图像,可借助特征的统计直方图。图像特征的统计直方图实际是

一个 1-D 的离散函数,即

$$H(k) = \frac{n_k}{N}, \quad k = 0, 1, 2, \cdots, L - 1$$

式中,k 代表图像的特征取值,L 是特征可取值个数,n_k 是图像中具有特征值为 k 的像素的个数,N 是图像像素的总数,一个示例如图 9-43 所示:其中有 8 个直方条,对应图像中的 8 种灰度像素在总像素中的比例。

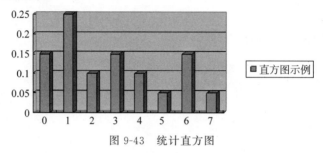

图 9-43   统计直方图

2. 累积直方图

图像特征统计的累积直方图也是一个 1-D 的离散函数,即上式中的各个参数含义同前,与图 9-43 对应的累积直方图如图 9-44 所示。

$$I(k) = \sum_{i=0}^{k} \frac{n_k}{N}, \quad k = 0, 1, 2, \cdots, L - 1$$

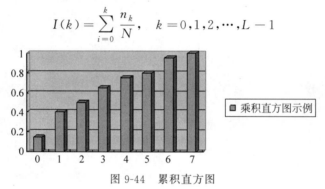

图 9-44   累积直方图

3. 直方图相似度量

得到图像特征的统计直方图后,不同图像之间的特征匹配可借助计算直方图间的相似度量来进行,以下介绍几种常见的直方图的相似度量方法。

1) 直方图相交法

令 $H_Q(k)$ 和 $H_D(k)$ 分别为两幅图像某一特征的统计直方图,则两图像之间的匹配值 $P(D, Q)$ 可代表直方图相交来实现,即

$$P(D, Q) = \frac{\sum_{k=0}^{L-1} \min[H_Q(k), H_D(k)]}{\sum_{k=0}^{L-1} H_Q(k)}$$

2) 直方图匹配法

直方图间的距离可使用一般的欧氏距离函数 $M_E(Q, D)$ 来衡量:

$$M_E(Q, D) = \sqrt{\sum_{k=0}^{L} [H_Q(i) - H_D(i)]^2}$$

可以实验多种相似性度量准则,研究它们之间的差异,找出对于某类图像,哪种相似性度

量能更加准确地描述两幅图像之间的相似程度。

3）直方图交叉核法

直方图交叉核又称为金字塔匹配内核，该核是一种基于隐式对应关系的内核函数，解决了无序、可变长度的矢量集合的判别分类的问题。这个内核的基本思想是将特征集映射到多分辨率超平面中去，然后对这些超平面进行比较。比较时采用一种加权的超平面交集的比较方法，从而粗略地估计出特征集之间最好的局部匹配的相似度。之所以叫这个内核为"金字塔匹配内核"，是因为所有的输入集合都要被转换为多分辨率的超平面。

【例 9-10】 绘制图像的一般颜色直方图。

```python
from matplotlib import pyplot as plt
from skimage import data, exposure

# 中文显示工具函数
def set_ch():
    from pylab import mpl
    mpl.rcParams['font.sans-serif'] = ['FangSong']
    mpl.rcParams['axes.unicode_minus'] = False

set_ch()
img = data.coffee()
# 计算直方图
histogram_r = exposure.histogram(img[:, :, 0], nbins=256)
histogram_g = exposure.histogram(img[:, :, 1], nbins=256)
histogram_b = exposure.histogram(img[:, :, 2], nbins=256)
plt.figure()
plt.subplot(221)
plt.axis('off')
plt.title('原始图像')
plt.imshow(img)
plt.subplot(222)
plt.axis('off')
plt.title('R 通道直方图')
plt.imshow(histogram_r)
plt.subplot(223)
plt.axis('off')
plt.title('G 通道直方图')
plt.imshow(histogram_g)
plt.subplot(224)
plt.axis('off')
plt.title('B 通道直方图')
plt.imshow(histogram_b)
plt.show()
```

运行程序，效果如图 9-45 所示。

提示：

（1）一般颜色直方图对图像的旋转、小幅平移、小幅缩放等变换不敏感，对图像质量的变化（如增加噪声）也不敏感，所以一般颜色直方图法适用于对难以进行语义分割的图像和无须考虑空间位置的图像进行描述。

（2）计算机的固有量化机制导致一般颜色直方图法会忽略颜色间的相似性。

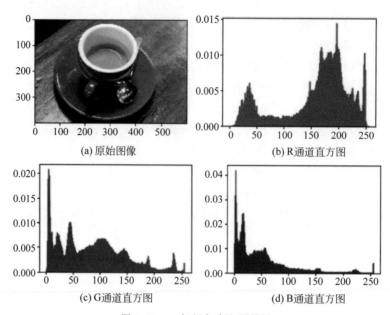

(a) 原始图像　　　　　　　　(b) R通道直方图

(c) G通道直方图　　　　　　　(d) B通道直方图

图 9-45　一般颜色直方图效果

9.6.2　颜色矩

颜色矩(ColorMoments)是一种非常简单而且有效的图像颜色特征描述方法。图像中的任何颜色分布都可以用它的矩来表示这种方法的数学基础。另外,由于图像的颜色分布信息主要集中在低阶矩中,用颜色直方图特征的一阶矩(均值)、二阶中心距(方差)和三阶中心距(斜度)就可以表达图像的颜色特征。与颜色直方图相比,该方法的另一个优点在于无须对图像颜色进行量化,与此同时又降低了图像颜色特征维数。

(1)一阶颜色矩阵,反映图像明显程度,表示为:

$$\mu_i = \frac{1}{N} \sum_{j=1}^{N} p_{ij}$$

p_{ij} 表示第 j 个像素的第 i 个颜色通道的值。

(2)二阶颜色矩,反映图像颜色分布范围,表示为:

$$\sigma_i = \left(\frac{1}{N} \sum_{j=1}^{N} (p_{ij} - \mu_i)^2 \right)^{\frac{1}{2}}$$

(3)三阶颜色矩,反映图像颜色分布对称性,表示为:

$$s_i = \left(\frac{1}{N} \sum_{j=1}^{N} (p_{ij} - \mu_i)^3 \right)^{\frac{1}{3}}$$

【例 9-11】　打印给定图像的颜色矩。

```python
from matplotlib import pyplot as plt
from skimage import data, exposure
import numpy as np
from scipy import stats

# 中文显示工具函数
def set_ch():
    from pylab import mpl
    mpl.rcParams['font.sans-serif'] = ['FangSong']
    mpl.rcParams['axes.unicode_minus'] = False
```

```
set_ch()
image = data.coffee()
♯求 RGB 图像的颜色矩特征,共 9 维特征
♯定义 3×3 数组,分别对 RGB 图像的三个通道求均值、方差、偏移量
features = np.zeros(shape = (3, 3))
for k in range(image.shape[2]):
    mu = np.mean(image[:, :, k])                    ♯求均值
    delta = np.std(image[:, :, k])                  ♯求方差
    skew = np.mean(stats.skew(image[:, :, k]))      ♯求偏移量
    features[0, k] = mu
    features[1, k] = delta
    features[2, k] = skew
print(features)
```

运行程序,输出如下。

```
[[ 158.5690875     85.794025     51.48475    ]
 [  62.97286712    60.95810371   52.93569362]
 [ - 0.71812328     0.53207991    1.36080834]]
```

9.6.3 颜色相关图

传统的颜色直方图只刻画了某一种颜色的像素数目占像素总数目的比例,只是一种全局的统计关系,而颜色相关图则表达了颜色随距离变换的空间关系,也就是颜色相关图不仅包含图像颜色统计信息,同时包括颜色之间的空间关系。颜色相关图比颜色直方图具有更高的检索效率,特别是查询空间关系一致的图像。

假设 I 表示整张图像的全部像素,$I_{c_{(i)}}$ 则表示颜色为 $c_{(i)}$ 的所有像素。颜色相关图可表示为:

$$\gamma_{c_i,c_j}^{(k)}(I)\underset{=}{\Delta}\underset{p_1\in I_{c_1},p_2\in I}{\Pr}\{p_2\in I_{c_j}\,\|\,p_1-p_2\,\|\,=k\}$$

其中,$i,j\in\{1,2,\cdots,N\}$,$k\in\{1,2,\cdots,d\}$,$|p_1-p_2|$ 表示像素 p_1 和 p_2 之间的距离。颜色相关图可以看作是一张用颜色对<i,j>索引的表,其中,<i,j>的第 k 个分量表示颜色为 $c_{(i)}$ 的像素和颜色为 $c_{(j)}$ 的像素之间的距离小于 k 的概率。如果考虑到任何颜色之间的相关性,颜色相关图会变得非常复杂和庞大(空间复杂度为 $O(N^2)$)。一种简化的变种是颜色自动相关图,它仅考察具有相同颜色的像素间的空间关系,因此空间复杂度降到 $O(Nd)$。

【例 9-12】 绘制图像的颜色相关图。

```
from matplotlib import pyplot as plt
from skimage import data, exposure
import numpy as np
from scipy import stats

♯中文显示工具函数
def set_ch():
    from pylab import mpl
    mpl.rcParams['font.sans - serif'] = ['FangSong']
    mpl.rcParams['axes.unicode_minus'] = False
set_ch()
def isValid(X, Y, point):
    """
    判断某个像素是否超出图像空间范围
    """
    if point[0] < 0 or point[0] > = X:
        return False
```

```python
        if point[1] < 0 or point[1] >= Y:
            return False
    return True

def getNeighbors(X, Y, x, y, dist):
    """
    根据不同距离查找邻像素
    """
    cn1 = (x + dist, y + dist)
    cn2 = (x + dist, y)
    cn3 = (x + dist, y - dist)
    cn4 = (x, y - dist)
    cn5 = (x - dist, y - dist)
    cn6 = (x - dist, y)
    cn7 = (x - dist, y + dist)
    cn8 = (x, y + dist)
    points = (cn1, cn2, cn3, cn4, cn5, cn6, cn7, cn8)
    Cn = []
    for i in points:
        if (isValid(X, Y, i)):
            Cn.append(i)
    return Cn

def corrlogram(image, dist):
    XX, YY, tt = image.shape
    cgram = np.zeros((256, 256), dtype = np.int)
    for x in range(XX):
        for y in range(YY):
            for t in range(tt):
                color_i = image[x, y, t]
                neighbors_i = getNeighbors(XX, YY, x, y, dist)
                for j in neighbors_i:
                    j0 = j[0]
                    j1 = j[1]
                    color_j = image[j0, j1, t]
                    cgram[color_i, color_j] = cgram[color_i, color_j] + 1
    return cgram
img = data.coffee()
dist = 4
cgram = corrlogram(img, dist)
plt.imshow(cgram)
plt.show()
```

运行程序,效果如图 9-46 所示。

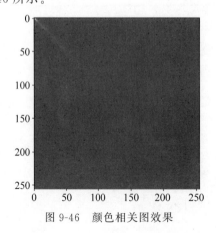

图 9-46　颜色相关图效果

9.7　图像纹理特征提取

纹理是一种反映图像中同质现象的视觉特征,它体现了物体表面的具有重复性或周期性变化的表面结构组织排列属性。纹理有三大特点:重复性、周期性、同质性。

(1)重复性:图像可以看作是某种局部元素在全局区域的不断重复出现。

(2)周期性:图像中的元素并非随机出现,而是按照一定的周期重复出现。

(3)同质性:重复出现的元素在结构和尺寸上大致相同。

纹理特征提取的基本过程如下。

(1)纹理基元建模。

从像素出发,找出纹理基元(即纹理图像中辨识能力比较强的特征),并根据纹理基元的排列信息,建立起纹理基元模型。

(2)整体纹理模型构建。

利用纹理基元模型对纹理图像进行特征提取,以支持对图像的进一步分割、分类以及辨识,形成图像整体纹理模型。

常见的纹理特征提取方法可以分为如下4类。

(1)统计分析法。

(2)结构分析法。

(3)频谱分析法。

(4)局部二值模式。

下面对统计分析法、频谱分析法和局部二值模式这三种方法进行介绍。

1. 统计分析法

统计分析法又称为基于统计纹理特征的检测方法,该方法假设纹理图像在空间灰度分布上,存在某种重复性,通过对纹理图像的灰度空间分布进行计算,从而得到纹理特征。统计分析方法通过统计图像的空间频率、边界频率以及空间灰度依赖关系等来分析纹理。一般来讲,纹理的细致和粗糙程度与空间频率有关。统计分析方法还从描述空间灰度依赖关系的角度出发来分析和描述图像纹理。常用的统计纹理分析方法有:自相关函数(Autocorrelation Features)、边界频率(Edge Frequency)、空间灰度依赖矩阵(the Spatial Grey Level Dependence Matrix, SGLDM)等。相对于结构分析方法,统计分析方法并不刻意去精确描述纹理的结构。从统计学的角度来看,纹理图像是一些复杂的模式,可以通过获得的统计特征集来描述这些模式。

1)自相关函数

自相关函数(Autocorrelation Features,ACF)就是一种常用的空间频率纹理描述方法。在这个方法中,纹理的空间组织用评价基元间线性空间关系的相关系数来描述。自相关函数是用来度量在给定一个位移下的纹理与原来位置的纹理的相似程度。如果在给定方向下,自相关值下降得越快,那么移动后的纹理与原来的纹理就越不相关,也就是移动后的纹理与原来的纹理越不相似,这说明纹理的基元很小;反之,如果自相关值下降得越慢,那么移动后的纹理与原来的纹理就越相关,也就是移动后的纹理与原来的纹理越相似,纹理的基元就越大。如果纹理基元越大,当距离增加时,自相关函数的值就会缓慢地减小,然而如果纹理由小基元构成,它就会很快地减小。如果纹理的基元具有周期性,那么自相关函数就会随着距离而周期地变化。

2)边界频率

与自相关函数方法中用空间频率来区分纹理的粗细不同,边界频率认为纹理可以用每单位面积内的边界来区分纹理。粗糙的纹理由于局部领域内的灰度相似,并没有太大的变化,因而每单位面积内的边界数会较小;细致的纹理由于局部邻域内的灰度变化较快,所以每单位面积内的边界数会较大。

图像区域的边界频率在一定程度上反映了该区域内纹理的粗细程度,边界频率函数就是从这种思路出发来描述纹理的,这种纹理分析方法的缺点是虽然边界频率能部分反映纹理的微结构信息,但这种描述是粗糙的,缺乏微结构形状方面的信息描述。另外,边界频率函数对图像的大小非常敏感,一个改进的办法是用图像的大小去归一化该边界频率函数。

3) 灰度共生矩阵法

共生矩阵用两个位置的像素的联合概率密度来定义,它不仅反映亮度的分布特性,也反映具有同样亮度或接近亮度的像素之间的位置分布特性,是有关图像亮度变化的二阶统计特征。它是定义一组纹理特征的基础。

一幅图像的灰度共生矩阵能反映出图像灰度关于方向、相邻间隔、变化幅度的综合信息,它是分析图像的局部模式和它们排列规则的基础。

设 $f(x,y)$ 为一幅二维数字图像,其大小为 $M \times N$,灰度级别为 N_g,则满足一定空间关系的灰度共生矩阵为:

$$P(i,j) = \#\{(x_1,y_1),(x_2,y_2) \in M \times N \mid f(x_1,y_1)=i, f(x_2,y_2)=j\}$$

其中,$\#(x)$ 表示集合 x 中的元素个数,显然 P 为 $N_g \times N_g$ 的矩阵,如果 (x_1,y_1) 与 (x_2,y_2) 间距为 d,两者与坐标横轴的夹角为 θ,则可以得到各种间距及角度的灰度共生矩阵 $P(i,j,d,\theta)$。

纹理特征提取的一种有效方法是以灰度级的空间相关矩阵即共生矩阵为基础的,因为图像中相距 $(\Delta x, \Delta y)$ 的两个灰度像素同时出现的联合频率分布可以用灰度共生矩阵来表示。如果将图像的灰度级定为 N 级,那么共生矩阵为 $N \times N$ 矩阵,可表示为 $M(\Delta x, \Delta y)(h,k)$,即表示一个灰度为 h 而另一个灰度为 k 的两个相距为 $(\Delta x, \Delta y)$ 的像素对出现的次数。

对粗纹理的区域,其灰度共生矩阵的 m、h、k 值较集中于主对角线附近。因为对于粗纹理,像素对趋于具有相同的灰度。而对于细纹理的区域,其灰度共生矩阵中的 mhk 值则散布在各处。

【例 9-13】 利用统计分析法提取图像纹理。

```python
from matplotlib import pyplot as plt
from skimage.feature import greycomatrix, greycoprops
from skimage import data
import numpy as np

# 中文显示工具函数
def set_ch():
    from pylab import mpl
    mpl.rcParams['font.sans-serif'] = ['FangSong']
    mpl.rcParams['axes.unicode_minus'] = False

    set_ch()
PATCH_SIZE = 21
image = data.camera()
# 选择图像中的草地区域
grass_locations = [(474, 291), (440, 433), (466, 18), (462, 236)]
grass_patches = []
for loc in grass_locations:
    grass_patches.append(image[loc[0]:loc[0] + PATCH_SIZE, loc[1]:loc[1] + PATCH_SIZE])
```

```
#选择图像中的天空区域
sky_locations = [(54, 48), (21, 233), (90, 380), (195, 330)]
sky_patches = []
for loc in sky_locations:
    sky_patches.append(image[loc[0]:loc[0] + PATCH_SIZE, loc[1]:loc[1] + PATCH_SIZE])
#计算每个块中灰度共生矩阵属性
xs = []
ys = []
for patch in (grass_patches + sky_patches):
    glcm = greycomatrix(patch, [5], [0], 256, symmetric = True, normed = True)
    xs.append(greycoprops(glcm, 'dissimilarity')[0, 0])
    ys.append(greycoprops(glcm, 'correlation')[0, 0])
#创建绘图
fig = plt.figure(figsize = (8, 8))
#展现原始图像,以及图像块的位置
ax = fig.add_subplot(3, 2, 1)
ax.imshow(image, cmap = plt.cm.gray, interpolation = 'nearest', vmin = 0, vmax = 255)
for (y, x) in grass_locations:
    ax.plot(x + PATCH_SIZE / 2, y + PATCH_SIZE / 2, 'gs')
for (y, x) in sky_locations:
    ax.plot(x + PATCH_SIZE / 2, y + PATCH_SIZE, 'bs')
ax.set_xlabel('原始图像')
ax.set_xticks([])
ax.set_yticks([])
ax.axis('image')
#对于每个块,plot(dissimilarity,correlation)
ax = fig.add_subplot(3, 2, 2)
ax.plot(xs[:len(grass_patches)], ys[:len(grass_patches)], 'go', label = 'Grass')
ax.plot(xs[:len(sky_patches)], ys[:len(sky_patches)], 'bo', label = 'Sky')
ax.set_xlabel('灰度共生矩阵相似性')
ax.set_ylabel('灰度共生矩阵相关度')
ax.legend()
#展示图像
for i, patch in enumerate(grass_patches):
    ax = fig.add_subplot(3, len(grass_patches), len(grass_patches) * 1 + i + 1)
    ax.imshow(patch, cmap = plt.cm.gray, interpolation = 'nearest', vmin = 0, vmax = 255)
    ax.set_xlabel('Grass %d' % (i + 1))
for i, patch in enumerate(sky_patches):
    ax = fig.add_subplot(3, len(sky_patches), len(sky_patches) * 2 + i + 1)
    ax.imshow(patch, cmap = plt.cm.gray, interpolation = 'nearest', vmin = 0, vmax = 255)
    ax.set_xlabel('Sky %d' % (i + 1))
#展示图像块并显示
fig.suptitle('灰度共生矩阵特征', fontsize = 14)
plt.show()
```

运行程序,效果如图 9-47 所示。

2. 频谱分析法

　　频谱分析法又称为信号处理法和滤波方法。该方法将纹理图像从空间域变换到频域,然后通过计算峰值处的面积、峰值与原点的距离平方、峰值处的相位、两个峰值间的相角差等,获得在空间域不易获得的纹理特征,如周期、功率谱信息等。典型的频谱分析法有二维傅里叶(变换)滤波方法、Gabor(变换)滤波变换和小波方法等。

　　Gabor 变换具有两个重要的特性:一是其良好的空间域与频域局部化性质;二是无论从空间域的起伏特性上、方位选择特性上、空间域与频域选择上,还是从正交相位的关系上,二维Gabor 基函数具有与大多数哺乳动物的视觉表皮简单细胞的二维感知域模型相似的性质。

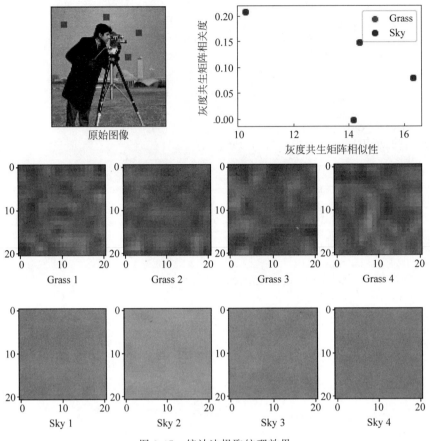

图 9-47 统计法提取纹理效果

Gabor 滤波器的滤波过程如图 9-48 所示。

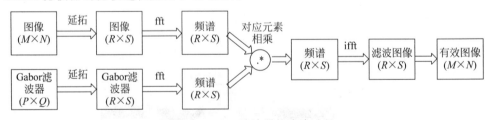

图 9-48 Gabor 滤波器的滤波过程

3. 局部二值模式

LBP(Local Binary Pattern,局部二值模式)是一种用来描述图像局部纹理特征的算子,具有旋转不变性和灰度不变性等显著优点,主要应用于人脸识别和目标检测中。OpenCV 中有使用 LBP 特征进行人脸识别的接口,也有用 LBP 特征训练目标检测分类器的方法,OpenCV 实现了 LBP 特征的计算,但没有提供一个单独的计算 LBP 特征的接口。

在 3×3 的窗口中,以窗口中心像素为阈值,将相邻的 8 个像素的灰度值与其进行比较,若周围像素值大于中心像素值,则该像素点的位置被标记为 1,否则为 0。可以产生 8 位二进制数,将其转换为十进制数便得到了 LBP 编码(256 种),如图 9-49 左上角开始遍历组成二进制数,转换为十进制后为 124,过程如图 9-49 所示。

局部二值模式方法注重像素灰度的变化,符合人类视觉对纹理感知的特点。

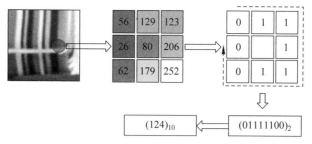

图 9-49　局部二值图像提取纹理过程

【例 9-14】　利用局部二值模式提取图像纹理。

```
import skimage.feature
import skimage.segmentation
import skimage.data
import matplotlib.pyplot as plt

# 中文显示工具函数
def set_ch():
    from pylab import mpl
    mpl.rcParams['font.sans-serif'] = ['FangSong']
    mpl.rcParams['axes.unicode_minus'] = False

set_ch()
img = skimage.data.coffee()
for colour_channel in (0, 1, 2):
    img[:, :, colour_channel] = skimage.feature.local_binary_pattern(img[:, :, colour_channel], 8, 1.0, method='var')
plt.imshow(img)
plt.show()
```

运行程序,效果如图 9-50 所示。

图 9-50　局部二值模式提取纹理效果

第10章

车牌识别分析

随着科技经济的不断发展,汽车开始普及普通的家庭,大量的车辆为停车场的管理带来了新的问题。但是现在的车牌识别技术也越来越先进,先进的车牌识别系统技术可以为用户提供一种崭新的服务模式。司机不需要在出入口停车,当车辆进入停车场入口时,车辆检测器触发,自动抓拍车辆照片,并识别车牌号码,将车牌号码、颜色、车牌特征数据、入场时间信息等传给管理计算机,实现车辆无障碍进入停车场。

10.1　车牌识别流程

车牌识别系统实现的方式分为两种:一种是静态图像图片的识别,另一种是动态视频流的实时识别。静态图像识别技术的识别有效率较大程度上受限于图像的抓拍质量,为单帧图像识别;动态视频流的识别技术适应性较强,识别速度快,它实现了对视频每一帧图像进行识别,增加识别比对次数,择优选取车牌号,关键在于较少地受到单帧图像质量的影响。

车牌识别系统将车牌识别过程的各个环节各自作为一个独立的模块。

(1) 车辆检测跟踪模块。

车辆检测跟踪模块主要对视频流进行分析,判断其中车辆的位置,对图像中的车辆进行跟踪,并在车辆位置最佳时刻,记录该车辆的特写图片,模块中加入了跟踪模块,系统能够很好地克服各种外界的干扰,得到更加合理的识别结果,可以检测无牌车辆并输出结果。

(2) 车牌定位模块。

车牌定位模块是一个十分重要的环节,是后续环节的基础,其准确性对整体系统性能的影响巨大。车牌系统完全摒弃了以往的算法思路,实现了一种完全基于学习的多种特征融合的车牌定位新算法,适用于各种复杂的背景环境和不同的摄像角度。

(3) 车牌矫正及精定位模块。

由于受拍摄条件的限制,图像中的车牌不可避免地存在一定的倾斜,需要一个矫正和精定位环节来进一步提高车牌图像的质量,为切分和识别模块做准备。使用精心设计的快速图像处理滤波器,不仅计算快速,而且利用的是车牌的整体信息,避免了局部噪声带来的影响。使用该算法的另一个优点就是通过对多个中间结果的分析还可以对车牌进行精定位,进一步减少非车牌区域的影响。

（4）车牌切分模块。

车牌系统的车牌切分模块利用了车牌文字的灰度、颜色、边缘分布等各种特征,能较好地抑制车牌周围其他噪声的影响,并能容忍一定倾斜角度的车牌。

（5）车牌识别模块。

在车牌识别系统中,通常采用多种识别模型相结合的方法来进行车牌识别,构建一种层次化的字符识别流程,可有效地提高字符识别的正确率。另一方面,在字符识别之前,使用计算机智能算法对字符图像进行前期处理,不仅可以尽可能地保留图像信息,而且可提高图像质量,提高相似字符的可区分性,保证字符识别的可靠性。

（6）车牌识别结果决策模块。

具体地说,决策模块利用一个车牌经过视野的过程留下的历史记录,对识别结果进行智能化的决策。其通过计算观测帧数、识别结果稳定性、轨迹稳定性、速度稳定性、平均可信度和相似度等度量值得到该车牌的综合可信度评价,从而决定是继续跟踪该车牌,还是输出识别结果,或是拒绝该结果。这种方法大大提高了系统的识别率和识别结果的正确性和可靠性。

（7）车牌跟踪模块。

车牌跟踪模块记录下车辆行驶过程中每一帧中该车车牌的位置以及外观、识别结果、可信度等各种历史信息。由于车牌跟踪模块采用了具有一定容错能力的运动模型和更新模型,使得那些被短时间遮挡或瞬间模糊的车牌仍能被正确地跟踪和预测,最终只输出一个识别结果。

10.2 车牌图像处理与定位

一个完整的车牌识别系统应包括车辆检测、图像采集、图像预处理、车辆定位、字符分割、字符识别、输出车牌号码七个部分。当车辆检测部分检测到车辆到达时触发图像采集单元,采集当前的视频图像。车牌识别单元对图像进行处理,定位出牌照位置,再将牌照中的字符分割出来进行识别,然后组成牌照号码输出。

10.2.1 图像的处理

车牌原图的每个像素点都是 RGB 类型的,这很难区分背景与字符,所以需要对图像进行一些处理,把每个 RGB 定义的像素点都转换成一个比特位(即 0-1 代码),具体方法如下。

1. 图像灰度化

RGB 图像根据三基色原理,每种颜色都可以由红、绿、蓝三种基色按不同的比例构成,所以车牌图像的每个像素都由三个数值来指定红、绿、蓝的颜色分量。灰度图像实际上是一个数据矩阵 I,该矩阵中每个元素的数值都代表一定范围内的亮度值,矩阵 I 可以是整型、双精度,通常 0 代表黑色,255 代表白色。

在 RGB 模型中,如果 $R=G=B$,则表示一种灰度颜色。其中,$R=G=B$ 的值叫作灰度值,由彩色转为灰度的过程称为图像灰度化处理。

2. 二值化

灰度图像二值化在图像处理的过程中有着很重要的作用,图像二值化处理不仅能使数据量大幅减少,还能突出图像的目标轮廓,便于进行后续的图像处理和分析。对车牌灰度图像而言,所谓的二值化处理就是将其像素点的灰度值设置为 0 或 255,从而让整幅图片呈现黑白效果。因此,对灰度图像进行适当的阈值选取,可以在图像二值化的过程中保留某些关键的图像特征。

在车牌图像处理系统中,进行图像二值化的关键是选择合适的阈值,使得车牌字符与背景能够得到有效分割。采用不同的阈值设定方法对车牌图像进行处理也会产生不同的二值化处理结果：阈值设置得过小，则容易误分割，产生噪声，影响二值变换的准确度；阈值设置得过大，则容易过分割，降低分辨率，使噪声信号被视为噪声而被过滤，造成二值变换的目标损失。

3. 边缘检测

边缘是指图像局部亮度变化最显著的部分，在车牌识别系统中，边缘提取对于车牌位置的检测有很重要的作用，常用的边缘检测算子有很多，如 Roberts、Sobel、Prewitt、Laplacian、log 及 canny 等。据实验分析，canny 算子于边缘的检测相对精确，能更多地保留车牌区域的特征信息。

4. 形态学运算

数学形态图像处理的基本运算有 4 个：膨胀（或扩张）、腐蚀（侵蚀）、开启和闭合。二值形态学中的运算对象是集合，通常给出了一个图像集合和一个结构元素集合，利用结构元素对图像集合进行形态学操作。

膨胀运算符号为⊕，图像集合 A 用结构元素 B 来膨胀，记作 $A \oplus B$，定义为：

$$A \oplus B = \{x \mid [(\hat{B})_x \cap A] \neq \varnothing\}$$

式中，$\hat{B}$ 表示 B 的映像，即与 B 关于原点对称的集合。因此，用 B 对 A 进行膨胀的运算过程如下：首先做 B 关于原点的映射得到映像，再将其平移 x，当 A 与 B 映像的交集不为空时，B 的原点就是膨胀集合的像素。

腐蚀运算的符号是 Θ，图像集合 A 用结构元素 B 来腐蚀，记作 $A \Theta B$，定义为：

$$A \Theta B \{x \mid (B)_x \subseteq A\}$$

因此，A 用 B 腐蚀的结果是所有满足将 B 平移后 B 仍旧被全部包含在 A 中 x 的集合中，也就是结构元素 B 经过平移后全部被包含在集合 A 中原点所组成的集合中。

5. 滤波处理

图像滤波能够在尽量保留图像细节特征的条件下对噪声进行抑制，是图像预处理中常用的操作之一，其处理效果的好坏将直接影响后续的图像分割和识别的有效性和稳定性。

在一般情况下，在研究目标车牌时所出现的图像噪声都是无用的信息，而且会对目标车牌的检测和识别造成干扰，极大地降低图像质量，影响图像增强、图像分割、特征提取、图像识别等后继工作的进行。

10.2.2　定位原理

车牌区域具有明显的特点，因此根据车牌底色、字色等有关知识，可采用彩色像素点统计的方法分割出合理的车牌区域。在下面案例中以蓝底白字的普通车牌为例说明彩色像素点统计的分割方法，假设经数码相机或 CCD 摄像头拍摄采集到了包含车牌的 RGB 彩色图像，将水平方向记为 y，将垂直方向记为 x，则：首先，确定车牌底色 RGB 各分量分别对应的颜色范围；其次，在 y 方向统计此颜色范围内的像素点数量，设定合理的阈值，确定车牌在 y 方向的合理区域；然后，在分割出的 y 方向区域内统计 x 方向上此颜色范围内的像素点数量，设定合理的阈值进行定位；最后，根据 x、y 方向的范围来确定车牌区域，实现定位。

10.2.3　字符处理

1. 阈值分割原理

阈值分割算法是图像分割中应用场景最多的算法之一，阈值分割算法主要有以下两个步骤。

（1）确定需要分割的阈值。

（2）将阈值与像素点的灰度值进行比较，以分割图像的像素。

在以上步骤中，如果能确定一个合适的阈值，就可以准确地将图像进行分割。在阈值确定后，将阈值与像素点的灰度值进行比较和分割，就可对各像素点并行处理，通过分割的结果直接得到目标图像区域。一般选用最常用的图像双峰灰度模型进行阈值分割；如果在图像中有多个呈现单峰灰度分布的目标，则直方图在整体上可能呈现较明显的多峰现象。因此，对这类图像可用取多级阈值的方法来得到较好的分割效果。

如果要将图像中不同灰度的像素分成多个类，则需要选择一系列的阈值将像素分到合适的类别中。如果只用一个阈值分割，则称之为单阈值分割法；如果用多个阈值分割，则称之为多阈值分割法。在某些场景下，可将多阈值分割问题转换为一系列的单阈值分割问题来解决。以单阈值分割算法为例，对一幅原始图像 $f(x,y)$ 取单阈值 T 分割得到二值图像可定义为：

$$g(x,y) = \begin{cases} 1, & f(x,y) > T \\ 0, & f(x,y) \leqslant T \end{cases}$$

这样得到的 $g(x,y)$ 是一幅二值图像。

在一般的多阈值分割情况下，阈值分割输出的图像可表示为：

$$g(x,y) = k \quad T_{k-1} \leqslant f(x,y) < T_k \quad k = 1,2,\cdots,K$$

式中，$T_0, T_1, \cdots, T_k, \cdots, T_K$ 是一系列分割阈值，k 表示赋予分割后图像的各个区域的不同标号。

2. 阈值化分割

车牌字符图像的分割目的是将车牌的整体区域分割成单字符区域，以便后续识别。其分割难点在于受字符与噪声粘连，以及字符断裂等因素的影响。均值滤波是典型的线性滤波算法，指在图像上对图像进行模板移动扫描，为了从车牌图像中直接提取目标字符，最常用的方法是设定一个阈值 T，用 T 将图像的像素分成两部分：大于 T 的像素集合和小于 T 的像素集合，得到二值化图像。

3. 归一化处理

字符图像归一化是简化计算的方式之一，在车牌字符分割后往往会出现大小不一致的情况，因此可采用基于图像缩放的归一化处理方式将字符图像进行大小缩放，以得到统一大小的字符像素，便于后续的字符识别。

10.2.4 字符分割实现

前面对图像的处理、定位原理、字符分割等相关概念、公式进行了介绍，下面通过一个案例来分析利用字符分割实现车牌的分割处理。

【例10-1】 对给定的车牌图像进行字符分割。

```
import cv2
"""读取图像,并把图像转换为灰度图像并显示 """
img = cv2.imread("car.png")                    #读取图片
img_gray = cv2.cvtColor(img, cv2.COLOR_BGR2GRAY)
cv2.imshow('gray', img_gray)                   #显示图片
cv2.waitKey(0)

"""将灰度图像二值化,设定阈值是 100 """
img_thre = img_gray
cv2.threshold(img_gray, 100, 255, cv2.THRESH_BINARY_INV, img_thre)
```

```python
    cv2.imshow('threshold', img_thre)
    cv2.waitKey(0)

    """保存黑白图片 """
    cv2.imwrite('thre_res.png', img_thre)

    """分割字符 """
    white = []                          # 记录每一列的白色像素总和
    black = []                          # 黑色
    height = img_thre.shape[0]
    width = img_thre.shape[1]
    white_max = 0
    black_max = 0
    # 计算每一列的黑白色像素总和
    for i in range(width):
        s = 0 # 这一列白色总数
        t = 0 # 这一列黑色总数
        for j in range(height):
            if img_thre[j][i] == 255:
                s += 1
            if img_thre[j][i] == 0:
                t += 1
        white_max = max(white_max, s)
        black_max = max(black_max, t)
        white.append(s)
        black.append(t)
        print(s)
        print(t)

    arg = False                         # False 表示白底黑字;True 表示黑底白字
    if black_max > white_max:
        arg = True
    # 分割图像
    def find_end(start_):
        end_ = start_ + 1
        for m in range(start_ + 1, width - 1):
            if (black[m] if arg else white[m]) > (0.95 * black_max if arg else 0.95 * white_max):
                                    # 0.95 这个参数可多调整,对应下面的 0.05
                end_ = m
                break
        return end_

    n = 1
    start = 1
    end = 2
    while n < width - 2:
        n += 1
        if (white[n] if arg else black[n]) > (0.05 * white_max if arg else 0.05 * black_max):
            # 上面这些判断用来辨别是白底黑字还是黑底白字
            # 0.05 这个参数可调整,对应上面的 0.95
            start = n
            end = find_end(start)
            n = end
            if end - start > 5:
                cj = img_thre[1:height, start:end]
                cv2.imshow('caijian', cj)
                cv2.waitKey(0)
```

运行程序,得到如图 10-1 所示效果。

(a) 原始图像　　　　　　　　(b) 灰度图像　　　　　　　　(c) 二值图像

(d) 分割后字符

图 10-1　字符分割车牌

由图 10-1 可看出,分割效果不是很好,当遇到干扰较多的图片,如左右边框太大、噪点太多,这样就不能分割出来,读者们可以试一下不同的照片。

10.3　字符识别

车牌字符识别方法基于模式识别理论,常用的有以下几类。

1. 结构识别

结构识别主要由识别及分析两部分组成:识别部分主要包括预处理、基元抽取(包括基元和子图像之间的关系)和特征分析;分析部分包括基元选择及结构推理。

2. 统计识别

统计识别用于确定已知样本所属的类别,以数学上的决策论为理论基础,并由此建立统计学识别模型。其基本方式是对所研究的图像实施大量的统计分析工具,寻找规律性认知,提取反映图像本质的特征并进行识别。

3. 模板匹配

模板匹配是数字图像处理中最常用的识别方法之一,通过建立已知的模式库,再将其应用到输入模式中寻找与之最佳匹配模式的处理步骤,得到对应的识别结果,具有很高的运行效率。基于模板匹配的字符识别方法的过程如下。

(1) 建库。建立已标准化的字符模板库。

(2) 对比。将归一化的字符图像与模板库中的字符进行对比,在实际实验中充分考虑了我国普通小汽车牌照的特点,即第 1 位字符是汉字,分别对应各个省的简称;第 2 位是 A～Z 的字母;后 5 位则是数字和字母的混合搭配。因此为了提高对比的效率和准确性,分别对第 1 位、第 2 位和后 5 位字符进行识别。

(3) 输出。在识别完成后输出所得到的车牌字符结果。

4. CNN 网络

卷积神经网络(Convolutional Neural Networks,CNN)是一类包含卷积计算且具有深度结构的前馈神经网络,该网络具有表征学习能力,能够按其阶层结构对输入信息进行平移不变分类。

与常规神经网络不同,卷积神经网络的各层中的神经元是三维排列的:宽度、高度和深度。其中,在卷积神经网络中的深度指的是激活数据体的第三个维度,而不是整个网络的深度,整个网络的深度指的是网络的层数。

卷积神经网络主要由这几层构成:输入层、卷积层,归一化层和全连接层。通过将这些层叠加起来,就可以构建一个完整的卷积神经网络。在实际应用中往往将卷积层与 ReLU 层共同称之为卷积层,所以卷积层经过卷积操作也是要经过激活函数的。

1) 卷积层

卷积层是构建卷积神经网络的核心层,它产生了网络中大部分的计算量。

(1) 卷积层的作用。

卷积层的作用主要表现在以下几点。

① 滤波器的作用或者说是卷积的作用。

② 可以被看作是神经元的一个输出。

③ 降低参数的数量。由于卷积具有"权值共享"这样的特性,可以降低参数数量,达到降低计算开销,防止由于参数过多而造成过拟合。

(2) 感受野。

在处理图像这样的高维度输入时,让每个神经元都与前一层中的所有神经元进行全连接是不现实的。相反,让每个神经元只与输入数据的一个局部区域连接。该连接的空间大小叫作神经元的感受野,它的尺寸是一个超参数。在深度方向上,这个连接的大小总是和输入量的深度相等。

在图 10-2 中展现了卷积神经网络的一部分,假设输入数据体尺寸为[32×32×3],如果感受野是 5×5,那么卷积层中的每个神经元会有输入数据体中[5×5×3]区域的权重,共 5×5×3＝75 个权重(还要加一个偏差参数)。注意这个连接在深度维度上的大小必须为 3,和输入数据体的深度一致。

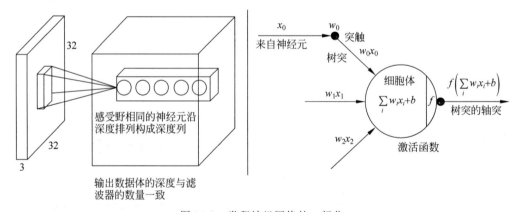

图 10-2　卷积神经网络的一部分

(3) 神经元的空间排列。

感受野讲解了卷积层中每个神经元与输入数据体之间的连接方式,下面将讨论输出数据体中神经元的数量,以及它们的排列方式。三个超参数控制着输出数据体的尺寸:深度(depth),步长(stride)和零填充(zero-padding)。

① 输出数据体的深度。它是一个超参数,和使用的滤波器的数量一致,而每个滤波器在输入数据中寻找一些不同的东西,即图像的某些特征。如图 10-2 所示,将沿着深度方向排列,感受野相同的神经元集合称为深度列(depth column)。

② 在滑动滤波器的时候,必须指定步长。当步长为 1 时,滤波器每次移动 1px;当步长为 2 时,滤波器滑动时每次移动 2px(或者更大的数字,但这些在实际中很少使用)。这个操作会

让输出数据体在空间上变小。

③ 有时候将输入数据体用 0 在边缘处进行填充是很方便的。这个零填充(zero-padding)的尺寸是一个超参数。零填充有一个良好性质,即可以控制输出数据体的空间尺寸。

输出数据体在空间上的尺寸 $W_2 \times H_2 \times D_2$ 可以通过输入数据体尺寸 $W_1 \times H_1 \times D_1$,卷积层中神经元感受野尺寸($F$)、步长($S$)、滤波器数量($K$)和零填充的数量($P$)计算出来。

$$W_2 = (W_1 - F + 2P)/S + 1$$
$$H_2 = (H_1 - F + 2P)/S + 1$$
$$D_2 = K$$

一般来说,当步长 $S=1$ 时,零填充的值是 $P=(F-1)/2$,这样就能保证输入和输出数据体有相同的空间尺寸。

(4)权值共享。

在卷积层中权值共享是用来控制参数的数量。假如在一个卷积核中,每一个感受野采用的都是不同的权重值(卷积核的值不同),那么这样的网络中参数数量将是巨大的。

权值共享是基于这样的一个合理的假设:如果一个特征在计算某个空间位置 (x_1, y_1) (x_1, y_1) 的时候有用,那么它在计算另一个不同位置 (x_2, y_2) (x_2, y_2) 的时候也有用。基于这个假设,可以显著地减少参数数量。换言之,就是将深度维度上一个单独的二维切片看作深度切片。例如,一个尺寸为[55×55×96]的数据体就有 96 个深度切片,每个尺寸为[55×55],其中,在每个深度切片上的结果都使用同样的权重和偏差获得。在这样的参数共享下,假如一个例子中的第一个卷积层有 96 个卷积核,那么就有 96 个不同的权重集了,一个权重集对应一个深度切片,如果卷积核的大小是 11×11 的,图像是 RGB 3 通道的,那么就共有 96×11×11×3=34 848 个不同的权重,总共有 349 44 个参数(因为要+96 个偏差),并且在每个深度切片中的 55×55 的结果使用的都是同样的参数。

在反向传播的时候,都要计算每个神经元对它的权重的梯度,但是需要把同一个深度切片上的所有神经元对权重的梯度累加,这样就得到了对共享权重的梯度。这样,每个切片只更新一个权重集。

2)池化层

通常在连续的卷积层之间会周期性地插入一个池化层。它的作用是逐渐降低数据体的空间尺寸,这样的话就能减少网络中参数的数量,使得计算资源耗费变少,也能有效控制过拟合。汇聚层使用 MAX 操作,对输入数据体的每一个深度切片独立进行操作,改变它的空间尺寸。

汇聚层的输入数据体尺寸为 $W_1 \times H_1 \times D_1$,有两个超参数,分别为空间大小 FF 和步长 SS;输出数据体的尺寸为 $W_2 \times H_2 \times D_2$,其中,

$$W_2 = (W_1 - F)/S + 1$$
$$H_2 = (H_1 - F)/S + 1$$
$$D_2 = D_1$$

在实践中,最大池化层通常只有两种形式:一种是 $F=3, S=2$ $F=3, S=2$,也叫重叠汇聚,另一个更常用的是 $F=2, S=2$ $F=2, S=2$。对更大感受野进行池化需要的池化尺寸也更大,而且往往对网络有破坏性。

3)归一化层

在卷积神经网络的结构中,提出了很多不同类型的归一化层,有时候是为了实现在生物大脑中观测到的抑制机制。但是这些层渐渐都不再流行,因为实践证明它们的效果即使存在,也

是极其有限的。

4）全连接层

与常规神经网络中一样，它们的激活可以先用矩阵乘法，再加上偏差。

10.3.1　模板匹配的字符识别

模板匹配是图像识别方法中最具有代表性的基本方法之一，该方法首先根据已知条件建设模板库 $T(i,j)$，然后从待识别的图像或图像区域 $f(i,j)$ 中提取若干特征量与 $T(i,j)$ 相应的特征量进行对比，分别计算它们之间归一化的互相关量。在实际设计模板时，需要保持各区域形状的固有特点，突出不同区域的差别，并充分考虑处理过程中可能会引起的噪声和位移等因素，按照基于图像不变的特性所对应的特征向量来构建模板，提高识别系统的稳定性。

10.3.2　车牌字符识别实例

车牌自动识别系统以车牌的动态视频或静态图像作为输入，通过牌照颜色、牌照号码等关键内容的自动识别来提取车牌的详细信息。某些车牌识别系统具有通过视频图像判断车辆驶入监控区域的功能，一般被称为视频车辆检测，被广泛应用于道路车流量统计等方面。在现实生活中，一个完整的车牌识别系统应包括车辆检测、图像采集、车牌定位、车牌识别等模块。

在进行 CNN 网络模型训练前，需要收集大量的数据集，并对其进行一些预处理。整体的实现过程如下。

（1）模型的训练。

本系统主要采用两个模型分别进行省份和数字/字母的识别，首先是省份的训练代码。

```python
# coding = gbk
#载入模块
import sys
import os
import time
import random
import numpy as np
import tensorflow as tf
import cv2 as cv
os.environ['TF_CPP_MIN_LOG_LEVEL'] = '2'                       #设置警告等级

#设置基本参数
SIZE = 1024
WIDTH = 32
HEIGHT = 32
NUM_CLASSES = 31                                              #总共是 31 个省份
iterations = 1000
#设置存储模型的地址
SAVER_DIR = "***"                                            #设置的路径
PROVINCES = ("川","鄂","赣","甘","贵","桂","黑","沪","冀","津","京","吉","辽","鲁","蒙",
"闽","宁","青","琼","陕","苏","晋","皖","湘","新","豫","渝","粤","云","藏","浙")
nProvinceIndex = 0
time_begin = time.time()

#定义输入节点,对应于图像像素值矩阵集合和图像标签(即所代表的数字)
x = tf.placeholder(tf.float32,shape = [None,SIZE])           #None 表示 batch size 的大小
y_ = tf.placeholder(tf.float32,shape = [None,NUM_CLASSES])   #输出标签的占位
x_image = tf.reshape(x,[-1,WIDTH,HEIGHT,1])                  #生成一个四维的数组
```

```
＃定义卷积函数
def conv_layer(inputs, W, b, conv_strides, kernel_size, pool_strides, padding):
    L1_conv = tf.nn.conv2d(inputs, W, strides = conv_strides, padding = padding)    ＃卷积操作
    L1_relu = tf.nn.relu(L1_conv + b)                            ＃激活函数 RELU
    return tf.nn.max_pool(L1_relu, ksize = kernel_size, strides = pool_strides, padding = 'SAME')

＃定义全连接函数
def full_connect(inputs, W, b):
    return tf.nn.relu(tf.matmul(inputs, W) + b)


def average(seq):
    return float(sum(seq)) / len(seq)


＃训练模型
if __name__ == "__main__":
    ＃第一次遍历图片目录是为了获取图片总数
    input_count = 0
    for i in range(0, 31):
        dir = '*** \\train\\ % s\\' % i                         ＃自己的路径
        for root, dirs, files in os.walk(dir):
            for filename in files:
                input_count = input_count + 1
    ＃定义对应维数和各维长度的数组
    input_images = np.array([[0] * SIZE for i in range(input_count)]) ＃生成一个 input_count
＃行, SIZE 列的全零二维数组
    input_labels = np.array([[0] * NUM_CLASSES for i in range(input_count)]) ＃生成一个 input_
＃count 行, NUM_CLASSES 列的全零二维数组
    ＃第二次遍历图片目录是为了生成图片数据和标签
    index = 0
    for i in range(0, 31):
        dir = '*** \\train\\ % s\\' % i
        a = 0
        for root, dirs, files in os.walk(dir):
            for filename in files:
                filename = dir + filename
                img = cv.imread(filename, 0)
                print(filename)
                print(a)
                height = img.shape[0]                        ＃行数
                width = img.shape[1]                         ＃列数
                a = a + 1
                for h in range(0, height):
                    for w in range(0, width):
                        m = img[h][w]
                        if m > 150:
                            input_images[index][w + h * width] = 1
                        else:
                            input_images[index][w + h * width] = 0
                input_labels[index][i] = 1
                index = index + 1
    ＃第一次遍历图片目录是为了获得图片总数
    val_count = 0
    for i in range(0, 31):
        dir = '*** \\train\\ % s\\' % i
        for root, dirs, files in os.walk(dir):
            for filename in files:
                val_count = val_count + 1
```

```
#定义对应维数和各维长度的数组
val_images = np.array([[0] * SIZE for i in range(val_count)])  #生成一个 input_count 行,
#SIZE 列的全零二维数组
val_labels = np.array([[0] * NUM_CLASSES for i in range(val_count)])  #生成一个 input_count
#行,NUM_CLASSES 列的全零二维数组
#第二次遍历图片目录是为了生成图片数据和标签
index = 0
for i in range(0,31):
    dir = '*** \\train\\ % s\\' % i
    for root,dirs,files in os.walk(dir):
        for filename in files:
            filename = dir + filename
            img = cv.imread(filename,0)
            height = img.shape[0]              #行数
            width = img.shape[1]               #列数
            for h in range(0,height):
                for w in range(0,width):
                    m = img[h][w]
                    if m > 150:
                        val_images[index][w + h * width] = 1
                    else:
                        val_images[index][w + h * width] = 0
            val_labels[index][i] = 1
            index = index + 1
with tf.Session() as sess:
    #第一个卷积层
    W_conv1 = tf.Variable(tf.truncated_normal([5,5,1,12],stddev = 0.1),name = "W_conv1")
    b_conv1 = tf.Variable(tf.constant(0.1,shape = [12]),name = "b_conv1")   #生成偏置项,
                                                                           #并初始化
    conv_strides = [1,1,1,1]                      #行,列的卷积步长均为 1
    kernel_size = [1,2,2,1]                        #池化层卷积核的尺寸为 2 * 2
    pool_strides = [1,2,2,1]                       #池化行,列步长为 2
    L1_pool = conv_layer(x_image,W_conv1,b_conv1,conv_strides,kernel_size,pool_strides,
padding = 'SAME')                    #第一层卷积池化的输出,x_image 为输入(后文代码中输入)

    #第二个卷积层
    W_conv2 = tf.Variable(tf.truncated_normal([5,5,12,24],stddev = 0.1),name = "W_conv2")
    b_conv2 = tf.Variable(tf.constant(0.1,shape = [24]),name = "b_conv2")
    conv_strides = [1,1,1,1]
    kernel_size = [1,2,2,1]
    pool_strides = [1,2,2,1]
    L2_pool = conv_layer(L1_pool,W_conv2,b_conv2,conv_strides,kernel_size,pool_strides,
padding = "SAME")

    #全连接层
    W_fc1 = tf.Variable(tf.truncated_normal([8 * 8 * 24,512],stddev = 0.1),name = "W_fc1")
    b_fc1 = tf.Variable(tf.constant(0.1,shape = [512]),name = "b_fc1")
    h_pool2_flat = tf.reshape(L2_pool,[ - 1,8 * 8 * 24])  #将第二次池化的二维特征图排列
                                                          #成一维的一个数组,全连接相当
                                                          #于一维的数组
    h_fc1 = full_connect(h_pool2_flat,W_fc1,b_fc1)        #进行全连接操作

    #dropout 层
    keep_prob = tf.placeholder(tf.float32)
    h_fc1_drop = tf.nn.dropout(h_fc1,keep_prob)

    #readout 层
```

```
    W_fc2 = tf.Variable(tf.truncated_normal([512,NUM_CLASSES],stddev=0.1),name="W_fc2")
    b_fc2 = tf.Variable(tf.constant(0.1,shape=[NUM_CLASSES]),name="b_fc2")

    # 定义优化器和训练OP
    y_conv = tf.matmul(h_fc1_drop,W_fc2) + b_fc2    # 最后的输出层,因为是全连接,相当于每
                                                    # 个神经元与权重相乘再加偏移
    cross_entropy = tf.reduce_mean(tf.nn.softmax_cross_entropy_with_logits(labels=y_,
logits=y_conv))                                     # 交叉熵损失函数
    train_step = tf.train.AdamOptimizer((1e-5)).minimize(cross_entropy)
    correct_prediction = tf.equal(tf.argmax(y_conv,1),tf.argmax(y_,1))
    accuracy = tf.reduce_mean(tf.cast(correct_prediction,tf.float32))

    # 初始化saver
    saver = tf.train.Saver()
    sess.run(tf.global_variables_initializer())      # 初始化所有变量
    time_elapsed = time.time() - time_begin          # 运行时间
    print("读取图片文件耗费时间:%d秒" % time_elapsed)
    time_begin = time.time()
    print("一共读取了%s个训练图像,%s个标签" % (input_count,input_count))

    # 设置每次训练操作的输入个数和迭代次数,这里为了支持任意图片总数,定义了一个余数
    # remainder,例如,如果每次训练操作的输入个数为60,图片总数为150张,则前面两次各
    # 输入60张,最后一次输入30张(余数30)
    batch_size = 64                                  # 每次训练的图片数
    iterations = iterations                          # 迭代次数
    batches_count = int(input_count/batch_size)
    remainder = input_count % batch_size
    print("训练数据集分成%s批,前面每批%s个数据,最后一批%s个数据" % (batches_count +
1,batch_size,remainder))

    # 执行训练迭代
    for it in range(iterations):
        # 这里的关键是要把输入数组转为np.array
        sum_loss = []
        for n in range(batches_count):
            loss, out = sess.run([cross_entropy, train_step], feed_dict = {x:input_
images[n*batch_size:(n+1)*batch_size],y_:input_labels[n*batch_size:(n+1)*batch_size],
keep_prob:0.5}) # feed_dict相当于一次喂进去的数据,x表示输入,前面已经将输入的图片转换为
            # input_image数组形式了
            sum_loss.append(loss)
        if remainder > 0:
            start_index = batches_count * batch_size
            loss, out = sess.run([cross_entropy, train_step], feed_dict = {x:input_
images[start_index:input_count-1],y_:input_labels[start_index:input_count-1],keep_prob:0.5})
            sum_loss.append(loss)
        avg_loss = average(sum_loss)

        # 每完成5次迭代,判断准确度是否已达到100%,达到则退出迭代循环
        iterate_accuracy = 0
        if it % 5 == 0:
            loss1 , iterate_accuracy = sess.run([cross_entropy,accuracy],feed_dict =
{x : val_images,y_ : val_labels,keep_prob : 1.0})
            print('第%d次训练迭代:准确率 %0.5f%% ' % (it,iterate_accuracy*100) +
'损失值为:%s' % loss + '测试损失值:%s' % loss1)
            if iterate_accuracy >= 0.9999999:
                break
```

```
# 完成训练,并输出训练时间
print('完成训练')
time_elapsed = time.time() - time_begin
print("训练耗费时间:% d秒" % time_elapsed)
time_begin = time.time()
# 保存训练结果
if not os.path.exists(SAVER_DIR):
    print('不存在训练数据保存目录,现在创建保存目录')
    os.makedirs(SAVER_DIR)
saver_path = saver.save(sess, "% smodel.ckpt" % (SAVER_DIR))
print("保存路径为:", saver_path)
```

(2)数字/字母的训练代码。

```
# coding = gbk
# 载入模块
import sys
import os
import time
import random
import numpy as np
import tensorflow as tf
import cv2 as cv
os.environ['TF_CPP_MIN_LOG_LEVEL'] = '2'                      # 设置警告等级

# 设置基本参数
SIZE = 1024
WIDTH = 32
HEIGHT = 32
NUM_CLASSES = 34                                              # 总共是 34 个数字字母
iterations = 1000

# 设置保存的路径
SAVER_DIR = *** \\train_saver\\numbers\\"
LETTERS_DIGITS = ("A","B","C","D","E","F","G","H","J","K","L","M","N","P","Q","R","S",
"T","U","V","W","X","Y","Z","0","1","2","3","4","5","6","7","8","9")
time_begin = time.time()

# 定义输入节点,对应于图像像素值矩阵集合和图像标签(即所代表的数字)
x = tf.placeholder(tf.float32, shape = [None, SIZE])          # None 表示 batch size 的大小
y_ = tf.placeholder(tf.float32, shape = [None, NUM_CLASSES])  # 输出标签的占位
x_image = tf.reshape(x, [-1, WIDTH, HEIGHT, 1])               # 对图像重新定义尺寸

# 定义卷积函数
def conv_layer(inputs, W, b, conv_strides, kernel_size, pool_strides, padding):
    L1_conv = tf.nn.conv2d(inputs, W, strides = conv_strides, padding = padding)  # 卷积操作
    L1_relu = tf.nn.relu(L1_conv + b)                        # 激活函数 ReLU
    return tf.nn.max_pool(L1_relu, ksize = kernel_size, strides = pool_strides, padding = 'SAME')

# 定义全连接函数
def full_connect(inputs, W, b):
    return tf.nn.relu(tf.matmul(inputs, W) + b)


def average(seq):
    return float(sum(seq)) / len(seq)

# 训练模型
if __name__ == "__main__":
```

```
#第一次遍历图片目录是为了获取图片总数
input_count = 0
for i in range(31,65):
    dir = '***\\train\\%s\\' % i
    for root,dirs,files in os.walk(dir):
        for filename in files:
            input_count = input_count + 1
#定义对应维数和各维长度的数组
input_images = np.array([[0] * SIZE for i in range(input_count)])
                            #生成一个input_count行,SIZE列的全零二维数组
input_labels = np.array([[0] * NUM_CLASSES for i in range(input_count)])
                            #生成一个input_count行,NUM_CLASSES列的全零二维数组
#第二次遍历图片目录是为了生成图片数据和标签
index = 0
for i in range(31,65):
    dir = '***\\train\\%s\\' % i
    a = 0
    for root,dirs,files in os.walk(dir):
        for filename in files:
            filename = dir + filename
            img = cv.imread(filename,0)
            print(filename)
            print(a)
            height = img.shape[0]                #行数
            width = img.shape[1]                 #列数
            a = a + 1
            for h in range(0,height):
                for w in range(0,width):
                    m = img[h][w]
                    if m > 150:
                        input_images[index][w + h * width] = 1
                    else:
                        input_images[index][w + h * width] = 0
            input_labels[index][i - 31] = 1
            index = index + 1
#第一次遍历图片目录是为了获得图片总数
val_count = 0
for i in range(31,65):
    dir = '***\\train\\%s\\' % i
    for root,dirs,files in os.walk(dir):
        for filename in files:
            val_count = val_count + 1
#定义对应维数和各维长度的数组
val_images = np.array([[0] * SIZE for i in range(val_count)]) #生成一个input_count行,
#SIZE列的全零二维数组
val_labels = np.array([[0] * NUM_CLASSES for i in range(val_count)]) #生成一个input_
#count行,NUM_CLASSES列的全零二维数组
#第二次遍历图片目录是为了生成图片数据和标签
index = 0
for i in range(31,65):
    dir = '***\\train\\%s\\' % i
    for root,dirs,files in os.walk(dir):
        for filename in files:
            filename = dir + filename
            img = cv.imread(filename,0)
            height = img.shape[0]                #行数
            width = img.shape[1]                 #列数
```

```
                        for h in range(0, height):
                            for w in range(0, width):
                                m = img[h][w]
                                if m > 150:
                                    val_images[index][w + h * width] = 1
                                else:
                                    val_images[index][w + h * width] = 0
                    val_labels[index][i - 31] = 1
                    index = index + 1


    with tf.Session() as sess:
        # 第一个卷积层
        W_conv1 = tf.Variable(tf.truncated_normal([5, 5, 1, 12], stddev = 0.1), name = "W_conv1")
        b_conv1 = tf.Variable(tf.constant(0.1, shape = [12]), name = "b_conv1")
                                                        # 生成偏置项, 并初始化
        conv_strides = [1, 1, 1, 1]                     # 行, 列的卷积步长均为 1
        kernel_size = [1, 2, 2, 1]                      # 池化层卷积核的尺寸为 2 * 2
        pool_strides = [1, 2, 2, 1]                     # 池化行, 列步长为 2
        L1_pool = conv_layer(x_image, W_conv1, b_conv1, conv_strides, kernel_size, pool_
strides, padding = 'SAME')  # 第一层卷积池化的输出 , x_image 为输入(后文代码中输入)


        # 第二个卷积层
        W_conv2 = tf.Variable(tf.truncated_normal([5, 5, 12, 24], stddev = 0.1), name = "W_conv2")
        b_conv2 = tf.Variable(tf.constant(0.1, shape = [24]), name = "b_conv2")
        conv_strides = [1, 1, 1, 1]
        kernel_size = [1, 2, 2, 1]
        pool_strides = [1, 2, 2, 1]
        L2_pool = conv_layer(L1_pool, W_conv2, b_conv2, conv_strides, kernel_size, pool_
strides, padding = "SAME")


        # 全连接层
        W_fc1 = tf.Variable(tf.truncated_normal([8 * 8 * 24, 512], stddev = 0.1), name = "W_fc1")
        b_fc1 = tf.Variable(tf.constant(0.1, shape = [512]), name = "b_fc1")
        h_pool2_flat = tf.reshape(L2_pool, [-1, 8 * 8 * 24])
                # 将第二次池化的二维特征图排列成一维的一个数组, 全连接相当于一维的数组
        h_fc1 = full_connect(h_pool2_flat, W_fc1, b_fc1)       # 进行全连接操作


        # dropout 层
        keep_prob = tf.placeholder(tf.float32)
        h_fc1_drop = tf.nn.dropout(h_fc1, keep_prob)


        # readout 层
        W_fc2 = tf.Variable(tf.truncated_normal([512, NUM_CLASSES], stddev = 0.1), name = "W_fc2")
        b_fc2 = tf.Variable(tf.constant(0.1, shape = [NUM_CLASSES]), name = "b_fc2")


        # 定义优化器和训练 OP
        y_conv = tf.matmul(h_fc1_drop, W_fc2) + b_fc2
                        # 最后的输出层, 因为是全连接, 相当于每个神经元与权重相乘再加偏移
        cross_entropy = tf.reduce_mean(tf.nn.softmax_cross_entropy_with_logits(labels = y_,
logits = y_conv))
        train_step = tf.train.AdamOptimizer((1e - 5)).minimize(cross_entropy)
        correct_prediction = tf.equal(tf.argmax(y_conv, 1), tf.argmax(y_, 1))
        accuracy = tf.reduce_mean(tf.cast(correct_prediction, tf.float32))


        # 初始化 saver
        saver = tf.train.Saver()
        sess.run(tf.global_variables_initializer())        # 初始化所有变量
```

```
        time_elapsed = time.time() - time_begin              #运行时间
        print("读取图片文件耗费时间:%d秒" % time_elapsed)
        time_begin = time.time()
        print("一共读取了%s个训练图像,%s个标签" % (input_count, input_count))

        #设置每次训练操作的输入个数和迭代次数,这里为了支持任意图片总数,定义了一个
        #余数remainder
        batch_size = 64                                      #每次训练的图片数
        iterations = iterations                              #迭代次数
        batches_count = int(input_count/batch_size)
        remainder = input_count % batch_size
        print("训练数据集分成%s批,前面每批%s个数据,最后一批%s个数据" % (batches_
count + 1, batch_size, remainder))

        #执行训练迭代
        for it in range(iterations):
            #这里的关键是要把输入数组转为np.array
            sum_loss = []
            for n in range(batches_count):
                loss, out = sess.run([cross_entropy, train_step], feed_dict = {x:input_
images[n * batch_size:(n + 1) * batch_size], y_:input_labels[n * batch_size:(n + 1) * batch_size],
keep_prob:0.5}) #feed_dict相当于一次喂进去的数据,x表示输入,前面已经将输入的图片转换为
                #input_image数组形式了
                sum_loss.append(loss)
            if remainder > 0:
                start_index = batches_count * batch_size
                loss, out = sess.run([cross_entropy, train_step], feed_dict = {x:input_
images[start_index:input_count - 1], y_:input_labels[start_index:input_count - 1], keep_prob:0.5})
                sum_loss.append(loss)
            avg_loss = average(sum_loss)
            #每完成5次迭代,判断准确度是否已达到100%,达到则退出迭代循环
            iterate_accuracy = 0
            if it % 5 == 0:
                loss1, iterate_accuracy = sess.run([cross_entropy, accuracy], feed_dict =
{x : val_images, y_ : val_labels, keep_prob : 1.0})
                print('第%d次训练迭代:准确率 %0.5f%% ' % (it, iterate_accuracy *
100) + '损失值为:%s' % avg_loss + '测试损失值:%s' % loss1)
                if iterate_accuracy >= 0.9999999:
                    break

        #完成训练,并输出训练时间
        print('完成训练')
        time_elapsed = time.time() - time_begin
        print("训练耗费时间:%d秒" % time_elapsed)
        time_begin = time.time()

        #保存训练结果
        if not os.path.exists(SAVER_DIR) :
            print('不存在训练数据保存目录,现在创建保存目录')
            os.makedirs(SAVER_DIR)
        saver_path = saver.save(sess, "%smodel.ckpt" % (SAVER_DIR))
        print("保存路径为:", saver_path)
```

(3) 两个模型的调用。

训练完成后即可进行测试,多模型加载代码如下。

```
# coding = gbk
```

```python
import tensorflow as tf
import numpy as np
import cv2 as cv
import sys
import os
import random
os.environ['TF_CPP_MIN_LOG_LEVEL'] = '2'                          #设置警告等级
#定义卷积函数
def conv_layer(inputs,W,b,conv_strides,kernel_size,pool_strides,padding):
    L1_conv = tf.nn.conv2d(inputs,W,strides = conv_strides,padding = padding)      #卷积操作
    L1_relu = tf.nn.relu(L1_conv + b)                            #激活函数 RELU
    return tf.nn.max_pool(L1_relu,ksize = kernel_size,strides = pool_strides,padding = 'SAME')

#定义全连接函数
def full_connect(inputs,W,b):
    return tf.nn.relu(tf.matmul(inputs,W) + b)

#定义第一个预测函数
def predicts():
    PROVINCES = ("川","鄂","赣","甘","贵","桂","黑","沪","冀","津","京","吉","辽","鲁",
"蒙","闽","宁","青","琼","陕","苏","晋","皖","湘","新","豫","渝","粤","云","藏","浙")
    nProvinceIndex = 0
    SAVER_DIR = " *** \\train_saver\\province\\"
    #新建一个图
    g1 = tf.Graph()
    with g1.as_default():
        x = tf.placeholder(tf.float32,shape = [None,1024])  #None 表示 batch size 的大小,这里
#可以是任何数,因为不知道待训练的图片数,SIZE 指图片的大小
        y_ = tf.placeholder(tf.float32,shape = [None,31])      #输出标签的占位
        x_image = tf.reshape(x,[-1,32,32,1])                   #生成一个四维的数组
        sess1 = tf.Session(graph = g1)
        saver = tf.train.import_meta_graph(" %smodel.ckpt.meta" % (SAVER_DIR))
        model_file = tf.train.latest_checkpoint(SAVER_DIR)    #找出所有模型中最新的模型
        saver.restore(sess1,model_file)                       #恢复模型,相当于加载模型
        #第一个卷积层
        W_conv1 = sess1.graph.get_tensor_by_name("W_conv1:0")
        b_conv1 = sess1.graph.get_tensor_by_name("b_conv1:0")
        conv_strides = [1,1,1,1]
        kernel_size = [1,2,2,1]
        pool_strides = [1,2,2,1]
        L1_pool = conv_layer(x_image,W_conv1,b_conv1,conv_strides,kernel_size,pool_strides,padding = 'SAME')
        print("第一个卷积层")
        #第二个卷积层
        W_conv2 = sess1.graph.get_tensor_by_name("W_conv2:0")
        b_conv2 = sess1.graph.get_tensor_by_name("b_conv2:0")
        conv_strides = [1,1,1,1]
        kernel_size = [1,2,2,1]
        pool_strides = [1,2,2,1]
        L2_pool = conv_layer(L1_pool,W_conv2,b_conv2,conv_strides,kernel_size,pool_strides,padding = 'SAME')

        #全连接层
        W_fc1 = sess1.graph.get_tensor_by_name("W_fc1:0")
        b_fc1 = sess1.graph.get_tensor_by_name("b_fc1:0")
        h_pool2_flat = tf.reshape(L2_pool,[-1,8 * 8 * 24])
        h_fc1 = full_connect(h_pool2_flat,W_fc1,b_fc1)
```

```
# dropout
keep_prob = tf.placeholder(tf.float32)
h_fc1_drop = tf.nn.dropout(h_fc1,keep_prob)

# readout 层
W_fc2 = sess1.graph.get_tensor_by_name("W_fc2:0")
b_fc2 = sess1.graph.get_tensor_by_name("b_fc2:0")

# 定义优化器和训练 op
conv = tf.nn.softmax(tf.matmul(h_fc1_drop,W_fc2) + b_fc2)
for n in range(1,2):
    path = "***\\test\\%s.bmp" % (n)              # 测试图的路径
    img = cv.imread(path,0)
    # cv.imshow('threshold',img)
    # cv.waitKey(0)
    height = img.shape[0]                          # 行数
    width = img.shape[1]                           # 列数
    img_data = [[0] * 1024 for i in range(1)]      # 创建一个数组,用于将输入的图片转换
                                                   # 成数组形式

    for h in range(0,height):
        for w in range(0,width):
            m = img[h][w]
            if m > 150:
                img_data[0][w + h * width] = 1
            else:
                img_data[0][w + h * width] = 0
    result = sess1.run(conv,feed_dict = {x:np.array(img_data),keep_prob:1.0})

    # 用于输出概率最大的三类
    max1 = 0
    max2 = 0
    max3 = 0
    max1_index = 0
    max2_index = 0
    max3_index = 0
    for j in range(31):
        if result[0][j] > max1:
            max1 = result[0][j]
            max1_index = j
            continue
        if (result[0][j]> max2) and (result[0][j]<= max1):
            max2 = result[0][j]
            max2_index = j
            continue
        if (result[0][j]> max3) and (result[0][j]<= max2):
            max3 = result[0][j]
            max3_index = j
            continue
    nProvinceIndex = max1_index                    # 最大概率的类
    print("概率:[ %s %0.2f %% ] [ %s %0.2f %% ] [ %s %0.2f %% ]" % (PROVINCES
[max1_index],max1 * 100,PROVINCES[max2_index],max2 * 100,PROVINCES[max3_index],max3 * 100))

    print("省份简称是:%s" % PROVINCES[nProvinceIndex])
    return PROVINCES[nProvinceIndex],nProvinceIndex
    sess1.close()
```

```python
#定义第二个预测函数
def predictn():
    LETTERS_DIGITS = ("A","B","C","D","E","F","G","H","J","K","L","M","N","P","Q","R",
"S","T","U","V","W","X","Y","Z","0","1","2","3","4","5","6","7","8","9")
    license_num = ""
    SAVER_DIR = "***\\train_saver\\numbers\\"
    print("进入调用")
    g2 = tf.Graph()
    with g2.as_default():
        x = tf.placeholder(tf.float32,shape = [None,1024])  #None表示batch size的大小,这里
#可以是任何数,因为不知道待训练的图片数,SIZE指图片的大小
        y_ = tf.placeholder(tf.float32,shape = [None,34])      #输出标签的占位
        x_image = tf.reshape(x,[-1,32,32,1])                   #生成一个四维的数组
        sess2 = tf.Session(graph = g2)
        saver = tf.train.import_meta_graph("%smodel.ckpt.meta" % (SAVER_DIR))
        model_file = tf.train.latest_checkpoint(SAVER_DIR)   #找出所有模型中最新的模型
        saver.restore(sess2,model_file)
        #第一个卷积层
        W_conv1 = sess2.graph.get_tensor_by_name("W_conv1:0")
        b_conv1 = sess2.graph.get_tensor_by_name("b_conv1:0")
        conv_strides = [1,1,1,1]
        kernel_size = [1,2,2,1]
        pool_strides = [1,2,2,1]
        L1_pool = conv_layer(x_image,W_conv1,b_conv1,conv_strides,kernel_size,pool_
strides,padding = 'SAME')
        #第二个卷积层
        W_conv2 = sess2.graph.get_tensor_by_name("W_conv2:0")
        b_conv2 = sess2.graph.get_tensor_by_name("b_conv2:0")
        conv_strides = [1,1,1,1]
        kernel_size = [1,2,2,1]
        pool_strides = [1,2,2,1]
        L2_pool = conv_layer(L1_pool,W_conv2,b_conv2,conv_strides,kernel_size,pool_
strides,padding = 'SAME')
        #全连接层
        W_fc1 = sess2.graph.get_tensor_by_name("W_fc1:0")
        b_fc1 = sess2.graph.get_tensor_by_name("b_fc1:0")
        h_pool2_flat = tf.reshape(L2_pool,[-1,8*8*24])
        h_fc1 = full_connect(h_pool2_flat,W_fc1,b_fc1)
        #dropout层
        keep_prob = tf.placeholder(tf.float32)
        h_fc1_drop = tf.nn.dropout(h_fc1,keep_prob)
        #readout层
        W_fc2 = sess2.graph.get_tensor_by_name("W_fc2:0")
        b_fc2 = sess2.graph.get_tensor_by_name("b_fc2:0")
        #定义优化器和训练op
        conv = tf.nn.softmax(tf.matmul(h_fc1_drop,W_fc2) + b_fc2)
        #想尝试将城市代码和车牌后五位一起识别,因此可以将3~8改为2~8
        for n in range(2,8):
            path = "***\\test\\%s.bmp" % (n)
            img = cv.imread(path,0)
            height = img.shape[0]
            width = img.shape[1]
            img_data = [[0]*1024 for i in range(1)]
            for h in range(0,height):
                for w in range(0,width):
                    m = img[h][w]
                    if m > 150:
```

```
                        img_data[0][w + h * width] = 1
                    else:
                        img_data[0][w + h * width] = 0
        result = sess2.run(conv,feed_dict = {x:np.array(img_data),keep_prob:1.0})
        max1 = 0
        max2 = 0
        max3 = 0
        max1_index = 0
        max2_index = 0
        max3_index = 0
        for j in range(34):
            if result[0][j] > max1:
                max1 = result[0][j]
                max1_index = j
                continue
            if (result[0][j]> max2) and (result[0][j]< = max1):
                max2 = result[0][j]
                max2_index = j
                continue
            if (result[0][j]> max3) and (result[0][j]< = max2):
                max3 = result[0][j]
                max3_index = j
                continue

        license_num = license_num + LETTERS_DIGITS[max1_index]
        print("概率:[ % s % 0.2f % % ] [ % s % 0.2f % % ] [ % s % 0.2f % % ]" % (LETTERS_
DIGITS[max1_index], max1 * 100, LETTERS_DIGITS[max2_index], max2 * 100, LETTERS_DIGITS[max3_
index],max3 * 100))

    print("车牌编号是: % s" % license_num)
    return license_num
    sess2.close()

if __name__ == "__main__":
    a,b = predicts()
    c = predictn()
    print("车牌号为:" + a + c[0] + "·" + c[1:6])
```

导入原始图像如图 10-3 所示。

运行程序,测试结果如下。

```
概率:[鄂 99.45 % ]  [新 0.23 % ] [藏 0.18 % ]
省份简称是:鄂
概率:[A 100.00 % ]  [1 0.00 % ]  [4  0.00 % ]
概率:[A 100.00 % ]  [1 0.00 % ]  [4  0.00 % ]
概率:[8 100.00 % ]  [S 0.00 % ]  [4  0.00 % ]
概率:[5 100.00 % ]  [G 0.00 % ]  [3  0.00 % ]
概率:[3 100.00 % ]  [5 0.00 % ]  [6  0.00 % ]
概率:[2 100.00 % ]  [7 0.00 % ]  [8  0.00 % ]
车牌编号是:AA8532
车牌号为:鄂 A·A8532
```

图 10-3　原始图像

在训练之后对模型进行测试,模型基本能够识别出部分省份、字母等。但是对于一些数字、字母(相近的特征),模型并不能很好地进行识别。

参 考 文 献

[1] 芒努斯·利·海特兰德.Python 基础教程[M].袁国忠,译.3 版.北京：中国工信出版集团,人民邮电出版社，2016.

[2] 李刚.疯狂 Python 讲义[M].北京：电子工业出版社,2019.

[3] 阿尔·斯维加特.Python 编程快速上手——让繁琐的工作自动化[M].王海鹏,译.北京：人民邮电出版社，2016.

[4] 蔡体健,刘伟.数字图像处理——基于 Python[M].北京：机械工业出版社,2022.

[5] 桑迪潘·戴伊.Python 图像处理实战[M].陈盈,邓军,译.北京：人民邮电出版社，2020.

[6] 阿什温·帕扬卡尔,Python 3 图像处理实战：使用 Python、NumPy、Matplotlib 和 Scikit-Image[M].张庆红,周冠武,程国建,译.北京：清华大学出版社,2022.

[7] 罗子江.Python 中的图像处理[M].北京：科学出版社,2020.

[8] 高敬鹏,江志烨,赵娜.基于 OpenCV 和 Python 的智能图像处理[M].北京：机械工业出版社,2020.

[9] 李永华.数字图像处理案例(Python 版)[M].北京：清华大学出版社,2021.